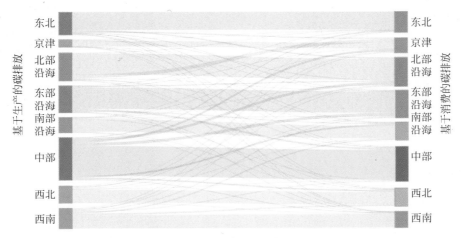

图 4.1　2002 年中国地区间碳转移河流图

图 4.2　2007 年中国地区间碳转移河流图

图 4.3　2012 年中国地区间碳转移河流图

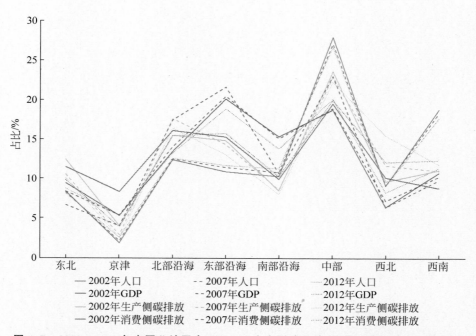

图 4.7　2002—2012 年中国八地区人口、GDP、生产侧碳排放、消费侧碳排放占全国比例

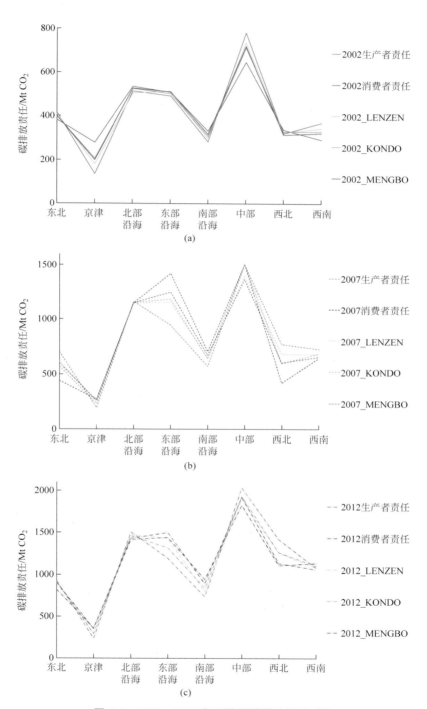

图 4.8　2002—2012 年八地区碳排放责任对比

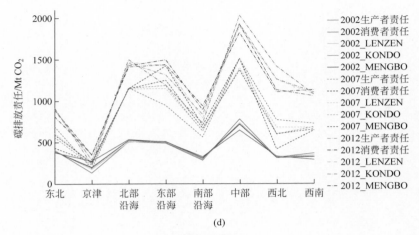

(d)

图 4.8（续）

■ 2015年(轮廓) ■ 2000年 ■ 2005年 ■ 2010年 ■ 2015年

图 5.9　2000—2015 年各省份碳排放顺差

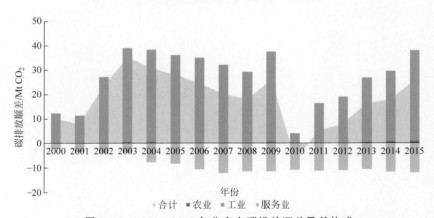

年份

■ 合计 ■ 农业 ■ 工业 ■ 服务业

图 5.10　2000—2015 年北京市碳排放顺差及其构成

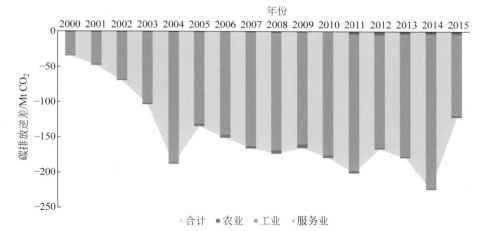

图 5.12　2000—2015 年河北省碳排放逆差及其构成

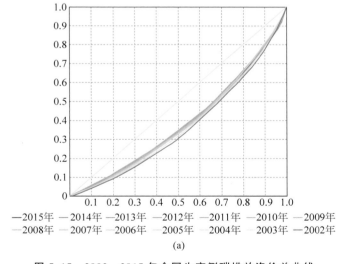

(a)

图 5.15　2002—2015 年全国生产侧碳排放洛伦兹曲线

（a）2002—2015 年；（b）2003—2006 年；（c）2007—2010 年；（d）2011—2014 年

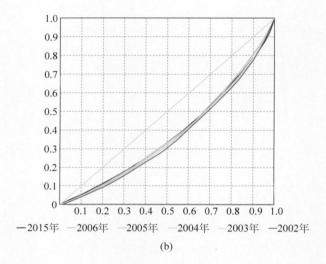

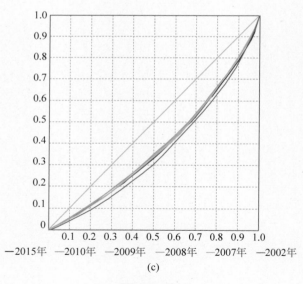

图 5.15(续)

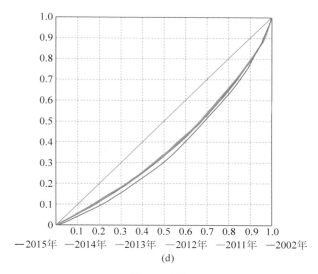

—2015年 —2014年 —2013年 —2012年 —2011年 —2002年

(d)

图 5.15（续）

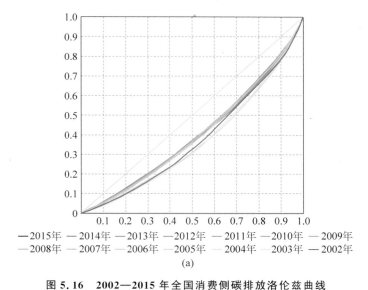

—2015年 —2014年 —2013年 —2012年 —2011年 —2010年 —2009年
—2008年 —2007年 —2006年 —2005年 —2004年 —2003年 —2002年

(a)

图 5.16　2002—2015 年全国消费侧碳排放洛伦兹曲线

（a）2002—2015 年；（b）2003—2006 年；（c）2007—2010 年；（d）2011—2014 年

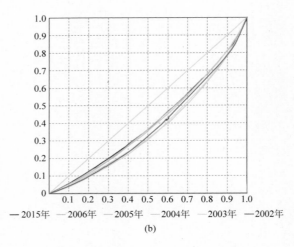

(b)

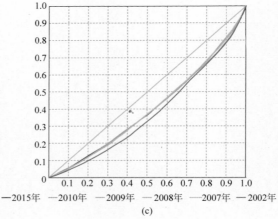

(c)

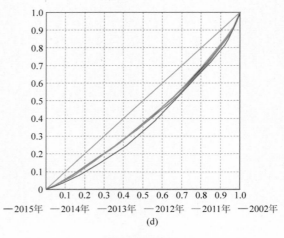

(d)

图 5.16（续）

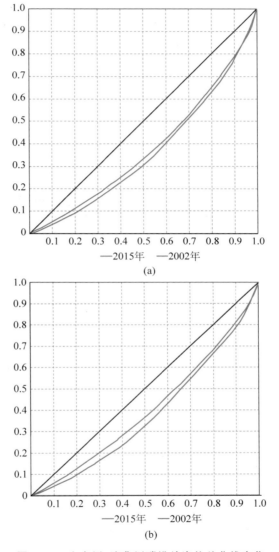

图 5.17　生产侧、消费侧碳排放洛伦兹曲线变化

（a）人均生产碳排放洛伦兹曲线；（b）人均消费碳排放洛伦兹曲线

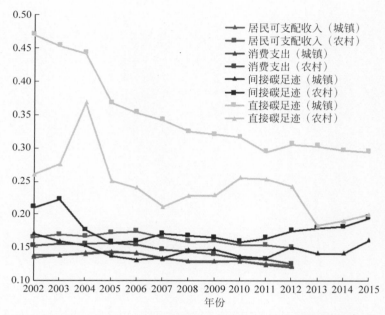

图 5.18 2002—2015 年城乡居民可支配收入、消费支出、直接碳足迹、
间接碳足迹的基尼系数

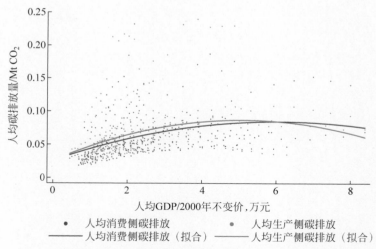

图 6.6 人均生产侧碳排放、消费侧碳排放与人均 GDP 的拟合曲线

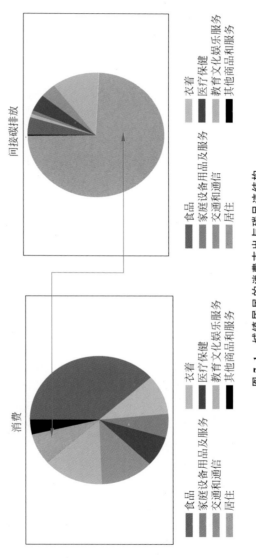

图 7.1 城镇居民的消费支出与碳足迹结构

消费

食品
家庭设备用品及服务
交通和通信
居住
衣着
医疗保健
教育文化娱乐服务
其他商品和服务

间接碳排放

食品
家庭设备用品及服务
交通和通信
居住
衣着
医疗保健
教育文化娱乐服务
其他商品和服务

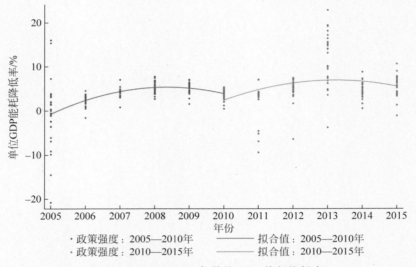

图 8.3　2005—2015 年单位 GDP 能耗降低率

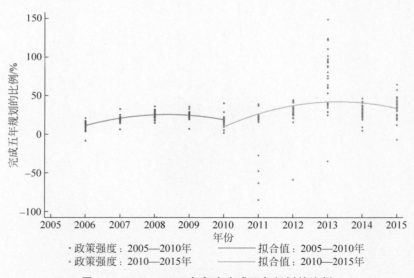

图 8.4　2005—2015 年年内完成五年规划的比例

清华大学优秀博士学位论文丛书

碳不平等的测度与机制：
基于贸易隐含碳视角的分析

李萌（Li Meng）著

Evidence, Measure and Mechanism
of Carbon Inequality:
Perspective from Emissions Embodied in Trade

清华大学出版社
北 京

内 容 简 介

结合环境经济学的经典理论与贸易隐含碳理论，本研究解释了我国宏观、微观两个层面碳不平等的成因。通过对投入产出模型的开发拓展进行省级碳排放量的核算，结合投入产出分析和生活方式分析进行微观家庭碳足迹核算，获得了宏观层面和微观层面的碳排放数据。基于对以上数据的分析，回答了"我国是否存在碳排放不平等与碳转移不平衡的现象？""碳排放是由哪些因素所驱动的，哪些因素将导致碳不平等程度加剧？""生产侧碳排放不平等为何会反弹，是否由命令—控制型或市场型减排政策引起？"等三个问题。提出了平衡经济发展与减排压力，调节各省份碳排放责任、权利与义务的关系，降低居民碳足迹不平等程度，以及综合运用多种工具实现有效减排并降低碳泄露的政策建议。

图书在版编目（CIP）数据

碳不平等的测度与机制：基于贸易隐含碳视角的分析 / 李萌著. -- 北京：清华大学出版社，2024. 9.（清华大学优秀博士学位论文丛书）. -- ISBN 978-7-302-66936-4

Ⅰ. X511

中国国家版本馆 CIP 数据核字第 20240SP842 号

责任编辑：商成果
封面设计：傅瑞学
责任校对：欧　洋
责任印制：沈　露

出版发行：清华大学出版社
　　　　　网　　址：https://www.tup.com.cn，https://www.wqxuetang.com
　　　　　地　　址：北京清华大学学研大厦 A 座　　　邮　　编：100084
　　　　　社 总 机：010-83470000　　　　　　　　　邮　　购：010-62786544
　　　　　投稿与读者服务：010-62776969，c-service@tup.tsinghua.edu.cn
　　　　　质量反馈：010-62772015，zhiliang@tup.tsinghua.edu.cn
印 装 者：三河市东方印刷有限公司
经　　销：全国新华书店
开　　本：155mm×235mm　　印张：20.5　　插页：6　　字　　数：358千字
版　　次：2024 年 9 月第 1 版　　　　　　　　　　印　　次：2024 年 9 月第 1 次印刷
定　　价：119.00 元

产品编号：096587-01

一流博士生教育
体现一流大学人才培养的高度（代丛书序）①

　　人才培养是大学的根本任务。只有培养出一流人才的高校，才能够成为世界一流大学。本科教育是培养一流人才最重要的基础，是一流大学的底色，体现了学校的传统和特色。博士生教育是学历教育的最高层次，体现出一所大学人才培养的高度，代表着一个国家的人才培养水平。清华大学正在全面推进综合改革，深化教育教学改革，探索建立完善的博士生选拔培养机制，不断提升博士生培养质量。

学术精神的培养是博士生教育的根本

　　学术精神是大学精神的重要组成部分，是学者与学术群体在学术活动中坚守的价值准则。大学对学术精神的追求，反映了一所大学对学术的重视、对真理的热爱和对功利性目标的摒弃。博士生教育要培养有志于追求学术的人，其根本在于学术精神的培养。

　　无论古今中外，博士这一称号都和学问、学术紧密联系在一起，和知识探索密切相关。我国的博士一词起源于 2000 多年前的战国时期，是一种学官名。博士任职者负责保管文献档案、编撰著述，须知识渊博并负有传授学问的职责。东汉学者应劭在《汉官仪》中写道："博者，通博古今；士者，辩于然否。"后来，人们逐渐把精通某种职业的专门人才称为博士。博士作为一种学位，最早产生于 12 世纪，最初它是加入教师行会的一种资格证书。19 世纪初，德国柏林大学成立，其哲学院取代了以往神学院在大学中的地位，在大学发展的历史上首次产生了由哲学院授予的哲学博士学位，并赋予了哲学博士深层次的教育内涵，即推崇学术自由、创造新知识。哲学博士的设立标志着现代博士生教育的开端，博士则被定义为独立从事学术研究、具备创造新知识能力的人，是学术精神的传承者和光大者。

---

　　①　本文首发于《光明日报》，2017 年 12 月 5 日。

博士生学习期间是培养学术精神最重要的阶段。博士生需要接受严谨的学术训练，开展深入的学术研究，并通过发表学术论文、参与学术活动及博士论文答辩等环节，证明自身的学术能力。更重要的是，博士生要培养学术志趣，把对学术的热爱融入生命之中，把捍卫真理作为毕生的追求。博士生更要学会如何面对干扰和诱惑，远离功利，保持安静、从容的心态。学术精神，特别是其中所蕴含的科学理性精神、学术奉献精神，不仅对博士生未来的学术事业至关重要，对博士生一生的发展都大有裨益。

独创性和批判性思维是博士生最重要的素质

博士生需要具备很多素质，包括逻辑推理、言语表达、沟通协作等，但是最重要的素质是独创性和批判性思维。

学术重视传承，但更看重突破和创新。博士生作为学术事业的后备力量，要立志于追求独创性。独创意味着独立和创造，没有独立精神，往往很难产生创造性的成果。1929 年 6 月 3 日，在清华大学国学院导师王国维逝世二周年之际，国学院师生为纪念这位杰出的学者，募款修造"海宁王静安先生纪念碑"，同为国学院导师的陈寅恪先生撰写了碑铭，其中写道："先生之著述，或有时而不章；先生之学说，或有时而可商；惟此独立之精神，自由之思想，历千万祀，与天壤而同久，共三光而永光。"这是对于一位学者的极高评价。中国著名的史学家、文学家司马迁所讲的"究天人之际，通古今之变，成一家之言"也是强调要在古今贯通中形成自己独立的见解，并努力达到新的高度。博士生应该以"独立之精神、自由之思想"来要求自己，不断创造新的学术成果。

诺贝尔物理学奖获得者杨振宁先生曾在 20 世纪 80 年代初对到访纽约州立大学石溪分校的 90 多名中国学生、学者提出："独创性是科学工作者最重要的素质。"杨先生主张做研究的人一定要有独创的精神、独到的见解和独立研究的能力。在科技如此发达的今天，学术上的独创性变得越来越难，也愈加珍贵和重要。博士生要树立敢为天下先的志向，在独创性上下功夫，勇于挑战最前沿的科学问题。

批判性思维是一种遵循逻辑规则、不断质疑和反省的思维方式，具有批判性思维的人勇于挑战自己，敢于挑战权威。批判性思维的缺乏往往被认为是中国学生特有的弱项，也是我们在博士生培养方面存在的一个普遍问题。2001 年，美国卡内基基金会开展了一项"卡内基博士生教育创新计划"，针对博士生教育进行调研，并发布了研究报告。该报告指出：在美国和欧洲，培养学生保持批判而质疑的眼光看待自己、同行和导师的观点同样非常不容易，批判性思维的培养必须成为博士生培养项目的组成部分。

对于博士生而言，批判性思维的养成要从如何面对权威开始。为了鼓励学生质疑学术权威、挑战现有学术范式，培养学生的挑战精神和创新能力，清华大学在2013年发起"巅峰对话"，由学生自主邀请各学科领域具有国际影响力的学术大师与清华学生同台对话。该活动迄今已经举办了21期，先后邀请17位诺贝尔奖、3位图灵奖、1位菲尔兹奖获得者参与对话。诺贝尔化学奖得主巴里·夏普莱斯（Barry Sharpless）在2013年11月来清华参加"巅峰对话"时，对于清华学生的质疑精神印象深刻。他在接受媒体采访时谈道："清华的学生无所畏惧，请原谅我的措辞，但他们真的很有胆量。"这是我听到的对清华学生的最高评价，博士生就应该具备这样的勇气和能力。培养批判性思维更难的一层是要有勇气不断否定自己，有一种不断超越自己的精神。爱因斯坦说："在真理的认识方面，任何以权威自居的人，必将在上帝的嬉笑中垮台。"这句名言应该成为每一位从事学术研究的博士生的箴言。

提高博士生培养质量有赖于构建全方位的博士生教育体系

一流的博士生教育要有一流的教育理念，需要构建全方位的教育体系，把教育理念落实到博士生培养的各个环节中。

在博士生选拔方面，不能简单按考分录取，而是要侧重评价学术志趣和创新潜力。知识结构固然重要，但学术志趣和创新潜力更关键，考分不能完全反映学生的学术潜质。清华大学在经过多年试点探索的基础上，于2016年开始全面实行博士生招生"申请-审核"制，从原来的按照考试分数招收博士生，转变为按科研创新能力、专业学术潜质招收，并给予院系、学科、导师更大的自主权。《清华大学"申请-审核"制实施办法》明晰了导师和院系在考核、遴选和推荐上的权力和职责，同时确定了规范的流程及监管要求。

在博士生指导教师资格确认方面，不能论资排辈，要更看重教师的学术活力及研究工作的前沿性。博士生教育质量的提升关键在于教师，要让更多、更优秀的教师参与到博士生教育中来。清华大学从2009年开始探索将博士生导师评定权下放到各学位评定分委员会，允许评聘一部分优秀副教授担任博士生导师。近年来，学校在推进教师人事制度改革过程中，明确教研系列助理教授可以独立指导博士生，让富有创造活力的青年教师指导优秀的青年学生，师生相互促进、共同成长。

在促进博士生交流方面，要努力突破学科领域的界限，注重搭建跨学科的平台。跨学科交流是激发博士生学术创造力的重要途径，博士生要努力提升在交叉学科领域开展科研工作的能力。清华大学于 2014 年创办了"微沙龙"平台，同学们可以通过微信平台随时发布学术话题，寻觅学术伙伴。3 年来，博士生参与和发起"微沙龙"12000 多场，参与博士生达 38000 多人次。"微沙龙"促进了不同学科学生之间的思想碰撞，激发了同学们的学术志趣。清华于 2002 年创办了博士生论坛，论坛由同学自己组织，师生共同参与。博士生论坛持续举办了 500 期，开展了 18000 多场学术报告，切实起到了师生互动、教学相长、学科交融、促进交流的作用。学校积极资助博士生到世界一流大学开展交流与合作研究，超过 60% 的博士生有海外访学经历。清华于 2011 年设立了发展中国家博士生项目，鼓励学生到发展中国家亲身体验和调研，在全球化背景下研究发展中国家的各类问题。

在博士学位评定方面，权力要进一步下放，学术判断应该由各领域的学者来负责。院系二级学术单位应该在评定博士论文水平上拥有更多的权力，也应担负更多的责任。清华大学从 2015 年开始把学位论文的评审职责授权给各学位评定分委员会，学位论文质量和学位评审过程主要由各学位分委员会进行把关，校学位委员会负责学位管理整体工作，负责制度建设和争议事项处理。

全面提高人才培养能力是建设世界一流大学的核心。博士生培养质量的提升是大学办学质量提升的重要标志。我们要高度重视、充分发挥博士生教育的战略性、引领性作用，面向世界、勇于进取，树立自信、保持特色，不断推动一流大学的人才培养迈向新的高度。

清华大学校长

2017 年 12 月

丛书序二

以学术型人才培养为主的博士生教育，肩负着培养具有国际竞争力的高层次学术创新人才的重任，是国家发展战略的重要组成部分，是清华大学人才培养的重中之重。

作为首批设立研究生院的高校，清华大学自20世纪80年代初开始，立足国家和社会需要，结合校内实际情况，不断推动博士生教育改革。为了提供适宜博士生成长的学术环境，我校一方面不断地营造浓厚的学术氛围，另一方面大力推动培养模式创新探索。我校从多年前就已开始运行一系列博士生培养专项基金和特色项目，激励博士生潜心学术、锐意创新，拓宽博士生的国际视野，倡导跨学科研究与交流，不断提升博士生培养质量。

博士生是最具创造力的学术研究新生力量，思维活跃，求真求实。他们在导师的指导下进入本领域研究前沿，汲取本领域最新的研究成果，拓宽人类的认知边界，不断取得创新性成果。这套优秀博士学位论文丛书，不仅是我校博士生研究工作前沿成果的体现，也是我校博士生学术精神传承和光大的体现。

这套丛书的每一篇论文均来自学校新近每年评选的校级优秀博士学位论文。为了鼓励创新，激励优秀的博士生脱颖而出，同时激励导师悉心指导，我校评选校级优秀博士学位论文已有20多年。评选出的优秀博士学位论文代表了我校各学科最优秀的博士学位论文的水平。为了传播优秀的博士学位论文成果，更好地推动学术交流与学科建设，促进博士生未来发展和成长，清华大学研究生院与清华大学出版社合作出版这些优秀的博士学位论文。

感谢清华大学出版社，悉心地为每位作者提供专业、细致的写作和出版指导，使这些博士论文以专著方式呈现在读者面前，促进了这些最新的优秀研究成果的快速广泛传播。相信本套丛书的出版可以为国内外各相关领域或交叉领域的在读研究生和科研人员提供有益的参考，为相关学科领域的发展和优秀科研成果的转化起到积极的推动作用。

感谢丛书作者的导师们。这些优秀的博士学位论文，从选题、研究到成文，离不开导师的精心指导。我校优秀的师生导学传统，成就了一项项优秀的研究成果，成就了一大批青年学者，也成就了清华的学术研究。感谢导师们为每篇论文精心撰写序言，帮助读者更好地理解论文。

感谢丛书的作者们。他们优秀的学术成果，连同鲜活的思想、创新的精神、严谨的学风，都为致力于学术研究的后来者树立了榜样。他们本着精益求精的精神，对论文进行了细致的修改完善，使之在具备科学性、前沿性的同时，更具系统性和可读性。

这套丛书涵盖清华众多学科，从论文的选题能够感受到作者们积极参与国家重大战略、社会发展问题、新兴产业创新等的研究热情，能够感受到作者们的国际视野和人文情怀。相信这些年轻作者们勇于承担学术创新重任的社会责任感能够感染和带动越来越多的博士生，将论文书写在祖国的大地上。

祝愿丛书的作者们、读者们和所有从事学术研究的同行们在未来的道路上坚持梦想，百折不挠！在服务国家、奉献社会和造福人类的事业中不断创新，做新时代的引领者。

相信每一位读者在阅读这一本本学术著作的时候，在汲取学术创新成果、享受学术之美的同时，能够将其中所蕴含的科学理性精神和学术奉献精神传播和发扬出去。

清华大学研究生院院长

2018 年 1 月 5 日

导师序言

气候变化是人类发展面临的重要挑战之一。中国作为世界人口大国和世界最大的碳排放国,应对气候变化成为我国基本实现社会主义现代化的最大挑战,但同时也成为我国基本实现绿色工业化、城镇化、农业农村现代化的最大机遇。

2020年9月22日,习近平主席在第七十五届联合国大会一般性辩论上宣布,中国将提高国家自主贡献力度,采取更加有力的政策和措施,二氧化碳排放力争于2030年前达到峰值,努力争取2060年前实现碳中和。这是中国首次提出实现碳达峰与碳中和的目标,对全球碳达峰与碳中和具有关键作用,同时也引起了国际社会的广泛关注。

中国探索到21世纪中叶实现碳中和的战略路径,无论对于整个世界还是对于中国自身而言,均具有重要意义。20世纪70年代末,中国开始改革开放,邓小平同志提出了中国实现社会主义现代化的"三步走"战略设想。如今,习近平主席提出了未来用40年时间实现碳达峰、碳中和"两步走"战略设想,制定了明确的绿色发展战略目标。我国未来40年实现"两步走"的战略设想,是对"三步走"战略设想的继承与创新。绿色发展战略目标将成为改革创新的升级版,通过绿色改革与绿色创新,加速发展绿色生产力,尤其是绿色能源、绿色产业、绿色技术创新、绿色消费、绿色交通、绿色服务等,充分发挥市场在配置绿色资源、能源等要素中的决定性作用,并且通过绿色产品和服务、绿色市场交易、绿色价格、绿色技术等"无形之手",与政府绿色规划、绿色政策、绿色规则、绿色标准的"有形之手"相互结合、相互作用、相互促进,创造绿色投资优势、绿色创新优势、绿色消费优势、绿色产业优势、绿色能源优势、绿色就业优势等,积极发挥中央与地方两个方面的积极性,大力支持有条件的地方提前实现碳排放达峰,进而加快全国实现碳排放达峰。我们相信,通过八个五年规划,我们能够如期实现中国绿色改革、绿色创新的"两步走"战略,以新发展理念为引领,在推动高质量发展中促进经济社会发展全面实现绿色转型。

　　本书为我指导的博士研究生李萌的博士论文。自 2017 年年初她便开始筹划从碳排放的角度分析我国区域之间的协调与发展问题，经过两年的梳理、计算、分析、写作，于 2019 年 3 月完成本书的主要工作。随后又经过数次修改，呈现目前的书稿。这本书在当前气候变化应对的主题与背景下，基于贸易隐含碳的视角来测算我国碳排放足迹以及碳转移量，刻画我国区域间不平衡的碳排放与减排压力，并分析了强制减排目标、碳排放权交易市场等不同减排政策的有效性，以及碳泄露等影响。本书契合当前我国应对气候变化的需求，希望这本书能够为理解我国低碳背景下的区域治理、协调发展、有序达峰提供新知。

胡鞍钢

2022 年 9 月于清华园

摘　要

　　中国作为世界第一大碳排放国,面临着艰巨的减排压力和严重的碳排放不平等问题。目前我国各省份间经济、教育等方面的差距呈现缩小趋势,而碳排放不平等、碳转移不平衡的程度却居高不下。现有理论难以完全解释碳不平等高企的现象,本研究结合环境经济学的经典理论与贸易隐含碳理论,解释了我国宏观、微观两个层面碳不平等的成因。

　　本研究通过对投入产出模型的开发拓展进行省级碳排放量的核算,结合投入产出分析和生活方式分析进行微观家庭碳足迹核算,获得了宏观层面和微观层面的碳排放数据。基于以上数据,提出并研究三个问题。

　　第一,我国是否存在碳排放不平等与碳转移不平衡的现象?本研究从碳排放和碳转移两个角度进行考察,发现我国存在生产侧和消费侧碳排放的不平等,也存在地区间碳转移的不平等。其中,生产侧碳不平等的程度已经超过人均国内生产总值(GDP)的不平等程度,碳转移不平等主要发生在京津沿海地区与中西部地区之间。

　　第二,碳排放是由哪些因素所驱动的,哪些因素将导致碳不平等程度加剧?在宏观层面,本研究使用省级生产侧、消费侧、贸易隐含等各类碳排放面板数据,基于系统广义矩估计法进行考察,发现省际收入差距缩小是碳不平等程度下降的重要原因,高收入和强环境规制促进净转移碳排放增加,而高能耗强度、高煤炭占比导致净转移碳排放减少。在微观层面,本研究使用多个家庭调查数据考察了造成微观碳足迹不平等的原因,发现城乡分化、收入差距、教育水平差异以及交通方式和居住条件的差别是主要原因。微观层面的碳足迹不平等程度高于居民可支配收入和消费支出的不平等程度,城乡居民组间碳足迹不平等程度呈现上升趋势。

　　第三,生产侧碳排放不平等为何会反弹,是否由命令—控制型或市场型减排政策引起?本研究使用中介效应模型考察了命令—控制型减排政策的效果,使用双重差分和多重差分模型考察了碳排放权交易市场试点政策的作用。研究发现,两种政策均能够有效促进减排但在一定程度上导致了碳泄露。其中,前者促进减排目标设定和执行更严格地区的碳排放向外部产生碳泄露,后者使得试点地区、试点行业的碳排放向非试点地区、非试点行业发生碳泄露。各省份减排目标在"十一五"期间和"十二五"期间设定和执行相对强度的反转是生产侧碳不平等先降后增的重要原因。

　　基于以上分析,提出了平衡经济发展与减排压力,调节各省份碳排放责任、权利与义务的关系,降低居民碳足迹不平等程度,以及综合运用多种工具实现有效减排并降低碳泄露的政策建议。

关键词：碳不平等；碳转移；碳泄露；贸易隐含碳；投入产出分析

Abstract

China, world's largest carbon emitter, is experiencing serious mitigation pressure as well as critical carbon inequality. Although other kinds of provincial disparities have been decreasing, carbon inequality of production-based emission has increased since 2010. It also exists a divergence between production-based and consumption-based emission inequality trends. Existing theories can hardly fully explain the rebound and divergence of carbon inequality. In order to measure, understand, and explain carbon inequality, this research integrates classic environmental economic theory like Environmental Kuznets Curve and Pollution Haven Effect with Emissions Embodied in Trade Theory from carbon emission measurement school.

This book measures both province-sector level and household level carbon emissions. By extending the original environmental input-output analysis to a quasi-two-regional model, this book measures production-based emissions, consumption-based emissions, as well as all kinds of transferred emissions on provincial and sectoral level. By integrating input-output analysis with Consumer Lifestyle Approach, this book measures the indirect carbon emissions of household using survey data. Based upon these emission data, this research raises and tries to answer the following three questions.

First, is there emission inequality and carbon transfer imbalance in China? This study finds that it not only exists carbon inequality on both production-based and consumption-based emissions, but also exists emissions transfer inequality between regions. The inequality of production-based carbon emissions between provinces has exceeded that of the GDP per capita. The inequality on emissions transfer mainly occurs between developed regions like Beijing, Tianjin and coastal areas and developing regions like central and western China.

Second, what are the driving factors of emissions, and why the carbon inequality increases or decreases? This book answers this question on both provincial and individual level. As for macro level, this study uses System Generalized Method of Moments (SGMM) to analyze panel data of production-based, consumption-based and transferred emissions on each province from 2005 to 2015. We found that: (1) the narrowing of income gap between provinces is an important reason for the decline of carbon inequality; (2) high income and strong environmental regulation promote the increase of net carbon transfer emissions while high energy consumption intensity and high coal share lead to the decrease of net carbon transfer emissions. As for micro level, this study uses UHS, CHIP and CHFS household survey data to examine the causes of carbon footprint inequality. We find that: (1) urban-rural differentiation, income gap as well as differences in education level, transportation and living conditions are the main sources of household carbon inequality; (2) carbon inequality is higher than that of income and expenditure; and, (3) the inequality between urban and rural residents has been increasing.

Third, how to understand the rebound of production-based emission inequality? Is it caused by mandatory mitigation targets or carbon emission trading market, the two main policy instruments China has applied to reduce emission? We use intermediary effect model to examine the policy effect of mandatory targets during Five-Year Plan, and use DID and DDD methods to examine the effect of carbon emission trading market in seven pilot regions. We found that: (1) both policies can effectively promote emission reduction, and to some extent lead to carbon leakage; (2) the former policy causes carbon leakage from more policy-stringent areas to other areas, while the latter causes carbon leakage from pilot areas and industries to non-pilot areas and industries; and, (3) the reversal of relative stringency of emission reduction targets during the Eleventh Five-Year Plan and the Twelfth Five-Year Plan is an important reason for the rebound of carbon inequality on the production side.

To sum up,critical level of carbon inequality exists on both macro and micro level in China,and is influenced by income disparities and different kinds of regulation. This book proposes following policy suggestions: (1) balance the pressure of economic development and emission reduction; (2) adjust the relationship between emission responsibilities, rights and obligations of each province; (3) reduce residential carbon inequality by encouraging energy-saving lifestyle and formulating tiered electricity price; (4) achieve effective and low-leakage emission reduction by applying a variety of emission reduction policy instruments.

Key words: carbon inequality; carbon transfer; carbon leakage; emissions embodied in trade; input-output analysis

目　录

插图清单

表格清单

第1章 引　言

未来十年,政策制定者将面临两项最重要的挑战,一是环境退化特别是气候恶化(IPCC,2014),二是经济不平等与日俱增(Piketty,2014；OECD,2011)。

——Thomas Piketty

There is growing, global momentum for tackling carbon emissions and correcting "the largest market failure history has seen".

—— Lord Stern

1.1　议 题 选 择

随着人类社会的发展和进步,一方面社会整体生活水平不断上升,另一方面国与国之间、地区与地区之间、人与人之间的生活差距始终存在,不平等成为伴随人类社会的恒久议题。不平等的内涵广泛,覆盖了人类生活的各个维度。收入、消费、健康、教育、居住以及碳排放等各类不平等相互交织、影响和反馈,形成了社会不平等的大格局。

本研究主要关注碳排放领域的不平等,后文中简称为碳排放不平等或碳不平等(carbon inequality)。碳不平等随着气候变化问题的突出逐渐浮出水面。

碳排放不平等是收入不平等和消费不平等的延伸和聚焦。一方面,生产侧的碳排放类似于一种获得收入的权利。在生产过程中排放更多的碳意味着消耗更多能源、创造更多价值以及获得更多的经济收入,生产侧碳排放的不平等意味着潜在的收入水平差异。因此,生产侧碳排放不平等是收入不平等的一个侧面,也是研究收入不平等的另一个视角。另一方面,消费侧的碳排放相当于一种消费资源、换取福利的权利。消费的多寡不仅可以基于货币进行衡量,也可以通过个体消耗的资源以及因消耗资源而产生的碳排放进行衡量。消费水平直接关系到人类的生活水平与生活质量,能直接地刻画、系统地反映居民之间真实的福利水平差异（Deaton & Paxson，1994）。因此，消费侧碳排放不平等是消费支出不平等的一个侧面，是讨论消费不平等的另一个维度。碳排放一方面关联着生产过程和价值创造，另一方面关联着最终消费和生活水平，同时又与能源分配、气候变化应对、减排责任分配紧密挂钩。碳不平等问题的重要性丝毫不亚于收入不平等和消费不平等两个被学界所熟知的话题。

本研究源起于环境领域的经典谜题"荷兰谬误"（Netherlands Fallacy）[①]。"荷兰谬误"原本指，荷兰作为一个填海造地、人口密集的国家，一方面居民过着高福利、高消费的生活，另一方面其生态环境却没有受到损害，荷兰居民的高消费、高生活水平与荷兰较为匮乏的资源之间存在着根本矛盾，令人不禁产生疑惑：消费对环境的影响体现在哪里？后来这一谜题被延伸开来，用来指代发达经济体的人民在享受高生活水平和高消费支出的同时，却呈现出能源节约、碳排放下降的趋势。为什么经济更繁荣、企业盈利更多的发达地区，其居民生活水平、能源消费以及商品消费的支出明显更高，而一般意义上的碳排放量却显著低于欠发达地区？为什么高消费不一定会损害当地的环境？笔者着眼于中国内部存在的"荷兰谬误"，试图探究国内经济发达地区与欠发达地区、沿海地区与内陆地区、生产型省份与消费型省份、以服务业为主的省份与以能源行业为主的省份之间存在的碳不平等，以及微观的家庭、人际层面贫富差距、城乡差距所带来的碳不平等。

目前，全球碳排放持续增长、碳不平等问题日益加剧，中国作为世界第一大碳排放国也面临着巨大的减排压力和国内碳不平等问题。以中国的碳不平等问题为核心议题，讨论其现状、机制及政策启示，厘清我国各地区的真实碳排放量、理解中国各区域间碳排放不平衡的状况、分析碳排放及其不平等的主要驱动因素、研究减排政策的效果及其对碳不平等的影响，具有重要意义。

---

① Paul R. Ehrlich, Anne H. Ehrlich. *The Population Explosion* [M]. New York: Simon & Schuster, 1990. "The Netherlands can support 1,031 people per square mile only because the rest of the world does not. In 1984-1986, the Netherlands imported almost 4 million tons of cereals, 130,000 tons of oils, and 480,000 tons of pulses (peas, beans, lentils). It took some of these relatively inexpensive imports and used them to boost their production of expensive exports—330,000 tons of milk and 1.2 million tons of meat. The Netherlands also extracted about a half-million tons of fishes from the sea during this period, and imported more in the form of fish meal..."

1.2　研　究　背　景

1.2.1　国际碳排放量的增长与"失衡的世界"

伴随着人类对资源的开发利用,全球碳排放量连年增长,近一个世纪以来的增长尤为迅速。1850 年之前,全球的碳排放量一直处于缓慢增长的状态。19 世纪中期,伴随着第二次工业革命,人类进入了"电气时代",全球年碳排放量显著增加。自 20 世纪 50 年代以来,全球年碳排放量持续增长且增幅加大。英国石油公司《BP 世界能源统计 2018》(*BP Statistical Review of World Energy2018*)显示,2017 年全球化石燃料及工业二氧化碳排放总量约为 334.44 亿吨,较《京都议定书》规定的排放量计算基准——1990 年的碳排放量增加了 57%。全球碳项目(Global Carbon Project,GCP)下的《2018 年全球碳预算报告》(*Global Carbon Budget2018*)指出这是全球碳排放量在 2014—2016 年连续持平后再一次呈现增长态势。随着发展中国家的经济追赶,全球碳排放量变动的一个明显特征是发展中国家如中国、印度等新兴经济体的碳排放量迅速增加。2000 年之前,发达国家碳排放总量多于发展中国家,而 2000 年后发展中国家的碳排放总量高速增加并超过了发达国家(见图 1.1)。

与此同时,发达国家与发展中国家之间、低收入群体与高收入群体之间、生产者与消费者之间也存在突出的碳不平等问题,即"失衡的世界"。

首先,尽管发展中国家的年碳排放总量超越了发达国家,但人均碳排放量依然远低于发达国家。无论从累积碳排放还是从人均碳足迹①来看,国际碳不平等的现象均十分突出。截至 2017 年,美国、日本和欧盟的人均二氧化碳排放量分别为 15.62t②、9.28t 和 6.91t,中国和印度则分别仅为 6.66t 和 1.75t(见表 1.1)。美国前 10% 的高收入人口碳排放量相当于中国后 50% 低收入人口碳排放量的 3 倍,即 3000 万人口的碳排放量相当于近 7 亿人口碳排放量的 3 倍。

---

①　碳足迹指企业或居民通过交通运输、食品生产和消费以及各类生产生活过程等引起的碳排放总和,即"碳耗用量"。

②　t 为"吨",后文中 Mt 指"百万吨"。

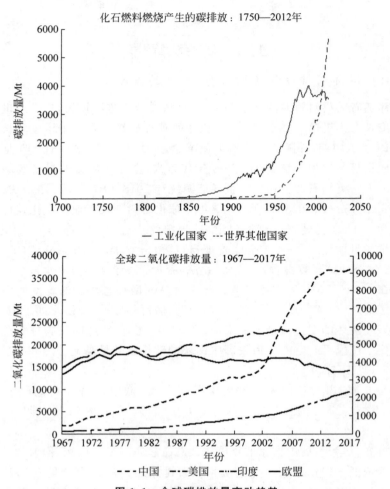

图 1.1　全球碳排放量变动趋势

数据来源：上图 1751—2009 年原始数据来自橡树岭实验室，2010—2012 年原始数据来自英国石油公司 BP Statistical Review of World Energy 2018；下图原始数据来自 BP Statistical Review of World Energy 2018。

表 1.1　1965—2017 年世界主要国家/地区人均二氧化碳排放量

单位：t/人

国家/地区	1965 年	1975 年	1985 年	1995 年	2005 年	2015 年	2017 年
美国	17.91	20.68	19.22	19.55	19.84	16.24	15.62
日本	4.52	8.25	7.81	9.41	9.99	9.41	9.28
中国	0.68	1.23	1.75	2.51	4.66	6.68	6.66

续表

国家/地区	1965 年	1975 年	1985 年	1995 年	2005 年	2015 年	2017 年
印度	0.34	0.41	0.53	0.81	1.05	1.64	1.75
欧盟	7.72	9.26	9.21	8.39	8.56	6.84	6.91

其次,低收入群体与高收入群体之间的碳不平等尤为突出,一方面贫困人口的基本生存需求尚不能满足,另一方面高收入人群则进行了大量碳排放密集的奢侈型消费。乐施会(Oxfam)报告中的数据显示,世界前 10% 的高收入人群贡献了全球 50% 的碳排放,而世界后 50% 的低收入人群仅贡献了全球 10% 的碳排放(见图 1.2),1% 最富裕人口的人均碳足迹甚至是10% 最贫穷人口的 175 倍(Gore et al.,2015)。

最后,随着全球贸易持续增长、价值链分工深化和世界工厂的出现,生产侧与消费侧的碳排放出现了分离。生产者与消费者之间、碳排放的地理承担者与商品和服务的享受者之间的碳不平等问题也逐渐浮出水面,并在国际社会应对气候变化、划定减排责任的大背景下日益突出。发达国家大量外包高污染、高碳排放的产业,利用发展中国家的生产资料和能源制造产品,最终再运回国内,从而将欧美富裕国家的碳排放转移到中国、印度等发展中国家,也即本研究所指贸易隐含碳(emissions embodied in trade,emissions embedded in trade,EET)的概念。《2014 年全球碳预算报告》(*Global Carbon Budget 2014*)指出,从 1990 年起欧美等富裕国家减少的碳排放量实际上是被他们"外包"出去的碳排放量抵消的(见图 1.3),并且这部分"外包"出去的碳排放量正以每年 11% 的速度增长。此外,就我国而言,国际气候与环境研究中心(Center for International Climate & Environmental Research Oslo,CICERO)在 2015 年的一份报告中指出,中国的生产侧碳排放和消费侧碳排放之间相差约 25%。

一方面,国际社会需要合力应对气候变化,拿出可行的减排方案;另一方面,总量与人均之争、存量与流量之争、生存发展权与奢侈性消费权之争使得国际合作一度陷入"囚徒困境"和"减排悖论"(胡鞍钢、管清友,2008a、2008b、2012)。在以美国为代表的发达国家指责以中国、印度为代表的发展中国家产生了过多碳排放、享受了过多福利,或是要求对等的减排手段和碳关税时(Cramton et al.,2017),一定程度上忽视了发展中国家的权益,也没有体现碳排放权利、碳排放责任以及减排义务之间的匹配(国务院发展研究中心课题组等,2009)。确定不同国家和地区实际应当负责的碳减排是目前国际碳排放领域的重要研究议题,也是国际减排合作能够真正达成全面、均衡、有力协议的重要基本前提。

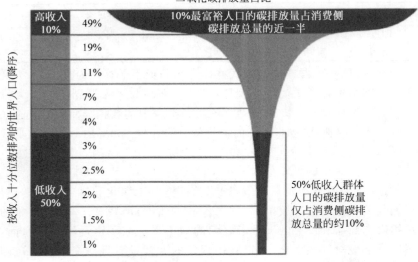

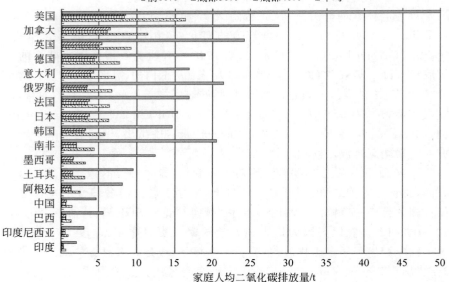

图 1.2　收入分组与碳排放不平等

资料来源：Gore，T. Extreme Carbon Inequality：Why the Paris climate deal must put the poorest，lowest emitting and most vulnerable people first. 2015.

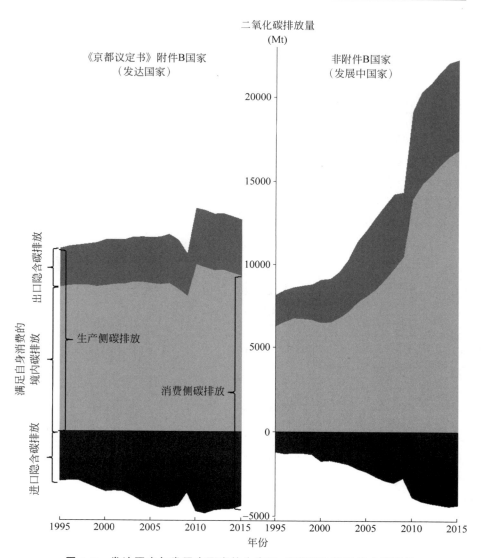

图 1.3　发达国家与发展中国家的生产侧、消费侧与贸易隐含碳排放

1.2.2　世界第一大碳排放国与"一个中国,四个世界"

近年来全球碳不平等的状况有所下降,发展中国家特别是中国的人均碳足迹增长起到了重要的作用。与此同时,中国内部的碳不平等对全球碳不平等的贡献从 1978 年的 1/3 上升到了 2013 年的 1/2(Piketty,2015)。

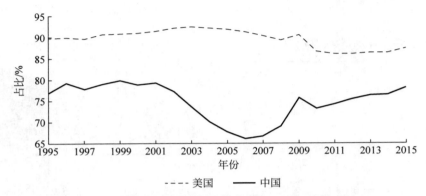

图 1.4　中美消费侧碳排放占本国碳排放总量的比例

2005 年中国超过美国成为全球碳排放量最多的国家,尽管 2014 年我国碳排放首次实现了下降,但随后的年份又出现了回升。从行业来看,电力、热力和制造业的碳排放持续增长,发电制热行业的碳排放从 2000 年 1217.5Mt CO_2 增长为 2015 年 3836.7Mt CO_2,年均增速为 7.95%。从能源类别来看,我国以煤为主的一次能源结构在短期内较难改变,伴随着人均 GDP 增加和工业化发展能源使用量增加,碳排放量也随之增加。从消费部门来看,居民部门的消费侧碳排放占比已经超过产业部门,成为碳排放最重要的增长点,居民未来收入提高和生活水平上升也意味着潜在的消费侧碳排放增长。由于我国目前的首要任务仍是大力发展经济、改善人民生活条件,所以在未来相当长时期内经济仍将保持较稳定的增长。这些客观情况决定了我国碳排放总量大、增速快、单位 GDP 碳排放强度高、减排压力大的现状,使得我国在减排方面既有潜力,也面临不小的困难。

与此同时,中国内部的碳不平等问题日益显露,国内区域间碳转移不平等和人际碳不平等的程度均呈上升趋势,甚至可以形容为“一个中国,四个世界”。碳排放的外包不仅发生在富国与穷国之间,也发生在一个国家内部的发达省份与落后省份之间,以及高收入群体与低收入群体之间。在宏观层面,碳排放随着发达地区与欠发达地区之间的商品与服务贸易得以转移,区域间的碳泄露(carbon leakage)[①]导致了国内碳转移的不平等。在微观层面,生活水平较高地区的人消费着来自较为落后地区生产的产品,大量碳排

---

　　① 　碳泄露指由于当地严格的减排政策,企业将其生产转移到减排措施更宽松的地区,从而导致另一个地区的碳排放上升的现象。

放内嵌于这些碳强度高而增加值低的产品之中,通过贸易被发达地区的居民所消费。微观个体的碳排放量千差万别,从而产生了个体间的碳不平等。以我国具有典型性的四个省份(自治区)为例,其中上海、天津同为高收入发达地区,宁夏、江西同为低收入欠发达地区。上海已经随着产业升级进入低碳排放阶段,人均消费侧碳排放接近于德国;天津则不仅人均碳排放高企,同时还存在着大量对外部的碳转嫁,接近于美国、加拿大;宁夏的人均碳排放在近年来迅速增长,并且承担了大量来自外部的碳排放,人均消费侧碳排放超过美国;而江西则人均生产侧、消费侧碳排放都明显位居全国较低水平,接近于南非、墨西哥。

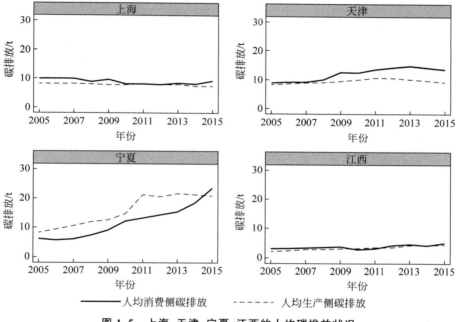

图 1.5　上海、天津、宁夏、江西的人均碳排放状况

　　一方面,由于经济发展水平、产业结构、资源禀赋、贸易参与等众多维度的差异,中国各地区天然存在着碳排放水平的巨大差别;另一方面,商品生产与消费地之间的分离,进一步催生了广泛的区域间碳转移,扩大了地区间的碳转移不平等程度,形成了"一个中国,四个世界"的碳不平等局面。

1.2.3　应对气候变化的双重挑战：减排压力与碳不平等

中国在应对气候变化问题上面临着双重挑战：一是作为发展中国家和"世界工厂"，减排任务艰巨；二是作为收入不平等和碳不平等大国，需要消除包括碳贫困在内的一切形式的贫困，减轻碳不平等程度，增进最贫困人口的福利水平。

气候变化和中国所面临的减排压力是讨论碳不平等问题的重要前提。将所有人的碳排放提高至极高水平可以非常简单地消除碳不平等，但不加控制的碳排放将带来全球变暖、冰川融化、海平面上升、气候剧变、生物多样性缺失等众多气候问题。习近平总书记"绿水青山就是金山银山"的发展理念已经为减排确定了方向，作为碳排放大国和负责任的大国，减排是中国的必然选择，也是一项艰难的任务。在国际减排协议中，中国承担着越来越重要的角色，也对应着越来越重大的减排责任。在 2009 年举办的哥本哈根第 15 次缔约方会议上，中国宣布到 2020 年实现单位 GDP 的二氧化碳排放比 2005 年下降 40%～45%。在 2015 年发布的《强化应对气候变化行动——中国国家自主贡献》中，中国确定了到 2030 年前后二氧化碳排放达到峰值并争取尽早达峰的自主行动目标。在 2016 年签署的《巴黎协定》中，中国进一步提出到 2030 年单位 GDP 二氧化碳排放比 2005 年下降 60%～65%。2020 年 9 月 22 日，国家主席习近平在第七十五届联合国大会一般性辩论上宣布，中国二氧化碳排放力争于 2030 年前达到峰值，努力争取 2060 年前实现碳中和目标。

为了完成国际承诺，保住绿水青山，中国尝试了多种减排工具，积极采取和执行减排政策。国内的减排政策主要有行政手段和市场手段两类，其中行政手段以五年规划中的强制减排目标（mandatory targets）为代表，市场手段以碳排放权交易市场试点政策为代表。在行政手段方面，不仅在国家和省级层面制定了减排规划，而且把环境等指标纳入了行政考核。在《中华人民共和国国民经济和社会发展第十二个五年规划纲要》和《中华人民共和国国民经济和社会发展第十三个五年规划纲要》中，分别提出了节能减排，积极应对全球气候变化，加强资源节约和管理，大力发展循环经济，加大环境保护力度，促进生态保护和修复，加快建设资源节约型、环境友好型社会，形成人与自然和谐发展现代化建设新格局等计划。在市场手段方面，碳排放权交易试点政策逐渐成熟，经历了 2011 年制定、2013 年试点到 2017 年在电力行业率先推广的过程。2011 年 10 月，国家发展改革委印发了《关于开展碳排放权交易试点工作的通知》,批准在北京、天津、上海、重庆、广东、湖北和深圳等 7 个地区开展碳排放权交易试点工作,并于 2013 年先后投入运行。2017 年 12 月,全国碳排放权交易市场从发电行业率先启动,涵盖电力行业的 1700 家企业,有望成为世界最大的碳排放权交易所。中国正分阶段推进全国碳排放权交易市场的建设,目前已公布首批纳入全国统一碳交易市场的电力、水泥及电解铝三个行业的碳配额分配试算方案,全国统一碳市场建设进程加快。

反过来,我国内部的碳不平等问题又给人民福利和减排进程带来多重挑战。一方面,不平等的碳排放意味着不平衡的发展和不平等的福利。发达地区产生了更多的碳排放,但最终气候变化的负外部性需要所有地区共同承担;欠发达地区设施落后、居民应对气候变化的能力更弱,却要为发达地区的碳排放埋单,承担更高的风险。另一方面,作为碳不平等的一个表现形式,不够合理的减排责任分担将阻碍减排进程——不充分考虑碳泄露的减排责任方案不可能是一个公平的方案(王军,2014)。R. N. Cooper et al. (2017)指出,气候变化是典型的“公地悲剧”,缺乏明确的排放权界定和排放责任界定是《巴黎协定》失败的原因。以“十一五”期间碳减排目标为例,北京、天津、重庆的单位 GDP 能耗降低率目标为 20%,内蒙古、山西、山东为 22%,河北、河南为 20%。在看似接近的减排压力下,各省份(自治区)为了完成减排指标作出了完全不同的“努力”。北京和天津于 2009 年提前一年完成了总目标,而山西、山东、河北、河南等地却在考核期末通过实施大量拉闸限电才勉强完成约束性指标。我们不禁要问:以山西为代表的能源提供地区和以河北为代表的中间品加工地区为京津地区承担了多少碳排放,分担了多少额外的减排责任?厘清各地区的生产侧和消费侧碳排放以及内嵌于贸易网络的碳转移是明确碳排放责任、分担减排义务的必要步骤,公平的减排责任分配是成功减排的必要保障,定量刻画碳不平等、明晰其机制是增进人民福利的必要选择。

1.2.4　省际碳不平等:收敛与发散

改革开放以来,中国取得举世瞩目经济增长的同时,也强调发展的公平和协调,注重缩小城乡差距、地区差距和贫富差距。2017 年中央经济工作会议提出了“实现基本公共服务均等化,基础设施通达程度比较均衡,人民基本生活保障水平大体相当”的三大目标。

一方面,21 世纪以来我国各省份之间的人均 GDP、居民可支配收入、居民消费支出、教育以及人类发展指数的差距均呈明显下降趋势。其中,省际人均 GDP 的差距缩小明显,2002 年人均 GDP 最高的上海市是人均 GDP 最低的贵州的 10.9 倍,而 2015 年这一差距明显下降,人均 GDP 最高的天津是人均 GDP 最低的甘肃的 4.1 倍;从教育来看,九年义务教育的普及和均等化基本公共服务的提供极大地缩小了省份间的教育水平差异;从居民可支配收入来看,人均收入最高与最低省份的数值之比从 2002 年的 4.83 逐渐下降到 2015 年的 3.70;从居民消费支出来看,该比值从 2002 年的 4.97 下降到 2015 年的 3.34;从人类发展指数来看,地区差距也明显缩小,人类发展指数最低的西藏地区已经进入中等发展水平组。

另一方面,各省份消费侧碳排放的差异有所缩小,但生产侧碳排放的差距却在一度缩小后又重新增大,不同标准下的碳不平等出现了较为严重的分化。从各省份的生产侧碳排放来看,省际差距的变化趋势与前述各类指标逆向而行,2010 年后省际碳排放不平等程度不降反升(见图 1.6)。内蒙古、宁夏等地的人均碳排放在较高的基础上增长迅速,与此同时,北京、上海

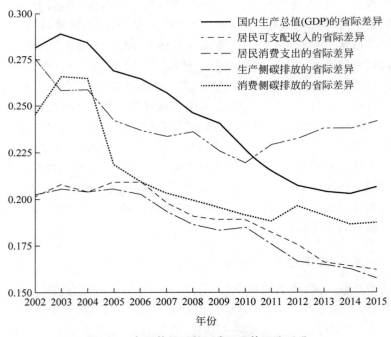

图 1.6　省际基尼系数：碳不平等不降反升

等经济发达地区的人均碳足迹在较低的基础上又进一步下降。从消费侧碳排放来看,省际差距从不断缩小到逐渐变得平稳,消费侧碳排放与生产侧碳排放不平等之间的分化自 2010 年后逐年扩大。

　　一边是生产侧碳不平等与其他各类不平等之间的背道而驰,一边是生产侧碳不平等与消费侧碳不平等之间拉开差距。诸多疑问纷至沓来:为什么生产侧的碳不平等会上升? 如果碳排放天然与其他衡量地区差距的指标之间存在差异,为何消费侧的碳排放却在下降? 二者的变动是怎样形成的,为什么没有趋同? 这背后意味着什么形式、什么程度的省际差异,又有什么内涵呢?

1.3　研究问题与研究意义

1.3.1　研究问题

　　基于以上背景,针对中国碳不平等的现实,本研究主要围绕两个方面展开。

　　一方面,在省际人均 GDP、居民可支配收入、居民消费支出、教育、健康以及人类发展指数等各项指标的不平等都呈现缩小趋势的情况下,**为什么消费侧碳不平等会下降? 为什么生产侧与消费侧的碳不平等程度出现分化**?

　　另一方面,生产侧碳不平等曾经经历过一段明显的下降,而在 2010 年呈现上升趋势,**为什么生产侧的碳不平等会出现拐点**?

　　回答以上谜题的根源在于剖析碳不平等在宏观、微观层面的形成机制。基于前文介绍的理论和现实问题,本研究将主要从事实认定、实证分析和公共政策三个维度,在宏观和微观两个层面,考察中国碳不平等和碳转移不平等的现状、原因和政策影响。

　　具体来说,第 4 章至第 8 章将剖析中国碳不平等的形成与变动,提出并解决如下问题:

　　问题一:**各地区(省份)生产侧、消费侧和转移的碳排放有多少? 我国是否存在地区间(省际)碳转移不平衡与碳排放不平等的现象,其变化趋势与现状如何**?

　　问题二:**哪些因素促进碳排放的平等,而哪些因素又导致不平等加剧**? 在宏观层面,收入水平与环境规制分别对碳排放和碳转移产生了怎样的影响,哪些因素驱动了碳排放? 在微观层面,异质性的家户消费碳足迹受到哪些变量的影响,家庭消费碳不平等主要由哪些因素驱动?

　　问题三：**生产侧碳排放不平等反弹的主要原因是什么？与我国采取的减排政策是否有关？** 进一步，现有减排政策是否促进了减排，是缓解还是加剧了碳不平等，是否导致了碳泄露，或者说是否存在污染天堂效应[①]？

1.3.2　研究意义

1. 理论意义

　　在理论层面，本研究希望与环境公平（environmental justice）理论中的碳排放公平理论进行对话。现有碳排放公平理论之间的争辩，主要围绕着富裕国家和贫穷国家、发达国家和发展中国家、发达经济体与新兴经济体之间的利益冲突展开。Piketty（2015）将发达国家与发展中国家之间的碳不平等总结为四个方面：一是受环境恶化威胁的程度不同，二是对污染物的贡献不同，三是政策带来的效应不同，四是对政策制定的影响力不同。目前来看，碳排放公平领域的争论主要从不同发展水平和发展阶段国家之间的责任、权利与义务三个维度展开。由于碳排放与各个国家或地区的根本利益息息相关，因此在每一个维度上均存在矛盾与争议。

　　在责任维度，责任公平是指公平地厘清属于各主体的碳排放责任（responsibility，contribution to the problem），这里主要存在生产型经济体与消费型经济体之间的矛盾。在气候变化已经得到广泛认同的情况下，气候谈判仍旧困难重重，其根本原因在于各国对自身实际碳排放量的界定存在分歧，主要争议在于究竟应该由碳排放的生产者负责（production-based），还是由相应商品和服务的消费者负责（consumption-based），抑或是生产者、消费者共同分担这部分碳排放的责任。发展中国家无法认可当前国际社会基于生产的碳排放责任核定方法，同时发达国家也不能认同基于消费核算的碳排放。公平合理的碳排放责任划分，是国际社会达成减排协议、国内制定分地区减排目标的前提，此为困境之一。

　　在权利维度，权利公平是指公平地分配各主体被允许的碳排放配额（credit，allowance）或碳排放权，这里主要存在先发国家与后发国家之间的矛盾。丁仲礼（2010）指出发展就难免排放，因此排放问题本质上就是发展问题，排放权即发展权。历史平等原则（historical egalitarian）和人际平等原则（population egalitarian）是用于核定合理碳排放权的两种最主要的原

---

　　① 污染天堂效应（Pollution Havan Effect，PHE），也称排污避难所理论，具体见 2.3.2 节。

则,后发国家倾向于追溯发达国家在历史上的高排放责任,而先发国家则主张在现阶段基于人际公平分配碳排放权。只有合理地规定各经济体被允许的碳排放配额,协调各方之间的利益冲突,才能够根据其超额部分划定减排责任,此为困境之二。

在义务维度,义务公平是指公平地分配各主体应当承担和有能力承担的减排义务(capacity & ability),这里主要存在发达国家与发展中国家之间的矛盾,发达国家更倾向于对等的、一视同仁的减排措施,而发展中国家更倾向于义务与能力相挂钩、共同而有区别的责任。一方面,发达国家既有责任也有能力承担更多的义务,其历史高碳排放是气候变化的主要原因,同时发达国家也更有资本、技术等来承担减排义务(Posner & Weisbach,2010)。另一方面,发展中国家在现阶段碳排放量高速增长,Nordhaus(1994)建议采取覆盖全球的碳税或碳排放权交易机制统一治理全球碳排放,并惩罚减排政策的非参与者以防止气候政策失效,但一视同仁的碳税政策可能减缓发展中国家的发展进程。发达国家与发展中国家在减排义务承担中矛盾突出的一个经典例子是 2017 年美国宣布退出《巴黎协定》,拒绝参与筹资支援发展中国家减排。因此,只有采取发达国家与发展中国家都能够认可的减排义务分配方式,或碳税,或碳市场,或折中的碳税加研发补贴(Acemoglu et al.,2012),才能够使各经济体遵循和承担起其减排义务,但最合理的减排安排难有定论,此为困境之三。

综合以上,在碳排放的责任、权利以及义务的分配中,均存在不同的公平原则之间的冲突。从不同的立场出发,考虑不同群体的利益,将导致对不同公平原则的倾向。而气候变化具有全球性和外部性,只有达成协同一致的方案才能够实现减排目标。从理论上,本研究将试图考察不同的碳排放公平原则,尤其是生产者责任、消费者责任下公平原则的差异,并且通过经济发达地区与经济欠发达地区、沿海地区与内陆地区之间碳排放的转移来验证碳排放"不公平"的存在。

因此,本研究希望回应的理论问题是:对国内碳排放的研究,能否验证现有的碳不公平理论,找到碳不平等的支持依据;能否应用碳排放不同公平原则的分配责任,以国内为考察范围,考察碳平等理论之间的差异化结果。

2. 现实意义

在现实层面,我国各地区(省份)间存在碳排放量与减排责任不匹配、对碳排放权与减排额没有进行明确核算与划分的问题,面临着突出的碳不平等问题。

一方面，各地区（省份）都肩负着节能减排的重任，但减排责任与实际碳排放之间并没有得到较好的匹配。要在全国和各省份顺利实现减排目标，一个必要的前提就是正确核算各地区的真实碳排放量，并合理计量其应当承担的减排责任。目前，世界上的多数国家和地区（包括中国），均采取联合国政府间气候变化专门委员会（Intergovernmental Panel on Climate Change，IPCC）规定的基于生产过程的碳排放来核定减排责任。但事实上，相当数量的生产过程中产生的碳排放并没有被当地消费，而是随着中间品出售和煤炭、电力能源输出等渠道被其他地区（省份）的企业和居民所消费。因此，以传统的基于生产的碳排放来核定减排责任，相当于加重了欠发达地区、中间品加工地区以及主要能源供应区的负担，会制约当地未来的长期绿色发展。一个比较典型的例子就是"十一五"期间，河北、山西、安徽等多地不得不采取"拉闸限电"的方式限制企业和居民生活用能来达到减排目标，但实际上这些省份消费侧的碳排放远少于生产侧的碳排放，这样的减排方式有失公平。因此，要从根源上实现减排目标、实现碳排放与减排责任之间的匹配，就需要厘清地区之间的碳泄露和碳转移量，准确核算各地区的实际碳排放，为未来地区之间的减排责任分担、排放权利分配与碳排放权交易提供依据。

另一方面，我国社会面临的碳不平等问题突出，与收入、支出等其他各类不平等类似，碳不平等同样影响居民幸福和社会和谐。尽管我们承认碳排放是一种需要治理的社会负担，但同时碳排放一定程度上还具有居民享受权、发展权的属性。若要达到一定生活水平，则不可避免要产生相应数量的碳排放，因此碳排放也是居民获得物质、享受经济成果的消费权。同理，企业和居民若要谋求长期发展，则需要投资于自身的固定资产、科研支出以及人力资本，其间同样会产生碳排放，因此碳排放又是国家、地区、企业、居民的发展权。如果将碳排放看作与人类生产、生活的福利息息相关的消费权、享受权与发展权，那么碳排放的公平性就更为重要。因此，探索碳不平等的驱动因素，从根源上谋求更为公平的碳排放具有增进社会福利、提高社会稳定的现实意义。

因此，本研究希望回应的现实问题是：厘清各地区产生侧和消费侧的碳排放量，各地区之间发生了多少碳泄露；碳排放的不平等是由哪些因素驱动的，如何结合这些因素合理制定减排政策，并在实现减排目标的同时尽量增进碳排放的平等程度。

1.4　研 究 设 计

1.4.1　技术路径与研究方法

为了回答以上问题,本研究所采用的技术路径主要有三种。

一是文献研究法。在大量历史文献和政策梳理的基础上,梳理了基于投入产出分析的碳排放核算方法,确认了当前国际国内碳不平等的趋势与现状,整理了碳不平等的主要驱动因素,并考察了减排政策的效果以及政策通过区域间碳泄露加剧碳不平等的潜在机制。

二是模型构建。自列昂惕矢(Leontief)开创投入产出模型(Input Output Model,IO)后,Weber、Matthews、Druckman 和 Jackson 等学者先后建立和发展了多区域投入产出模型(Multiregional Input Output Model,MRIO),用以解决普通单一投入产出表无法完成的跨地区碳排放再分配问题,这一方法成为分析区域间碳排放最主要的方法。本研究在这一主流分析方法基础之上,主要完成了三项工作。第一,扩展开发了"本地—全国其他地区加总"的二区域环境拓展投入产出模型,应用该模型构建了 2000—2015 年中国省级分行业不同口径下的完整碳排放清单。第二,基于已有的多区域投入产出模型,对不同版本、不同来源的中国地区间投入产出模型进行归并,考察地区间碳转移的向量矩阵。第三,结合宏观的投入产出分析与微观生活方式分析,更为精细地完善了"投入产出—能源—消费分析"模型,实现从微观层面基于投入产出来核算家庭和个人的直接、间接碳足迹。

三是实证计量分析。选取 2000—2015 年作为核算时间段、2005—2015 年作为实证分析时间段,从三个方面进行实证研究。第一,在宏观层面分析了省际碳不平等的驱动因素,以各省份消费侧碳排放、生产侧碳排放、碳转移的情况为研究对象,通过面板数据固定效应模型、动态面板系统广义矩估算法(System Generalized Method of Moments,SGMM)模型分析了碳排放驱动因素和碳排放顺差的形成机制。第二,在微观层面考察了人际碳不平等的影响因素,选取三个微观家庭调查数据对城乡居民进行研究,讨论了收入、教育、居住条件以及个人消费行为特征对碳排放差异的影响,讨论了人际碳不平等的成因。第三,实证评估我国两类减排政策的减排效果和对碳不平等的影响,基于年度、省份、行业三维面板数据,通过固定效应模型、双重差分模型以及三重差分模型讨论了五年规划政策和碳排放权交易试点政策的减排作用、碳泄露情况及其对碳不平等的影响。

1.4.2 研究素材

由于本研究需要核算不同口径的碳排放，收集和量化相关政策，以及通过宏观和微观实证计量模型来进行假设检验和分析。因此，研究素材主要包括三类。

一是用于定量核算我国各区域碳排放的基础数据。这部分主要包括投入产出表年份的区域间投入产出表和各省份及全国投入产出表，各省份的最终消费（城乡居民消费、政府消费以及资本形成等栏目），以及各省份分类能源消费量与能源碳排放强度。其中，投入产出表数据来自国家统计局和国务院发展研究中心，最终消费数据来自各省份统计年鉴，各类能源消费量来自各省份统计年鉴和能源统计年鉴，各类能源碳排放强度数据来自 IPCC 公开报告，各省份的分行业碳排放权威数据来自中国碳排放账户数据库（China Emission Accounts & Datasets，CEADs）。

二是我国碳排放领域各级政府的相关政策，自上而下依次包括中国在国际会议上作出的承诺，国家的整体计划和对省级政府的减排要求等相关政策，以及省级政府的减排规划与相关政策。各级政策及其执行情况的资料来源主要为公开渠道，包括政府公告、各种文件、统计数据等，梳理相关政策能够为研究中国减排政策的力度与执行提供丰富素材。

三是微观家庭调查数据，包括中国城市住户调查（Urban Household Survey，UHS）、中国家庭收入调查（Chinese Household Income Project Survey，CHIP）、中国家庭金融调查（China Household Finance Survey，CHFS）三个数据来源。通过将家庭在不同行业类目下的消费匹配到宏观层面的各省份、各行业单位消费的碳排放强度，合成家庭碳排放。进而，以家庭碳排放作为因变量，考虑收入、教育、年龄、住宅以及消费特征等影响因素，进行个体碳不平等的分析。

1.5 研究框架与章节安排

本研究以日益增长的碳排放趋势和区域间严重不平衡的碳泄露为背景，以基于多区域投入产出模型的中国各区域居民消费侧碳足迹核算为基础，研究不同层面的碳不平等状况，并进行包含政策因素在内的碳不平等驱动因素的分析，意图在此基础上提出有效并能促进公平的减排政策建议。

本研究共 8 章,按照以下逻辑展开:

第 1 章为引言,介绍研究背景、研究问题和研究意义,同时交代了研究方法、技术路径和研究素材。

第 2 章对碳不平等测度和解释的相关理论进行了回顾,主要包括四个部分。一是在理论层面总结既往有关碳排放公平原则与冲突的研究,明确公平的碳排放责任划分与排放权分配对于成功应对气候变化的重要性;二是梳理碳不平等趋势与现状的相关文献,包括宏观的碳排放不平等、碳转移不平等,以及微观的碳足迹不平等;三是从传统环境经济学的两个关键理论出发解释碳不平等的成因,梳理了从环境库兹涅茨曲线(Environmental Kuznets Curve,EKC)、污染天堂效应和碳泄露角度解释碳不平等的文献,并指出现有理论遇到的解释力困境;四是引入碳排放核算领域的贸易隐含碳理论,梳理宏观与微观层面碳排放核算的主要方法,既往文献一方面为各个维度的碳不平等提供了测度和定义方法,另一方面从地区间贸易、生产与消费的角度为碳不平等的来源提供了新的解释。

第 3 章为方法拓展与模型开发,分别从宏观省级层面和微观家庭层面拓展了碳排放核算的方法。第一,在宏观层面梳理了从多区域投入产出模型到多区域环境拓展投入产出模型的发展,应用多区域环境拓展投入产出模型核算了区域间沿价值链的碳排放转移。第二,在宏观层面开发了各省份的二区域环境拓展投入产出模型,应用二区域环境拓展投入产出模型核算了各省份行业级详细碳排放清单,建立了用于后续实证分析的碳排放数据库,包括生产口径碳排放、消费口径碳排放、碳转移等。第三,在微观层面关联了微观家庭消费支出与各省份各行业单位消费的碳排放强度,拓展并应用"投入产出—能源—消费分析"法核算了以微观家庭为单位的直接、间接碳排放。

第 4 章、第 5 章分别对中国的碳转移不平等和碳排放量不平等进行事实认定,回答本研究的第一个研究问题。第 4 章主要通过三种途径进行中国碳转移不平等的事实认定。第一,通过八个地区间相互承担碳排放的规模、流向、比例以及转嫁与被转嫁关系,刻画中国区域间碳转移的不平衡程度。第二,通过生产者、消费者以及生产消费共同承担三种原则,核定了八个地区分别应当承担的碳排放责任,确认目前仅以生产侧碳排放核定各地区减排负担将导致碳排放的责任与负担不对等问题。第三,通过分析八个地区转嫁与被转嫁碳排放在最终消费贸易、简单中间品贸易以及复杂中间品贸易三种不同价值链渠道之间的数额与比例,分析了地区碳转移渠道差异加剧地区间碳转移不平等的机制。

　　第 5 章主要对中国的省际碳排放量不平等进行事实认定。首先,对 2000—2015 年全国 30 个省份的 28 个行业的真实碳排放进行核算,形成了包含 2000—2015 年 30 个省份、28 个行业碳排放数据的数据库。进而,基于分省份碳排放数据构建洛伦兹曲线和基尼系数等不平等指标,刻画中国省际、人际碳不平等程度的趋势与变迁。

　　第 6 章、第 7 章分别在宏观和微观层面研究碳不平等的驱动因素,回答第二个研究问题。第 6 章讨论碳排放与碳转移不平等的影响因素,通过统计性描述和宏观定量分析,讨论了经济发展水平与环境规制水平对碳不平等的作用,并考察了人口数量、城乡差异、能源强度、产业结构、贸易结构、能源结构、年龄结构以及其他变量分别对碳排放和碳转移不平等的影响。

　　第 7 章从微观角度出发,通过家户数据讨论微观层面碳不平等的影响因素。这一章的主要工作包括三项:一是基于不同的数据库核算家庭消费所隐含的碳足迹;二是通过定量实证分析人际碳不平等的影响因素和效果;三是透过微观数据比较收入不平等、消费不平等以及碳足迹不平等之间的关系。

　　第 8 章主要回答第三个研究问题,即生产侧碳排放不平等程度反弹的原因,特别是对五年规划中的强制减排目标和碳排放权交易试点两项关键减排政策工具的效果进行考察,一是分析其减排效果,二是分析政策是否造成了碳泄露和加剧了我国区域间的碳不平等。首先,梳理了中国在减排方面作出的政策努力,尤其是强制减排目标以及碳排放权交易市场试点政策,并对中国减排政策进行了量化,分析了减排政策实施的强度,为实证讨论政策对碳排放的作用和解释提供背景与铺垫。接下来,从宏观定量实证的角度出发,以五年规划指令型减排政策为行政手段的代表、以碳排放权交易市场试点政策为市场手段的代表,基于省级行业三维面板数据分别使用面板数据固定效应模型、双重差分模型(DID)以及三重差分模型(DDD)讨论了两类政策的效果。

　　第 9 章是结论部分,主要包括四项内容:一是基于前文理论模型和实证分析,总结整个研究的主要结论,如碳不平等是否存在及程度如何、哪些因素驱动了碳排放和碳不平等、哪些因素是减排的关键所在;二是给出合理的政策建议,包括如何分配减排的责任、如何增进地区和居民碳排放的公平程度、如何协调经济发展与减排治理等;三是总结全文的理论创新、适用范围;四是指明本研究的局限以及未来研究的方向。

　　全书的研究框架结构如图 1.7 所示。

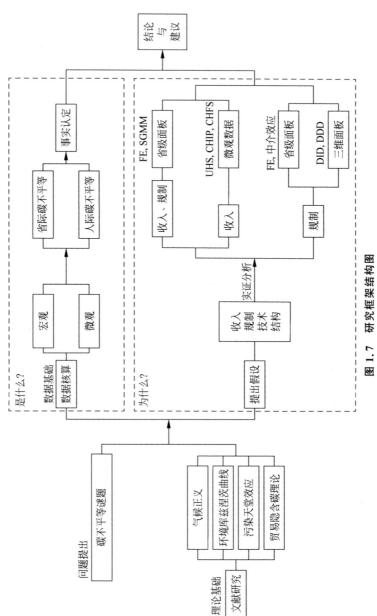

图 1.7 研究框架结构图

注：FE 为省份年份固定效应。

第 2 章　文　献　综　述

进入电气时代后,全球每年的碳排放量显著增加,自 20 世纪 50 年代以来增长尤为迅速(Boden et al.,2013)。气候变化、碳排放与人类社会经济活动紧密关联(潘家华,2018),各国面临着共同的气候变化问题和碳减排压力。从世界范围来看,随着碳排放的迅速增长,全球碳不平等有所下降,但各国内部碳不平等呈上升态势(Piketty & Chancel,2015)。从国内来看,中国已经超过美国成为世界能源生产和消费的第一大国(International Energy Agency,2007;International Energy Agency,2017),碳排放在中国内部的不平衡和不平等广泛存在(Feng et al.,2013)。世界各国的利益出发点不同,如何达成一致的国际气候变化应对战略成为政策制定的关键(Nordhaus,1977),全球正合力解决碳排放这一"史无前例的市场失灵问题"(Stern,2006),以应对气候变化带来的风险(薛澜,2014;戴亦欣,2014)。有关碳排放的核算、碳不平等程度的考察以及碳不平等形成机制探索的研究,已经引起学界的广泛重视。

本章主要从四个方面对既往文献的相关内容进行回顾。首先是碳排放的基本属性与气候正义对碳排放公平性的需求。其次是碳不平等的趋势与现状,碳不平等广泛存在于碳排放量、碳转移量以及居民碳排放层面。再次是基于环境库兹涅茨曲线和污染天堂效应,从收入和环境规制角度对碳不平等进行解释,并指出现有理论在解释碳不平等时所面临的困境。最后是贸易隐含碳理论的相关文献,这部分文献拓展了碳不平等的内涵,提供了多维度的碳排放核算方法与衡量碳不平等程度的指标,并补充解释了碳不平等的形成机制。

2.1　碳排放的属性与气候正义

2.1.1　碳排放:责任与义务

碳排放是一种责任,同时减排又是一种义务(潘家华、郑艳,2008;

Lininger & Christian,2015)。尽管责任与义务在气候应对的演讲中经常被混用,但在碳排放研究的文献中,碳排放的责任与义务却有非常明显的区分(Steininger et al.,2012)。

作为责任(responsibility,causation of emission),通常指某个经济体对多少碳排放负有责任,即引起了多少碳排放(Meng et al.,2018)。同时,碳减排也是一种义务(obligation to reduce emission),各经济体有义务在合理的范围内承担起自己的减排义务,为全球气候变化应对作出贡献。实际上,联合国气候变化框架公约(UNFCCC,1992)"共同而有区别的责任"中的"责任"有两个层面:一是尽管程度不同、数量不同,但世界各国都产生碳排放,是从责任(causation)的角度来进行讨论;二是尽管能力不同、需要实行减排措施的时间点不同,但世界各国都有减排的义务,是从减排义务(obligation)的角度来进行阐释(Steininger et al.,2012)。

2.1.2 碳排放:权利与福利

但近年来讨论最多的,是碳排放作为权利(right to emit)的属性(潘家华、郑艳,2008;Lininger & Christian,2015),即世界各国有权利通过产生碳排放获得发展、换取福利。首先,碳排放权可以视为一种产权(国务院发展研究中心课题组等,2009)。作为一种公共物品(潘家华,2018),没有明确界定碳排放的产权是世界气候大会难以就有效减排合作协议达成一致的原因之一。明确各主体拥有的碳排放产权才能够成功实现减排合作,避免"公地悲剧"(Coase,1960;Hardin,1968)。其次,作为一种稀缺商品,碳排放产权的多寡意味着发展权的多寡(丁仲礼,2010),因此碳排放还是一种生存权和发展权(何建坤,2004;丁仲礼,2010)。最后,生产的目的是消费(樊纲等,2010),个体通过消费产生碳排放,通过碳排放换取福利。因此,碳排放更是一种基本的人权(何建坤等,2004;丁仲礼,2010)和消费权(樊纲等,2010),碳排放不仅是"共同而有区别的责任"(common but differentiated responsibilities),而且是"共同而有区别的消费权"。

鉴于碳排放具有人权、消费权与发展权的特征,能够体现作为人所享受到的根本福利,因此学界越来越多地将碳排放视为衡量福利和考察不平等水平的新指标。第一,碳排放作为福利具有天然的优越性。能源消费与碳排放数据能够克服以收入衡量福利水平时的漏报和对高收入群体的低估现象(Wu et al.,2017),提供更精确的财富分布和不平等图景。第二,碳排放作为新的福利指标拓展了福利的内涵。收入仅仅是个体福利的一个维度,当前社会越来越需要比收入更为直接的福利指标（Jorgenson et al.，2018），消费以及消费背后所蕴含的碳排放更为直接地反映了个体所享受的权益，因此越发值得关注（Hubacek et al.，2017a）。第三，碳排放既然是一种权利，也就存在着部分群体权利的缺失，而权利的缺失正是贫困的本质（阿玛蒂亚·森，2001）。联合国可持续发展目标（Sustainable Development Goals，SDGs）中指出要消除任何形式的极端贫困，不仅仅指收入或者财富贫困，也包括碳排放视角下的贫困。解决极端碳不平等和消除极端碳排放贫困对可持续发展具有重要意义（Gore & Timothy，2015；Hubacek et al.，2017a）。

2.1.3　公平原则的冲突

作为责任和义务的碳排放要求各国对减排承担"共同而有区别的责任"，而作为权利和福利的碳排放则使得各国在全球减排协议中更倾向于维护自身国民的福利。达成应对全球变暖全面协议的重要前提是合理、公平地制定各国温室气体减排目标（Rose et al.，1998）。

首先，碳排放权和减排义务分配涉及公平与效率之间的权衡（王倩、高翠云，2016）。从效率的角度出发，发展中国家减排的边际成本低、发达国家减排的边际成本更高（Nordhaus，1994），似乎由发展中国家减排是合理的。但从公平的角度出发，一概而论的减排责任对后发国家和地区、低能源消费、低碳排放、低收入国家和地区无异于对发展权利、基本权益的剥夺（潘家华，2018）。2011年，德班气候大会上基础四国学者联合提出，碳排放权分配的"公平性"是未来国际气候制度的核心（Winkler et al.，2011）。

其次，在公平中同样存在着不同公平原则之间的冲突。各国学者提出的方案及其所依据的公平原则往往以自利为核心（Rose et al.，1998），发达国家和发展中国家之间巨大的历史排放差异和当前增长差异引发了对公平原则的争议。一方面，由发达国家提出的减排方案如祖父原则（Grandfathering）或主权原则（Sovereignty），往往利于发达国家（王文军、庄贵阳，2012），而忽视了发展中国家的权益（国务院发展研究中心课题组等，2009）。另一方面，发展中国家也不断提出自己的主张，要求在各国之间公平地分配碳排放权利（国务院发展研究中心课题组等，2009、2011），其中最具有代表性的两个原则就是人均公平和人均累积公平。由于以国家排放总量来划定碳排放量和减排义务忽略了各国的人口规模，忽视了碳排放作为基本人权的属性，学者提出了人均公平的概念（Baer et al.，2000），围绕人均公平原则学者们提出了"紧缩与趋同"的减排方案(Meyer,2000)和基于人文发展需求的碳排放等减排方案(潘家华,2006)。进一步,由于人均公平尚未考虑到发达国家历史上的累积排放责任,因此发展中国家,特别是中国的学者进一步提出了人均累积公平原则(陈文颖,2005)。在这一原则的指导下,发展中国家特别是中国的学者设计了各类减排方案,如"一个标准、两个趋同"方案(陈文颖等,2005)、人均累积消费碳排放方案(樊纲等,2010)、考虑历史排放和未来需求的碳预算方案(潘家华、陈迎,2009)、人均累积排放等方案(丁仲礼,2009a、2009b;国务院发展研究中心课题组等,2009、2011)等。

　　总的而言,碳排放的公平观丰富且深刻,既包括人与人之间的公平,也包括国与国的公平;既包括代内公平,也包括代际公平;既包括结果公平,也包括过程公平(庄贵阳、陈迎,2006)。学者对碳排放的公平原则进行了划分和总结,王翊、黄余(2011)概括为人均公平原则、历史责任原则、支付能力原则和保留未来发展机会原则,王佳(2012)将其分为基于人际公平的平等上限原则和基于历史排放的追溯原则,刘晓(2016)将其总结为基于排放、人口、GDP、支付能力以及综合考虑人口和 GDP 的原则。Rose et al.(1998)对碳排放的公平原则和对应的减排方案进行了系统的总结,基于分配、结果、过程将碳公平原则划分为九类,如表 2.1 所示。

表 2.1　Rose et al. 总结的碳排放公平原则与对应的减排方案

原　　则	定　　义	操　　作	对应减排方案	含　　义
Sovereignty (主权原则)	所有国家都有平等的污染权和免受污染的权利	在所有国家按比例减少排放,即依据各国当前相对排放份额分配未来的排放权	Grandfathering (祖父原则)	基于基准年排放量分配碳排放额度
Egalitarian(平等原则)	所有人都有平等的污染权或免受污染的权利	许可的排放权与人口数量成比例	Egalitarian(平等原则)	基于人口数量分配碳排放额度,人人均等
Ability to Pay (支付能力原则)	减排成本应与国家经济水平直接挂钩	平衡各国的减排成本(减排总成本占每个国家 GDP 的比例相等)		

续表

原　则	定　义	操　作	对应减排方案	含　义
Horizontal（横向平等原则）	平等对待所有国家	平衡各国的净福利变化（净收益或损失占每个国家 GDP 的比例相等）	Income Gap（收入差距原则）	分配碳排放额度使得富裕国家与贫穷国家之间的差距不会扩大
Vertical（纵向平等原则）	福利变化应与国民经济福利成反比，福利损失应与 GDP 直接相关	累进地分享各国净福利变化（净收益或损失占 GDP 的比例与人均 GDP 成反比）		
Compensation（补偿原则）	任何国家都不应该变得更糟	补偿福利受到损失的国家	No Harm（无损害原则）	分配碳排放额度以避免某些国家的福利损失
Rawls' Maximin（Rawls 原则）	最大化最贫穷国家的福利	向最贫穷国家分配最大比例的净福利收益	No Purchase（非购买原则）	向贫穷国家每年分配与基准排放量相当的"免费"碳排放份额
Consensus（共识原则）	国际谈判进程是公平的	以满足多数国家的方式分配碳排放许可	GDP 原则	碳排放额度与 GDP 成正比
Market Justice（市场公平原则）	市场是公平的	更多地利用市场，向最高出价者颁发碳排放许可		

注：表格中关于公平原则部分的内容译自文献 Rose A，Stevens B，Edmonds J，et al. Internationalequity and differentiation in global warming policy ［J］. Environmental & Resource Economics，1998，12（1）：25-51.

　　公平的碳排放和合理的减排责任划分是实现减排目标、应对气候变化的关键,结合公平与效率的减排倡议能够吸引更多主体参与到全球气候变化应对的活动中来,实现可持续发展。

2.2　碳不平等趋势与现状

2.2.1　气候变化与碳不平等

　　气候变化与碳不平等问题紧密相关(Hubacek et al.,2017a)。应对全球气候变化需要公平的碳排放权分配与减排义务划定,但正是在对全球气候变化的讨论中,碳不平等问题才逐渐显现。1996 年 IPCC 会议上首次提出了碳不平等的概念(Bruce et al.,1996),会议指出不同经济发展水平的国家在温室气体排放上有着巨大差异。如今,日益严重的气候变化和广泛存在的不平等问题已经成为政策制定者面临的两个重要挑战(IPCC,2014;Piketty,2014;Piketty & Chancel,2015;Jorgenson et al.,2016)。

　　当前世界各国的碳不平等表现在受环境恶化威胁程度不同、对污染物的贡献不同、减排政策带来的效果不同以及各国对政策制定和减排协议的影响力不同等多个方面(Piketty & Chancel,2015)。碳不平等既在跨国层面存在,也在一个国家内部存在;既在宏观的地区之间存在,也在微观的居民之间存在。现有文献对于碳不平等的讨论主要可以分为三类:第一类是讨论各国碳排放在总量和人均生产侧碳排放、消费侧碳排放上的不平等;第二类是讨论各国之间由于贸易而导致的碳转移不平等;第三类是在微观层面讨论贫富差距所带来的居民部门的碳不平等。

　　首先,各国的碳排放差异是受到最早和最多关注的一类碳不平等。从历史碳排放来看,少数发达国家的历史碳排放造成了今天累积碳排放高企的局面(Baumert et al.,2005)。从今天的碳排放来看,发达国家的能源消费不仅高于发展中国家,其中奢侈碳排放也远高于发展中国家(何建坤,2012)。历史上发展中国家的累积碳排放有限,但现在却承担了更多的气候变化风险(Stern et al.,2006;潘家华,2018)。降低国家间的碳不平等程度有助于缓解气候变化,提高人类的生活质量(Jorgenson et al.,2017)。

　　其次,国家间不平等的碳转移正成为碳不平等中尤为重要的一部分。垂直专业化和运输成本不断下降促进了跨区域贸易量高速增长,大量碳排放内嵌于商品和服务的贸易网络,伴随着全球价值链、国内价值链不断延伸实现了跨越物理边界的转移(Duan et al.,2018)。富裕国家通过贸易大量购买贫穷国家的碳密集商品,将碳排放转移到贫穷国家(Brizga et al.,2014；Brizga et al.,2017；Yu et al.,2014),不平等的碳转移使得富裕国家对贫穷国家实际上存在生态负债(Martinez-Alier,2003；Turner & Fisher,2008),碳排放跨国转移部分责任的归属成为国际减排协议谈判的新重点(樊杰等,2010)。

再次,居民内部的碳不平等同样突出(Gore & Timothy,2015；Piketty & Chancel,2015；Wiedenhofer et al.,2016；Hubacek et al.,2017a)。收入差距是居民碳不平等的重要来源,1%最富裕人群其人均碳足迹是 10%最贫穷人群人均碳足迹的 175 倍(Gore & Timothy,2015)。碳不平等的程度甚至高于收入不平等的程度,因为只有最富裕的家庭才能支持高耗能的生活方式(Wu et al.,2017)。

2.2.2　碳排放量不平等

宏观碳不平等主要表现为不同区域、不同人群人均碳排放量的巨大差异,数量不多的发达国家的居民产生了绝大多数的碳排放(Baumert et al.,2005)。在核算各国、各地区、城乡等不同主体人均碳排放差异的基础上,可以进一步构建衡量碳排放量不平等的指标(Duro,2013；Clarke-Sather et al.,2011)。

国际层面,学者们引入了源自收入不平等研究领域的一系列工具来衡量碳不平等的程度,包括洛伦兹曲线(Lorenz Curve)、基尼系数(Gini Index)、阿特金森指数(Atkinson Index),以及包括泰尔指数(Theil Index)在内的广义熵指数(Generalized Entropy)等。Heil & Wodon(1997、2000)将全球国家依据收入水平进行划分,并构造基尼系数衡量了跨国碳排放不平等程度。Hedenus & Azar(2005)使用阿特金森指数和绝对离差指标对1961—1999 年各国人均碳排放不平等的程度进行了测度。Duro & Padilla(2006)使用泰尔指数对 1971—1999 年国际碳排放不平等的程度进行了测度,发现其主要驱动因素是各国人均收入的差距。Padilla & Serrano(2006)将国际收入不平等与碳排放不平等联系起来,利用 1971—1999 年的跨国数据,将洛伦兹曲线、基尼系数、Kakwani 指数和泰尔指数应用于碳排放不平等和收入不平等的度量,认为二者显著正相关。Kahrl & Roland-Holst(2007)和 Groot(2010)分别基于碳洛伦兹曲线和广义碳洛伦兹曲线,考察了国际碳不平等。Cantore & Padilla(2010)进一步验证了碳排放不平等和收入不平等的相关性,并预测了未来跨国碳排放不平等的情况。Padilla & Duro(2011)使用广义熵指数对欧盟各国碳排放不平等的程度进行了衡量和分解。

国内层面,多数研究主要基于生产侧碳排放对国内碳不平等的程度进行估计。刘玉萍(2010)、王佳(2012)分别建立了中国省际碳不平等的碳洛伦兹曲线。Clarke-Sather et al. (2011)运用基尼系数、广义熵指数和变异系数对中国 1997—2007 年碳排放不平等的程度进行了估计,发现中国的碳排放不平等程度低于收入不平等程度,且主要表现为省级行政区内的不平等。王琴和曲建升(2012)以中国各省份人均收入水平为基准,采用洛伦兹曲线、泰尔指数等指标分析了我国不同收入水平省份的碳排放差异,并讨论了省级行政区内人均收入水平与碳排放之间的关系。王迪等(2012)运用泰尔指数测度并分解了我国人均碳排放不平等的水平,认为我国碳排放的区域不平等程度呈现下降趋势。郑佳佳(2014)考察了 1990—2011 年我国收入差距和碳排放分布之间的差异性,发现以变异系数、基尼系数、泰尔指数等经典指标得到的碳排放分布比收入分布更为不平等,但两种不平等程度都在逐渐降低。

近年来,学者们逐渐开始基于消费侧碳排放来讨论我国碳不平等的问题。沈晓骅(2015)基于投入产出模型计算了我国八大经济区域的消费侧碳排放,构建了全国分区域的碳不平等基尼系数、绝对集中度指数和泰尔指数,从消费侧碳排放的角度出发讨论了区域间碳不平等的问题,发现南北差异、城乡差异是导致我国消费侧碳排放区域不平等的重要因素。Shao et al. (2018)基于消费侧碳排放、生产侧碳排放及二者的差值构建了碳转移不平等指标 CII(carbon emission imbalance index),发现从省级层面来看我国碳不平等的程度有所减轻,但人均碳足迹差异在扩大。

2.2.3　碳转移不平等

碳转移使得碳排放的生产地不再一定是消费地,随之带来了在国际、国内均受到热议的碳不平等问题(Hubacek et al.,2017a; Hubacek et al.,2017b)。

学者们通过多区域环境拓展投入产出模型分析了世界各国之间的碳排放与碳转移情况,深入探讨了区域间的碳不平等问题(Brizga et al.,2014; Brizga et al.,2017; Yu et al.,2014)。碳排放的外包不仅发生在贫穷国家与富裕国家之间,也发生在同一个国家的经济发达地区与经济落后地区之间,国家内部也存在碳转移不平等的问题(Feng et al.,2013)。中国地区之间存在着广泛的商品和服务贸易,与此同时也使得大量碳排放通过内嵌于产品实现了在生产地和消费地之间的转移(Feng et al.,2013)。

中国地域辽阔,不同省份之间经济发展水平、碳排放强度、能源种类等差异巨大,同样存在着严重的环境不平衡(Zhang et al.,2018b),因此基于多区域投入产出模型分析中国内部各区域之间的碳转移也成为研究热点。一部分研究通过中国多区域投入产出表来分析中国八个地区之间的碳转移,另一部分研究将中国投入产出表嵌入世界投入产出表中进行分析。石敏俊等(2012)发现中国能源富集区和重工业区与经济发达地区之间存在不平等的碳转移。代迪尔(2013)发现目前国内碳排放严重失衡,呈现"北移、西进"的特征。Feng et al.(2013)通过对中国2007年八大经济区的碳转移计算,发现东部沿海、中部、西部三大经济区之间存在显著的差异,沿海发达地区所消费的商品中高达80%的碳排放是从中部、西部等落后地区调入的;东部沿海地区的碳排放减少不仅源于更先进的技术,也源于将生产和污染外包至其他地区,即经济发达地区的"清洁化"不仅仅是技术进步的结果,也是生产和污染向其他地区转移的结果。Yu(2014)研究了中国与世界其他区域之间的不平等碳交换。姚亮等(2013)结合2007年多区域投入产出表分析了我国8地区17部门的居民消费碳足迹。赵玉焕、白传(2015)分析了2007年中国区域间的贸易隐含碳,发现我国中部区域和北部沿海区域的区域间贸易隐含碳总量较大;东部沿海、南部沿海、西南区域是区域间贸易隐含碳净进口的主要区域;京津、东北和西北区域是区域间贸易隐含碳净出口的主要区域。沈晓骅(2015)基于投入产出模型核算了我国八大经济区域的消费侧碳排放。Duan et al.(2018)结合多区域投入产出分析和生态网络分析,基于2012年的数据发现西北地区是中国多个地区碳排放的主导者,针对西北地区的减排政策将对其他地区产生效果,此外,东部地区的需求也是全国碳排放的主要驱动因素之一。Zhang et al.(2018a)衡量了出口所带来的污染对中国居民健康的影响,发现中国区域间出口结构和技术水平存在巨大差异,使得内陆地区居民的健康损失比沿海地区居民更大。Zhang et al.(2018b)进一步讨论了中国参与国际贸易所引致的国内碳转移,发现出口带来的GDP增加中约56%被国内经济较为发达的沿海地区所吸收,而伴随的污染则有72%被国内经济较为落后的中西部地区所承担。

2.2.4　微观碳不平等

如同收入不平等表现为1%最富有的人口享有世界50%的财富

(Hardoon,2015),人际碳不平等表现为一小部分人口产生了绝大多数碳排放[1]。Hubacek et al.(2017a)通过家庭消费的直接、间接碳足迹核算,得到低收入、中等收入、中高收入以及高收入国家居民的人均碳足迹分别为1.6 吨、4.9 吨、9.8 吨和17.9 吨,验证了微观碳不平等在世界范围内广泛存在。

既有文献大多从加总层面考察居民碳排放不平等(Yang & Liu,2017),少数文献从微观层面进行分析。而在这少数文献之中,绝大部分主要考察居民直接碳排放的不平等(Das & Paul,2014; Nie & Kemp,2014),仅数量更少的文献同时考虑了直接和间接碳排放,通过结合投入产出模型、生命周期分析模型实现了以微观家庭为单位的直接、间接碳足迹核算(Brizga et al.,2017; Feng et al.,2011; Li et al.,2016; Liu & Wu,2013; Yang et al.,2016)。Golley & Meng(2012)使用2005 年微观家庭数据(China's Urban Household Income & Expenditure Survey,UHIES)测算了不同收入水平家庭的人均碳足迹,发现越富有的家庭人均碳排放量越多,其直接碳足迹和间接碳足迹相对其他群体均更高。Han et al.(2015)使用清华大学2011 年消费者金融调查数据(the Consumer Finance Survey for Financial Research performed in 2011 by the China Center,CCFR)中5761 个城镇家庭的消费数据,研究了异质性家庭的碳排放影响因素,关注了收入、财富、家庭人口结构、教育等变量的作用。Xu et al.(2016)同样基于清华大学2011 年消费者金融调查数据,讨论了中国城镇居民碳不平等的来源和驱动因素,考察了家庭特征如成员数、婚姻状态、户主性别和教育、就业和收入、家庭财务负担、家庭财产与金融等变量对家庭人均碳排放的影响,并计算得到城镇居民人均碳排放的基尼系数为0.579,表明我国城镇居民碳排放差距较大、碳不平等程度较高。

2.2.5 小结

综上,碳不平等的现象在我国广泛存在。其中,宏观层面的碳转移不平等体现为东中西区域之间、全国八个经济地区之间以及省际的大量碳排放转移,经济发达的沿海地区享受经济成果,但经济较为落后的内陆地区则负责承接发达地区的碳转移。我国的宏观碳不平等体现为省级和城乡人均碳排放量的巨大差异,洛伦兹曲线、基尼系数、广义熵指数等一系列指标表明

---

[1] Brand & Preston(2010)认为微观人际碳不平等存在着与收入不平等类似的现象,符合"60/20"或"50/10"分布定律,即20%(10%)的人口产生了60%(50%)的碳排放。

我国碳不平等的程度较高。我国居民微观层面碳不平等的研究仍然较少，已有文献主要针对城镇居民进行分析，我国居民碳排放不平等程度也较高。

2.3　理解碳不平等的两个视角

现有理论主要对生产侧的碳不平等进行解释。环境库兹涅茨曲线和污染天堂理论作为环境经济学的两个重要理论，均对生产侧碳排放的不平等作出了解释。环境库兹涅茨曲线揭示了收入差距和发展阶段是碳排放差异的重要来源；污染天堂理论指出，富裕国家通过更强的环境规制，使贫穷国家生产更多的碳密集产品，发生向贫穷国家的碳泄露。

2.3.1　环境库兹涅茨曲线

环境库兹涅茨曲线描述了环境水平与经济增长之间的关系（Kuznets，1955；Grossman & Krueger，1991、1995），碳排放视角下的环境库兹涅茨曲线认为一个国家的人均碳排放与其人均收入水平之间的关系呈倒 U 形（Panayotou，1993）。大量文献对环境库兹涅茨曲线的存在性进行了检验（Stern，1998；Ekins，1997），但对曲线的具体形状尚存在争议。部分文献认为倒 U 形存在（Cole et al.，1997；Holtz-Eakin & Selden，1995；Cole，2003；Shi，2003），也有文献对曲线形状提出了质疑，认为可能呈线形（Shafik & Byopadhyay，1992）或 N 形（Friedl & Getzner，2003），

环境库兹涅茨曲线反映了碳排放与收入之间的复杂关系。一方面，曲线的左半部分意味着收入水平的提升可能伴随碳排放增长和环境破坏，发展中国家往往更倾向于高速发展和物质产出（Dinda，2004），而忽略环境质量（Dasgupta et al.，2002）。另一方面，曲线的右半部分预示着收入增长可能会缓解环境问题（Beckerman，1992），收入增长可能是控制碳排放水平的一个途径（Panayotou，1993）。

环境库兹涅茨曲线揭示了收入差距与碳不平等之间的联系。由于目前大量实证研究结果显示，只有极少数国家甚至没有任何国家的收入水平达到倒 U 形曲线顶点所对应的收入水平（Cole et al.，1997；Holtz-Eakin & Selden，1995；Cole，2003；Shi，2003），碳排放随人均收入的上升仍呈现递增状态。因此，环境库兹涅茨曲线从理论上表明，随着收入差距的增大，国家之间的碳不平等程度将上升。大量实证研究的结果支持了这一判断，认为人均碳排放不平等的重要原因是人均收入差异（Duro & Padilla，2006；

Heil & Wodon,1997、2000),无论从国际还是国内来看,高收入地区的人均碳排放明显高于低收入地区(陆森菁、陈红敏,2013;何建坤,2012)。

2.3.2 污染天堂效应

污染天堂效应或污染天堂假说讨论了环境规制与碳排放变动之间的关系。污染天堂效应指出,如果一个地区执行了更为严格的环境规制,那么减排成本将导致厂商的迁移或贸易流的变化(Grossman & Krueger,1991;Copeland & Taylor,1994、1997、2004、2005;Brunnermeier & Levinson,2004),从而其他环境规制相对较弱或者没有环境规制的地区将更多地生产碳排放密集的产品,产生从富裕国家向贫穷国家、从规制地区向未规制地区的碳泄露(Baylis et al.,2013),导致规制更弱的地区成为碳排放密集产业的集聚地,即污染天堂(Hoel,1991;Felder & Rutherford,1993)。

大量文献对于污染天堂和碳泄露的形成机制进行了考察(Felder & Rutherford,1993;Hoel,1996;Paltsev,2001;Babiker,2005;Copeland & Taylor,2005;Carbone et al.,2009)。从环境规制较强地区向较弱地区发生碳泄露最主要的两条途径,一是能源产品的价格,二是碳密集产品的贸易。一方面,减排政策降低了发达地区的煤炭能源需求和国际能源价格,使得落后地区更多地使用煤炭能源,发生碳泄露。另一方面,如果某区域率先开始执行减排政策而其他地区却没有实行对等的减排政策,服从政策将推升生产成本、提高中间品的价格,发达地区会更多地外包能源密集型、碳排放密集型产品的生产环节(Feng et al.,2013),或者迁移厂址、转移高碳排放产品生产地(Ward et al.,2015),使得环境政策、气候政策相对宽松的落后地区不得不承受碳排放。不过,学者也探讨了负碳泄露的可能(Fullerton et al.,2011、2012),规制较强地区的效率提升将吸引未规制地区的资本要素,使得规制较弱地区的总产出和碳排放均出现下降,尽管这是一个较难观察到的现象。

污染天堂效应将削弱甚至破坏减排政策的实际效果,提高减排难度,破坏全球减排的努力,影响未来的可持续发展(Winchester,2011;马述忠、黄东升,2011)。尽管富裕国家的环境规制将减少其领土范围内的碳排放,但政策反而促进了其辖区以外其他地区碳排放的上升,减排成果将部分甚至全部被未采取规制地区的碳排放增长所抵消(Bohringer et al.,2012、2018;Ward et al.,2015)。

污染天堂效应将进一步推升碳不平等的程度。首先,污染天堂效应使得经济欠发达地区面临着不平等的发展前景。经济欠发达地区高耗能、高排放、高污染行业的集聚将导致"环境污染—健康损害—收入下降"的恶性循环,影响地区经济增长的可持续性,引起区域间发展的失衡(郭子琪、温湖炜,2015)。其次,污染天堂效应使得经济欠发达地区面临着不平等的减排难度。由于欠发达地区技术相对落后、能源依赖较严重,在污染天堂效应的作用下经济发达地区可以通过将高碳排放的产品生产外包而轻易实现目标,但经济落后地区却要承担远超于自己所消费量的碳排放,面临更高的减排压力(Feng et al.,2013)。

污染天堂效应在一国内部同样存在。由于一个国家内部的地区之间通常具有更低的贸易壁垒和更高的贸易流量(Anderson & van Wincoop,2003),在一国减排政策的执行过程中,不同经济发展水平、不同要素禀赋、不同区位优势以及不同政策执行强度的地区之间,同样存在发达地区向落后地区转移高污染和高能耗产业的现象(Caron et al.,2013)。

2.3.3　现有理论的困境

总体而言,环境库兹涅茨曲线讨论了收入差距与碳不平等之间的关系,污染天堂效应则讨论了环境规制与碳不平等之间的联系。从关注的机制来看,环境库兹涅茨曲线解释了碳不平等的收入渠道,污染天堂效应解释了碳不平等的环境规制渠道。从研究的递进关系来看,环境库兹涅茨曲线将各国视为孤立的个体,对其差异进行解释;污染天堂理论考虑了国家之间的互动,各国的碳排放不平等不仅来自收入水平差异,也来自各国不对称的环境规制,是在全球贸易背景下对碳不平等形成机制的补充。但现有理论对碳不平等的解释仍然存在不足。

一方面,环境库兹涅茨曲线和污染天堂效应对碳不平等的解释能力尚不能确定,特别是实证研究的结论并不一致。首先,环境库兹涅茨曲线的形式未有定论,倒 U 形的存在性以及是否有国家达到转折点所对应的收入水平尚存在争议,收入与碳排放水平之间的具体关系尚不能确定。其次,部分实证研究没有发现支持污染天堂的依据(Levinson & Taylor,2008),或仅能从厂商迁移以及贸易变化中找到非常弱的污染天堂效应(Becker & Henderson,2000;Greenstone,2002;Ederington & Minier,2003;Zhu & Ruth,2015),这也使得环境规制对碳不平等的解释力受到质疑。

另一方面,环境库兹涅茨曲线和污染天堂效应对当前发达国家与发展中国家碳排放变化的解释力不足。目前的现实是,发展中国家的生产侧碳排放持续高速增长,而发达国家的生产侧碳排放增速放缓甚至在 2009 年后有所下降。如果实证不支持存在污染天堂效应导致的碳泄露,那么发达国家生产侧碳排放下降的主要原因应是环境库兹涅茨曲线所暗含的收入提高使得该国的碳排放水平下降。但大量实证认为目前各国收入水平尚未达到环境库兹涅茨曲线的转折点,绝大部分发达国家的碳排放仍处于上升区间。既然发达国家尚未达到按照环境库兹涅茨曲线实现"孤立"减排的收入水平,同时表面上看起来又没有产生"碳泄露",那么疑问随之而来,发达国家应当增长但实际表现为减少的那部分碳排放去了哪里?

为什么大量的按照理论尚未达到拐点收入水平的发达国家生产侧的碳排放会出现下降?为什么实证研究难以观察到明显的碳泄露?如果没有观察到污染天堂效应,就能够说明富裕国家没有向贫穷国家转移其碳排放责任或者碳不平等没有加剧吗?针对此,贸易隐含碳理论为回答碳不平等问题提供了新的视角。

2.4 碳不平等的新视角:贸易隐含碳理论

2.4.1 生产侧碳排放与消费侧碳排放

贸易隐含碳的概念源自全球化背景下商品生产与消费环节的分离(樊纲等,2010)。伴随着生产分工的深化和世界工厂的出现(Arndt & Kierzkowski,2001),一个地区在生产过程中所产生的碳排放与该地区消费过程中所引起的碳排放产生了分化。贸易隐含碳理论主要关注贸易所造成的生产侧碳排放与消费侧碳排放之间的差异,其中:进出口商品和服务中所伴随的碳排放转移是贸易隐含碳,生产侧碳排放与消费侧碳排放的差值是净贸易隐含碳(赵忠秀等,2018)。

在贸易隐含碳理论下,碳排放的核算主要有基于生产者和基于消费者两种原则(Peters,2008;Atkinson et al.,2011;Steininger et al.,2014)。生产者核算原则将碳排放分配至生产者名下,一个区域内的所有商品和服务生产过程中的碳排放,要么被用于满足当地居民、企业和政府的消费,要么被出口到其他区域。消费者核算原则将碳排放记录在最终消费者名下,一个区域内所有居民、企业和政府基于消费视角的碳排放所对应的产品和服务,要么来自当地,要么是随着购买商品和服务从其他区域流入(Davis & Caldeira,2010;Wiedmann et al.,2011;Takahashi et al.,2014;Feng et al.，2014；Tian et al.，2014；Wang et al.，2018）。

消费侧碳排放的核算正成为环境领域的重点（Wiedmann et al.，2007；Wiedmann，2009）。生产侧碳排放与消费侧碳排放的侧重点不同，以往研究仅仅关注和讨论生产侧的碳排放。生产侧碳排放反映了一个国家领土内的碳排放，其中既包括用于本国居民和企业的部分，也包括供给到世界其他地区消费的部分；而消费侧碳排放反映了一国居民和企业的真实消费量，能够代表该国的碳消费福利（Piketty & Chancel，2015）。有学者提出，在考虑一国的碳排放责任时应考虑消费侧碳排放（Munksgaard & Pedersen，2001；樊纲等，2010；Peters & Hertwitch，2008a、2008b；Bohringer et al.，2018；Wiedmann，2009；Nakano et al.，2009），或同时考虑生产侧与消费侧碳排放（Kondo et al.，1998；Eder & Narodoslawsky，1999；Lenzen et al.，2007；Ferng，2003；Bastianoni et al.，2004）。

公平的碳排放责任划分与减排义务分担有赖于准确的碳排放核算（Koopman et al.，2010；Meng et al.，2018），故应追溯各主体在生产和消费环节中的碳排放责任（tracing CO_2 emissions），实现各自对其真实的碳排放负责（give credit where credit is due）。

2.4.2 消费侧碳排放清单核算

由于消费侧碳排放在其生产地点与价值实现地点之间并不一定相同，要厘清生产者和消费者各自应承担的碳排放责任（Lenzen et al.，2007；Guan et al.，2014），获得基于消费的碳排放必须对内嵌于区域间商品贸易的碳排放加以追溯（Peters & Hertwich，2008a、2008b；Jakob et al.，2014；Steininger et al.，2014）。区域间投入产出表不仅能够提供各行业之间的投入产出关系，还能反映区域之间的产品流动，为分析区域间的碳转移提供了工具，学者们推广并将投入产出分析应用到环境领域（Leontief，1970；Wiedmann et al，2007；Wiedmann，2009；Hertwich et al.，2009；Su et al.，2010；Su & Ang，2014），即为环境拓展投入产出模型（Environmentally extended input-output model，EEIO）。

追溯碳排放有助于厘清碳排放的责任，为分担减排义务和应对全球气候变化及政策制定提供依据。环境拓展投入产出模型为追溯碳排放提供了最主要的方法，不仅能够用于核算区域之间内嵌于产品和服务贸易的碳转移，构造基于消费、基于生产的碳排放清单，也能够结合生活方式分析法对家庭碳足迹进行测算和分析，是整个碳排放研究领域的方法基石。

1. 宏观碳排放核算

环境拓展投入产出模型是碳排放核算最重要的工具,其基础是多区域投入产出模型。多区域投入产出模型连结了过去孤立的各区域投入产出表,其最重要的应用之一是分析产品、贸易和能源的流动。多区域投入产出数据依考察范围不同可分为国际投入产出数据库和国内省间投入产出数据库。国际投入产出数据库是从宏观层面进行全球价值链分析和贸易增加值研究的重要工具。目前较有影响力的全球投入产出数据库主要包括欧盟的WIOD、普渡大学的 GTAP、经济合作与发展组织(OECD)和世界贸易组织(WTO)的 ICIO/TiVA、日本亚洲经济研究所的 AIIOT、Eora 和联合国贸易发展组织的 Eora MRIO,以及亚投行的 ADB MRIO 等。国内已经建立的投入产出数据库包括国务院发展研究中心(李善同等,2016)、中国科学院区域可持续发展分析与模拟重点实验室(刘卫东等,2012)、中国科学院虚拟经济与数据科学研究中心(石敏俊、张卓颖,2012)等团队的成果。

环境拓展投入产出模型在多区域投入产出模型的基础上引入了环境矩阵,在碳排放核算中具体为碳排放强度矩阵。Leontief(1970)首先将"污染部门"引入传统投入产出矩阵。已有研究证实了多区域投入产出模型的精准性和优越性(Liu et al.,2017),并将其用于核算全球国家之间的碳排放(Liu & Fan,2017;Meng et al.,2018)和单个国家内部区域之间的碳排放。Lenzen(1998)使用投入产出法估算了澳大利亚家庭消费产生的碳排放,拓展了间接消费碳排放的核算方法。Wiedmann et al.(2007)在投入产出模型的基础上估计了内嵌于区域间贸易的环境影响,Wiedmann(2009)进一步回顾并总结了基于多区域投入产出模型核算消费碳排放和构建环境账户清单的方法。Hertwich et al.(2009)测算了国际贸易中所隐含的碳排放和各国碳足迹。Su et al.(2010)分析了内嵌于贸易的碳排放,并讨论了投入产出表行业细分程度对核算结果的影响。

国际层面,既有文献主要基于多区域环境拓展投入产出模型(Environmentally Extended Multiregional Input-output Model,EEMRIO)核算世界各国的碳足迹,讨论国际贸易隐含碳(Wiedmann et al.,2007;Wiedmann,2009;Hertwich et al.,2009)。Davis 和 Caldeira(2010)估算了全球贸易隐含的二氧化碳排放,研究发现 2004 年全球 23% 的二氧化碳排放来自中国和其他新兴国家的出口贸易。马述忠、黄东升(2011)分析了1995—2005 年全球 55 个国家和地区的碳足迹,提出以生产而不是消费为准核算碳足迹高估了大量出口自然资源的新兴工业化国家的碳足迹，如中国、印度和俄罗斯。Brizga et al.（2017）基于多区域投入产出模型，分析了 1995—2011 年三个波罗的海国家居民部门的碳排放。Munksgaard et al.（2000）使用投入产出法及家庭支出法估计了丹麦家庭能源的碳排放，发现居民部门的消费增长是消费侧碳排放增长的主要原因。

国内层面，以往文献主要测算各国区域间贸易中的隐含碳，考察地区之间的碳转移及其不平等。一部分文献对 2002 年、2007 年以及 2012 年的中国区域间碳转移进行研究，测算各区域的消费侧碳足迹（Zhao et al.，2015），认为伴随经济发展水平、技术水平的差异，广泛存在内嵌于国内区域间贸易的碳转移（Peters et al.，2007；Liang et al.，2007；Feng et al.，2012；Feng et al.，2013；Meng et al.，2013；Su & Ang，2014；Liu et al.，2015；潘文卿，2015；Duan et al.，2018；Zhang et al.，2018a；Shao et al.，2018）。另一部分文献将中国的区域间投入产出表内嵌于世界投入产出表，从参与全球价值链的角度分析了中国的区域间碳转移问题（Guo et al.，2012；Yu et al.，2014；孟渤、高宇宁，2017；Pei et al.，2018；Zhang et al.，2018b），发现参与全球价值链对中国各区域碳排放的影响效果有所不同，增进了国内碳转移不平等的程度。

2. 居民碳排放核算

微观家庭的能源需求和碳排放一直广受能源经济学、环境经济学领域的关注（Bullard & Herendeen，1975；Lenzen，1998；Reinders et al.，2003；Tukker & Jansen，2006）。微观家庭碳排放领域保持着长期的研究热度（Kok et al.，2006；Lenzen et al.，2006；Tukker & Jansen，2006；Wier et al.，2001），一方面是因为能源变迁和消费习惯等变化赋予了微观碳排放研究在不同时期的重要意义，另一方面是由于基础数据可获得性的增强和建模手段的发展提高了家庭直接、间接碳排放核算的准确性。

在核算方法维度，家庭消费碳足迹核算主要有两个思想源头，一是投入产出分析，二是生活方式分析（Consumer Lifestyle Approach，CLA）。投入产出分析是居民消费碳足迹核算的基石（Hendrickson et al.，1998；Lenzen，2000；Suh & Huppes，2005；Suh et al.，2004）。Kok et al.（2006）总结，实际操作中基于投入产出分析定义了三种可以用于计算家庭能源消费和碳排放的方法，分别是基于国家账户的"基础投入产出—能源分析"（input-output energy analysis，based on national accounts，IO-EA-basic）、结合了投入产出模型和过程分析的"投入产出—能源—过程分析"(input-output analysis combined with process analysis, IO-EA-process),以及结合了投入产出模型和家庭层级消费数据的"投入产出—能源—消费分析"(input-output energy analysis combined with household expenditure data, IO-EA-expenditure)。生活方式分析法是核算家庭消费隐含碳排放的另一个主要技术路线,通过将与生活方式相关联的居民家庭消费支出数据与相应消费活动的能源强度、碳排放强度进行匹配,来实现家庭层面消费与投入产出的匹配,从而为探讨家庭消费与碳排放之间的关系提供了方法。Druckman & Jackson(2009)给出了"家庭消费—高层次功能用途分配表",把家庭消费分配到健康卫生、家居、教育、食品、休闲娱乐、衣着、交通、沟通交流,以及采暖共计 9 个维度上,Weber & Matthews(2008)将"采暖"归类到直接碳足迹,保留了其余 8 个维度,形成了后来文献中较为通用的家庭消费碳足迹核算方法。

在应用维度,大多数文献在宏观或中观层面核算家庭消费碳足迹,从不同消费群体、收入水平和地理区域的角度讨论家庭消费引起的碳排放(Tukker et al.,2010)。国际上,Lenzen(1998)核算了澳大利亚居民家庭最终消费引起的能源消耗,Weber(2000)核算了德国、法国和荷兰的家庭能源消费,Munksgaard et al.(2000)估计了丹麦的家庭消费碳排放,发现居民部门消费增长是消费侧碳排放增长的主要原因,Pachauri & Spreng(2002)测算了印度家庭的直接、间接能源消耗,Bin & Dowlatabadi(2005)核算了美国居民产品和服务消费中的碳排放,Druckman & Jackson(2009)测算了英国居民的碳排放量,Heinonen & Junnila(2014)核算了芬兰城乡居民的能源需求。国内,Wei et al.(2007)和黄芳、江可申(2013)分别核算了中国城镇和农村居民的直接、间接消费碳排放,均发现间接碳排放多于直接碳排放且城乡差距显著。冯蕊和陈胜男(2010)比较了国内外居民生活消费碳排放不同的测算方法。刘莉娜等(2012)核算了我国各省份人均家庭生活消费的碳排放量,发现居民碳排放存在显著地区差异。聂鑫蕊等(2014)、张韧(2014)也分别结合环境投入产出和生活方式分析法对中国城乡居民最终消费引起的直接、间接碳排放进行了核算。

如 2.2.4 节所述,受到数据或方法的限制,仅有少数研究实现了在微观层面对家庭碳足迹的核算。

2.4.3 贸易隐含碳与碳不平等新解

贸易隐含碳理论对碳不平等提供了新的解释。首先，环境库兹涅茨曲线认为，各国的碳排放水平取决于收入水平，各国之间不平等的碳排放源自收入水平的差距。进而，污染天堂效应对此作出了改进，指出了碳不平等不仅来自各国孤立的收入差异，同时也来自各国之间的碳转移。污染天堂效应指出，不平等的碳转移即从富裕国家向贫穷国家的碳泄露，有赖于环境规制水平的差异（Grossman & Krueger，1991、1995；Copeland & Taylor，1997、2004、2005）。而贸易隐含碳理论又进一步表明，收入、规制水平不仅影响生产侧的碳排放水平，也影响贸易隐含碳的水平和消费侧碳排放的水平。贸易隐含碳理论指出，不平等的碳转移通常会使得拥有高生产侧碳排放水平的发达国家拥有更高的消费侧碳排放，相应地，甚至导致了低生产侧碳排放水平的发展中国家更低的消费侧碳排放（Lininger & Christian，2015），碳不平等通过贸易隐含碳进一步加剧。

贸易隐含碳理论扩展了碳不平等的内涵。第一，贸易隐含碳理论将碳不平等从通常的生产侧碳不平等拓展到多个维度，既包括生产侧和消费侧的碳不平等，也包括碳转移的不平等（Peters & Hertwitch，2008a、2008b）。第二，贸易隐含碳理论将不平等的碳转移拓宽为两类（Peters & Hertwitch，2008a；Droege，2011），既包括污染天堂效应所体现的政策引起的"强碳泄露"（policy-induced carbon leakage，strong carbon leakage），也包括不需要环境规制水平差异而天然存在的、由消费和贸易所引起的"弱碳泄露"（consumption-induced carbon leakage，weak carbon leakage）。

贸易隐含碳理论为测度碳不平等提供了依据。大量文献通过投入产出模型追溯了国际、国内贸易中所隐含的碳排放，核算了生产侧碳排放、消费侧碳排放、贸易隐含碳排放以及净贸易隐含碳排放，为研究生产侧碳不平等、消费侧碳不平等以及碳转移不平等提供了依据。现有文献在不同层面对碳不平等进行了考察，如国际贸易所引起的碳转移不平等（Peters & Hertwitch，2008a、2008b；Weber，2008；齐晔等，2008；陈迎等，2008），以及中国地区间或省份间的碳不平等（Peters et al.，2007；Liang et al.，2007；Feng et al.，2012；Feng et al.，2013；Meng et al.，2013；Qi et al.，2013；Su & Ang，2014；Liu et al.，2015；潘文卿，2015；Duan et al.，2018；Zhang et al.，2018a；Shao et al.，2018）。

2.5　研　究　评　述

2.5.1　文献评述

随着环境问题在国际、国内日益受到重视,碳排放、碳足迹、碳转移与碳不平等问题受到学界的广泛关注,大量学者对碳排放的测算、区域间的碳排放转移和溢出效应、碳排放增长的驱动因素以及受政策的影响进行了成果丰硕的讨论。本章对碳排放不平等领域的文献进行了回顾,共分为四个部分。

第一,以往文献在理论层面指出了碳排放同时具有责任、义务与权利的属性,已经成为衡量人类福利的新指标。在全球气候变化的大背景下,公平的碳排放权分配是核心。出于对各自利益的保护,不同国家所倡议的公平原则有所冲突。一方面气候变化呼唤减排协议的达成,另一方面碳排放作为一项发展权和人权其公平性有待提升,减排协议的达成亟须学界对碳排放公平性的探讨和研究。

第二,碳不平等的现象在我国广泛存在。我国宏观层面碳不平等体现为省级和城乡人均碳排放量的差异巨大,洛伦兹曲线、基尼系数、类基尼系数、阿特金森指数以及广义熵指数等常用指标表明我国的碳不平等程度较高。我国地区之间碳转移的不平等表现为经济发达的东部沿海地区享受经济成果,而中西部欠发达地区则需要承担大量碳转移。我国居民微观层面碳不平等的研究仍然较少,但文献表明微观层面碳不平等程度较高,2011年城镇居民内部的碳排放基尼系数超过了 0.4 的警戒线。

第三,环境库兹涅茨曲线和污染天堂效应两个重要的环境经济学理论分别对碳不平等作出了各自的解释。环境库兹涅茨曲线解释了碳不平等的收入渠道,从发展的角度对碳排放差异进行解释。污染天堂效应解释了碳不平等的环境规制渠道,指出碳排放不平等不仅来自收入水平差异,也来自各国非对称环境规制引起的碳泄露,是在全球贸易背景下对碳不平等形成机制的有力补充。但环境库兹涅茨曲线和污染天堂效应对碳不平等的解释力仍有欠缺。其一,二者只关注了生产侧的碳不平等,而没有尝试解释消费侧的碳不平等和碳转移不平等。其二,二者在实证方面都遇到了证据不足或不显著的问题。其三,按照环境库兹涅茨曲线,当发达国家尚未达到库兹涅茨曲线转折点所对应的收入水平时,其碳排放水平仍应处于上升空间,如果发达国家生产侧碳排放出现下降应当是通过对发展中国家的碳泄露而实现的，但污染天堂效应的大量文献却指出碳泄露并不严重，两个理论在发达国家与发展中国家之间的碳泄露问题上出现了矛盾。因此，需要新的理论来完善和解释碳不平等问题。

第四，贸易隐含碳理论的出现对碳不平等的研究起到了重要作用。贸易隐含碳理论对碳不平等提供了新的解释，该理论表明收入和环境规制不仅通过生产侧碳排放造成碳不平等，也可以通过贸易隐含的碳转移造成消费侧碳不平等和碳转移不平等。贸易隐含碳理论扩展了碳不平等的内涵，从单一的生产侧碳不平等拓展为生产侧碳不平等、消费侧碳不平等以及碳转移不平等多个维度。贸易隐含碳理论为测度碳不平等提供了依据，提供了在宏观、微观层面通过环境拓展投入产出模型核算生产侧碳排放、消费侧碳排放以及贸易中隐含碳转移的方法，为研究碳不平等程度提供了新的被解释变量。

综上，在气候变化的大背景下，碳排放既是责任、义务也是权利，还是发展权和福利。全球减排合作需要碳排放的公平，但当前碳不平等问题突出。环境库兹涅茨曲线和污染天堂理论分别从收入差异和环境规制的角度解释了碳不平等的形成，但仍面临解释力不足的问题。贸易隐含碳理论作出了有效的补充，拓展了碳不平等的内涵，提供了生产侧、消费侧以及其他各类碳排放的核算方法，并通过地区之间贸易隐含碳这一碳转移渠道对碳不平等进行了新的阐释，指出收入、环境规制以及其他变量不仅通过生产侧碳排放影响碳不平等，也通过碳转移影响消费侧碳排放的不平等以及净碳转移的不平等。

2.5.2　研究空间

通过对文献的梳理，发现关于碳排放不平等的研究在以下几个方面仍有深入开展的空间，并计划分别在后续章节进行补充。

第一，不同理论之间缺乏对话。首先，环境库兹涅茨曲线和污染天堂效应主要解释了碳不平等的形成机制，而贸易隐含碳理论主要提供了衡量各类碳不平等程度的方法，但对各类不平等的形成机制缺乏解释。其次，不同理论中的基本概念存在差异和冲突，污染天堂理论中的"碳泄露"指富裕国家环境规制引起的贫穷国家生产侧碳排放的增长，而贸易隐含碳理论中的"碳泄露"则主要指富裕国家从贫穷国家进口的商品和服务中所隐含的碳排放。

　　第二,已有理论对碳不平等形成机制的解释力不足。贸易隐含碳理论更多侧重核算,尚未深入讨论发达地区向发展中地区转移碳排放并持续增加的原因(Lininger & Christian,2015),仅有少数研究对地区间贸易隐含碳的转移机制进行了猜测,如全球化的影响、发展中国家的廉价劳动力资源、能源禀赋以及更低的环境规制水平等(Nakano et al.,2009;Munoz & Steininger,2010)。本研究对碳不平等的理论解释主要有两点贡献:一是可以将生产、消费、居民等各类碳排放和碳转移水平的差异基于环境库兹涅茨曲线和污染天堂效应进行解释;二是可以对地区之间不平等的碳转移原因进行考察和分析。

　　第三,现有核算方法仍有改进的空间。在宏观层面,尽管目前已经形成了较为完善的碳排放核算方法,但多区域环境拓展投入产出模型依赖详尽的区域间投入产出数据,对数据要求较高。本研究在原有环境投入产出方法的基础上开发了简化的二区域环境拓展投入产出模型,使得能够在没有详细地区间贸易流数据、仅有加总数据的情况下,也能通过投入产出分析获得各区域基于生产、消费的碳排放以及碳转移量,建立我国连续年份的省级多口径碳排放数据库。在微观层面,已有研究大多采取自上而下的(top-down)核算,而缺乏自下而上(bottom-up)或二者相结合的核算;对居民消费侧碳排放的讨论大多在加总层面,缺乏深入到微观个体层面的研究。本研究将结合宏观和微观数据,结合投入产出方法和生活方式分析法,实现微观层面对城乡居民消费侧碳排放的核算。

　　第四,现有实证分析仍然较为缺乏。一是以往绝大多数对碳不平等的研究关注生产侧碳排放而忽略了消费侧碳排放或贸易隐含碳,二是考虑了消费侧碳排放和贸易隐含碳的研究往往着重于刻画碳不平等的程度,关注"是什么"而不是"为什么"。本研究可以从两个方面改进实证部分。其一,建立了连续年份的省级分行业多口径碳排放数据和微观家庭层面的碳排放数据库,为省级层面和微观个体讨论碳排放差异的来源、分析碳不平等的程度和机制提供了数据基础。其二,现有文献在研究污染天堂问题时大量使用总产出、国际直接投资(FDI)等间接指标进行考察(戴嵘、曹建华,2015)。本研究将使用碳排放这一直接指标进行研究,并从生产侧碳排放、消费侧碳排放以及碳转移等多个维度对污染天堂效应进行考察。

　　综上,碳排放核算与区域间碳转移、碳不平等的研究在近年来广受重视,相关研究持续升温,在理论和实证上进行合理的碳排放核算、了解碳不平等的机制以及厘清不同主体应承担的碳排放责任,对国际"共同而有区别"地应对气候变化问题和国内成功实现减排目标有重要作用。本研究将在已有研究的基础上，通过对核算方法的改进建立中国省际生产、消费、转移碳排放清单来追溯"真实"的碳排放状况，研究和测度宏观和微观层面碳转移不平等、碳不平等的情况，分析碳排放差异的来源和碳不平等的驱动原因，梳理中国节能减排政策体系，以及分析行政手段和市场手段在我国减排进程中的有效性，最后基于对现有减排政策的分析给出合理的减排政策建议。

第3章 基于环境拓展投入产出模型的宏观、微观碳核算方法

本章介绍核心研究方法,从宏观、微观两个层面扩展和开发了核算不同口径碳排放与追溯居民消费侧碳足迹的方法。宏观层面,主要将多区域环境拓展投入产出模型扩展到二区域环境拓展投入产出模型,实现了基于各省份投入产出表和全国投入产出表对省级碳排放进行核算。微观层面,主要关联了家庭消费和分省份分行业的单位消费碳排放强度,实现了对居民消费侧碳足迹的追溯。

3.1 宏观碳排放核算框架

碳排放的发生不外乎两种可能,一种是直接燃烧燃料产生的碳排放,如烹饪、取暖等过程中伴随的碳排放,这一部分称为直接碳排放;另一种是居民、企业和政府消费已经生产好的最终产品,消费的过程中虽然不直接发生碳排放,但为了生产这些产品,在生产过程中已经产生了碳排放,相当于这部分碳排放被间接地转移到了生产过程中去,这一部分称为间接碳排放。其中,直接碳排放可以通过能源的直接消费量进行核算,而间接碳排放则可以通过将各类最终使用追溯其生产过程来进行核算,本质上这一过程是通过投入产出模型将最终使用还原为满足这部分最终使用所需要的总投入(或需要的总产出),进而通过已知的单位总产出碳排放来计算满足这部分最终使用所产生的间接碳排放。

3.1.1 直接碳足迹与间接碳足迹

基于上文的概括,碳排放由直接碳排放和间接排放两部分组成,用公式表示为

$$CO_2 = C^d + C^i$$

其中,直接碳排放 C^d 是指居民生活和交通出行活动中直接使用化石能源

造成的碳排放,包括直接能源消费中除电力和热力外的所有能源消费产生的碳排放,如居民家庭烹饪、供暖、提供热水过程中天然气和煤的使用等。间接碳排放 C^i 指居民、企业、政府在各类商品和服务最终使用中所隐含的碳排放。这些最终使用品尽管在消费阶段不涉及直接的燃料燃烧、不产生碳排放,但实际上是通过生产网络和贸易网络跨越产品的生产过程将碳排放转移至其研发、生产、流通等中间投入环节,即制造满足最终使用的商品和服务的过程会产生碳排放,相当于间接产生了碳排放(Golley et al.,2008；Zhu et al.,2012)。

直接碳排放的发生与伴随居民生活的直接能源消费活动同步,因此直接碳气体排放的计算方法比较简单、易于理解。一般采用线性乘数因子算法来进行直接能源消费核算,即先将每种能源使用量与对应能源排放系数相乘,然后再将这些乘积相加得到总的直接碳排放量。用公式表示为

$$C^d = \sum \rho_i E_i + \sum \rho_j E_j$$

$$\rho_j = \frac{\sum \rho_i E_i}{Q_j}$$

其中:

C^d——商品能源直接消费碳排放量；

ρ_i——第 i 种一次能源的二氧化碳排放系数,取值 1、2、3 分别表示原煤、原油及天然气；

ρ_j——第 j 种二次能源的二氧化碳排放系数,取值 1、2 分别表示电力和热力；

E_i——第 i 种一次能源的消费量；

E_j——第 j 种二次能源的消费量；

Q_j——第 j 种二次能源生产量,j 取值 1、2 分别表示电力和热力。

其中一次能源的排放系数来自不同官方组织发布的数据,可以通过查阅相关文献获得,二次能源的排放系数来自其生产过程中所使用的一次能源进行计算。

间接碳排放比直接碳排放的简单线性加总更为复杂,目前较为常用的方法是基于环境拓展投入产出模型进行核算(Hendrickson et al.,1998；Lenzen,2000；Suh & Huppes,2005；Suh et al.,2004)。就本质而言,间接碳排放的核算是一个从最终使用还原为所需总投入或总产出,继而还原为

达成相应总产出所需碳排放的过程。一个地区所生产的全部商品和服务，其最终使用的去向不外乎如下三类：一是以最终消费的形式被城乡居民和政府所使用；二是以资本形成的形式转化为固定资本形成或变成存货增加；三是调出至国内其他区域或对外国出口。

投入产出表展现了国民经济各部门产品供给和需求的平衡关系，反映了从生产到最终使用的过程中各部门之间的生产关系和技术系数。通过投入产出分析，使用者能够计算为满足社会上一定的最终消费（即个人及政府的消费、投资和净流出）而生产的各种产品总量。一般的投入产出表形式如表 3.1 所示。

表 3.1　投入产出表基本结构示意

		中间使用				最终使用						
						最终消费			资本形成			
						居民消费						
		行业 1	...	行业 n	合计	农村居民	城镇居民	政府消费	固定资本形成	存货增加	出口	进口	总产出
中间投入	行业 1											
	⋮											
	行业 n											
	合计											
增加值												
总投入												

投入产出表中，国民经济各部门产品供给和需求的平衡关系可以通过矩阵形式来进行表达，即

$$AX + Y = X$$

$$X = (I - A)^{-1}Y$$

进一步，通过引入碳排放系数矩阵，上述平衡还可以扩展到碳排放领域，将最终使用追溯至为了满足这部分最终使用而在生产相应总产出过程中所引起的碳排放，我们称为环境拓展投入产出模型。

$$C = F(I - A)^{-1}Y$$

其中：

X——总产出向量；

A——直接消耗系数矩阵；

$(I - A)^{-1}$——列昂惕夫逆矩阵；

Y——最终使用向量；

F——碳排放系数矩阵；

C——碳排放向量。

本质上，我们可以将投入产出模型和环境拓展投入产出模型理解为最终消费、总产出以及碳排放之间的对应关系。具体而言，投入产出模型就是通过列昂惕夫逆矩阵实现最终消费和满足这部分消费所需总产出之间的映射，从而把最终消费还原到总产出。而环境拓展投入产出模型，则继续通过碳排放系数矩阵来实现总产出和满足这些总产出所需碳排放之间的映射，从而实现了把最终消费还原到总产出，继而再还原到碳排放。

从投入产出的思路出发，我们可以将任何最终使用还原成相应的碳排放：既可以是各类最终使用加总得到的一列，也可以是最终使用各去向中的某一类或某几类，不同最终使用的追溯有着各自的内涵。我们可以将最终使用分为最终消费、资本形成和出口，观察碳排放在消费、资本形成或净流出之间的分布；也可以将最终消费分成家庭消费和政府消费，研究居民部门和政府部门的碳排放差别；或者还可以更为精细地分为农村居民消费和城镇居民消费，来讨论农村居民和城镇居民之间的碳排放差异——只要给定一列最终使用数据，就可以追溯生产这些最终使用的过程中所产生的碳排放量。

从操作上而言，基于投入产出表中的细分结构，我们能够将最终使用依据其具体去向划分为六个部分，即本地最终使用 Y（细分为城镇居民的最终消费 Y_U^{CON}、农村居民的最终消费 Y_R^{CON}、政府的最终消费 Y_G^{CON} 和资本形成 Y^{CAP}）、流出 E（出口和调出之和）以及流入 M（进口和调入之和），即

$$Y = Y^{CON} + Y^{CAP} + E - M$$

$$Y = Y_U^{CON} + Y_R^{CON} + Y_G^{CON} + Y^{CAP} + E - M$$

$$Y = Y_U^{CON} + Y_R^{CON} + Y_G^{CON} + Y^{CAP} + NX$$

从而，可以在上文的环境拓展投入产出模型中将 Y 展开，即

$$AX + Y_U^{CON} + Y_R^{CON} + Y_G^{CON} + Y^{CAP} + E - M = X$$

$$X = (I - A)^{-1}(Y_U^{CON} + Y_R^{CON} + Y_G^{CON} + Y^{CAP} + E - M)$$

$$C = F(I - A)^{-1}(Y_U^{CON} + Y_R^{CON} + Y_G^{CON} + Y^{CAP} + E - M)$$

如前文所述,每一列最终使用都可以追溯到满足这些最终使用而产生的碳排放,具体来说 Y 中的每一项均可以对应到一类碳排放,即

$$C_U^{CON} = F(I - A)^{-1}Y_U^{CON}$$

$$C_R^{CON} = F(I - A)^{-1}Y_R^{CON}$$

$$C_G^{CON} = F(I - A)^{-1}Y_G^{CON}$$

$$C^{CAP} = F(I - A)^{-1}Y^{CAP}$$

$$C^E = F(I - A)^{-1}E$$

$$C^M = F(I - A)^{-1}M$$

其中,细分的碳排放还可以进行加总合并,得到居民消费碳排放 C^H、居民和政府总消费碳排放 C^{CON},以及包含消费和固定资本形成两类的当地生产、当地消费的商品服务产生的碳排放 $C^{CON\&CAP}$,分别为

$$C^H = C_U^{CON} + C_R^{CON}$$

$$C^{CON} = C^H + C_G^{CON}$$

$$C^{CON\&CAP} = C^{CON} + C^{CAP}$$

净转嫁给外部的碳排放,即碳排放顺差 C^B 为

$$C^B = C^M - C^E = F(I - A)^{-1}(M - E) = -F(I - A)^{-1}NX$$

基于生产的碳排放 C^P、基于消费的碳排放 C^C 以及他们之间的关系分别为

$$C^P = C^{CON} + C^{CAP} + C^E$$

$$C^C = C^{CON} + C^{CAP} + C^M$$

$$C^C = (C^{CON} + C^{CAP} + C^E) + (C^M - C^E) = C^P + C^B$$

3.1.2　碳排放核算框架

环境拓展投入产出分析相当于一个桥梁,连接了碳排放核算的两种不同统计口径,将基于生产的碳排放核算和基于消费的碳排放核算纳入统一的框架下。

目前对间接碳排放的核算主要有两种原则,一是生产者核算原则,将碳排放分配至实际排放碳发生的地区,二是消费者核算原则,将碳排放分配至

真正消费能源、引起碳排放的地区，而不是单纯的排放处（Liu & Fan，2017；Senbel et al.，2003；Tian et al.，2014；Wang et al.，2018）。具体而言，基于生产视角的核算就是将碳排放归属在碳排放实际发生地的名下，一个区域内的所有商品和服务生产过程中的碳排放，要么被用于满足当地居民、企业和政府的消费，要么被出口到其他区域（Peters，2008；Atkinson et al.，2011；Steininger et al.，2014）。相对地，基于消费视角的核算则将碳排放记录在最终消费者名下，一个区域内所有居民、企业和政府基于消费视角的碳排放所对应的产品和服务，要么直接来自当地，要么是随从其他区域购买的商品和服务而流入（Feng et al.，2014；Wiedmann et al.，2011）。

因此，基于消费的碳排放实际上相当于纳入了隐含于进口（或调入）产品和服务的碳排放，而排除了用于生产出口（或调出）产品和服务的碳排放（Peters & Hertwich，2008a、2008b）。即，基于生产的碳排放＝基于消费的碳排放－隐含于进口或由外部调入的商品和服务中的碳排放（即转移出去的碳排放）＋隐含于供给其他地区的商品和服务中的碳排放（即被其他地区转移来的碳排放）＝基于消费的碳排放－净转移出去的碳排放＝基于消费的碳排放＋净转移进来的碳排放＝基于消费的碳排放－碳排放顺差[①]。

从而，在一个完整的碳排放框架下，碳排放由直接碳排放和间接碳排放两个主要部分组成。其中，间接碳排放可以分为三部分，分别是内嵌于当地生产且当地消费的产品中的碳排放，内嵌于进口（含调入）产品中的碳排放，以及内嵌于出口（含调出）产品中的碳排放。基于不同的核算原则，间接碳排放的三部分可以分别加总合并：可以将内嵌于当地生产且当地消费的产品中的碳排放和隐含于进口（含调入）产品中的碳排放两项加总合并，得到基于消费口径的碳排放；也可以将隐含于当地生产且当地消费的产品中的碳排放和隐含于出口（含调出）产品中的碳排放两项加总合并，得到基于生产口径的碳排放；也可以用隐含于进口（含调入）产品中的碳排放减去隐含于出口（含调出）产品中的碳排放，得到净进口（含调入）的碳排放，即碳排放的顺差。在此基础上，还可以通过加总直接碳排放和基于生产口径的碳排放，得到该区域基于地理边界的碳排放，即实际排放在该区域地理空间内的

---

① 碳顺差这里定义为净转嫁出去的碳排放，即转嫁出去的碳排放中除去被转嫁进来到当地的碳排放的差值，也就是内嵌于商品和服务而排放于外部的碳排放减去用于供给其他地区的产品和服务所产生的碳排放。当一个地区存在正的碳顺差时，该地区通过商品和服务购买而消费了实际排放在其他地区的碳。

碳排放。基于以上逻辑,我们能够得到完整的碳核算框架,具体如图 3.1所示。

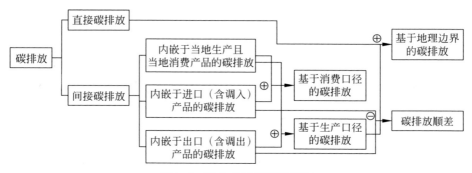

图 3.1　碳排放核算框架示意

在生产口径和消费口径中,两种统计方法以哪种为准呢? 单纯讨论统计口径本身,两种方法原本都是合理的,不存在优劣之分。但从学术研究角度和责任划分、政策制定等应用角度出发,大部分研究者认为从消费口径进行碳排放核算更真实、更具优势 (Girod et al.,2014; Peters & Hertwich, 2008a、2008b; Jakob et al.,2014; Steininger et al.,2015)。这一优势在于,基于消费口径的统计解决了基于生产口径的碳排放会遗漏内嵌于贸易而产生的碳泄露问题(Liu & Fan,2017),从而能够准确地估计真实的碳消费,有助于从成本效益的角度提高效率。更进一步地,由于能够更清晰地界定排放与责任,为全球碳减排责任划分提供可靠的指标(Larsen & Hertwich, 2009),因而消费口径有益于讨论全球碳减排问题(Guan et al.,2014),从而有助于增进环境公平(Steininger et al.,2014)。

3.2　宏观碳排放核算:基于投入产出思想的核算方法

3.2.1　多区域投入产出模型

多区域投入产出模型是进行碳核算的重要途径,是学者进行间接碳排放核算时使用最广泛的方法(Minx et al.,2011; Su & Ang,2012、2014)。

多区域投入产出模型是在各区域投入产出表的基础上,利用区域间贸易数据,将彼此之间商品的流入、流出内生化,并按照相同部门分类进行连接和调整而成的投入产出模型。区域间产出分析能够连接过去孤立的各区域投入产出表,系统研究区域间、部门间生产投入和需求供给的相互依存关系。自 Leontief 提出投入产出模型以来,国外就有诸多的学者在进行区域间投入产出模型的研究工作,Isard 首次提出了区域间投入产出模型(Interregional Input-Output Model,IRIO),随后 Chenery 等学者陆续基于不同的假设、对基础数据的不同要求、模型估算的不同精度和误差,分别对模型作出了推广和发展。

　　近年来,我国对区域间投入产出表的编制和运用发展迅速,国家信息中心、国务院发展研究中心、中国科学院地理科学与资源研究所区域可持续发展分析与模拟重点实验室、中国科学院虚拟经济与数据科学研究中心等多家研究机构的学者们先后研制了各自的区域间投入产出表。

表 3.2　我国现有区域间投入产出表版本汇总

编 制 单 位	版　　本	投入产出模型	区域间贸易系数	数 据 来 源
国家信息中心、国务院发展研究中心	1997 年 8 地区 30 部门区域间投入产出模型	Chenery-Moses 模型	引力模型	贸易量以公路、铁路和水路运输量数据；距离采用省会间铁路交通的时间距离
国家信息中心和国务院发展研究中心	2002 年 8 地区 17 部门区域间投入产出模型	Chenery-Moses 模型	最大熵模型和双约束引力模型	同上
国家信息中心、国务院发展研究中心	2007 年 8 地区 17 部门区域间投入产出模型	Chenery-Moses 模型	最大熵模型和双约束引力模型	同上
国务院发展研究中心与日本东亚经济研究中心市村真一、王慧炯等	1987 年中国 7 地区 9 部门的区域间投入产出模型	Chenery-Moses 模型	大型数据调查	国家统计局工交司地区货物流量数据,对近 50 万家企业普查、5 万家工业企业重点调查,重点调查占全国工业企业总产值的 56%

续表

编 制 单 位	版　　本	投入产出模型	区域间贸易系数	数 据 来 源
中国科学院地理科学与资源研究所与国家统计局刘卫东等	2007 年中国 30 省份区域间投入产出表	RAS 法,引力模型	引入空间滞后因子和地理及安全回归的引力模型	2012 年各省份投入产出表,交通运输部大宗商品流量数据
中国科学院地理科学与资源研究所与国家统计局刘卫东等	2010 年中国 30 省份区域间投入产出表	引力模型,RAS 法	引入空间滞后因子和地理及安全回归的引力模型	沿用 2007 年区域间贸易系数矩阵
刘强、冈本信广	1997 年 3 地区 10 部门区域间投入产出表	Chenery-Moses 模型	引力模型、回归方程	铁路运输货物数据
中国科学院虚拟经济与数据科学研究中心石敏俊等	2002 年 30 省份 60 部门区域间投入产出表	Chenery-Moses 模型	引力模型	31 个实物部门的数据使用铁路运输 8 种商品数据;29 个非实物部门中,电力数据使用《电力工业统计资料汇编》和年鉴,交通部门数据使用铁路、水路、空运的数据;假设大部分服务业无区域间贸易

　　尽管不同编制单位所使用的具体方法不同,但都遵循了同样的形式,在基础数据上也以国家统计局提供的省级区域间投入产出表为基准。我国区

域间投入产出表的基本形式如表 3.3 所示。

表 3.3　我国区域间投入产出表基本结构示意

			中间使用					最终使用					出口	最终使用合计	其他	总产出和总进口
			北京	···	新疆			北京	···	新疆						
			部门1	···	部门42	···	部门1	···	部门42	最终消费	资本形成	···	最终消费	资本形成		
中间投入	北京	1														
		⋮			X_{ij}^{pq}					F_{ij}^{ps}			E_i^p	Y_i^p	ERR_i^p	X_i^p
		42														
	⋮	⋮														
	新疆	1														
		⋮														
		42														
	进口				MD_j^q					MY_j^s					0	M
	中间投入合计															
增加值	劳动者报酬				W_j^q											
	生产税净额				T_j^q											
	固定资产折旧				K_j^q											
	营业盈余				Z_j^q											
	增加值合计				V_j^q											
总投入					X_j^q											

其中：

　　i、$j=1,2,\cdots,31$，分别代表表头中行、列方向的省份；

　　p、$q=1,2,\cdots,42$，分别代表表头中行、列方向的部门；

　　$s=1$ 或 $s=2$，s 取 1 代表最终消费，s 取 2 代表资本形成。

　　对于一般的投入产出表而言，列方向上其平衡关系为（来自各省份的国内中间品投入＋进口中间品投入）＋（各省份劳动者报酬＋各省份生产税净额＋各省份固定资产折旧＋各省份营业盈余）＝中间使用＋增加值＝总投入，即 j 地区 q 部门满足：

$$\sum_{i=1}^{31}\sum_{p=1}^{42} X_{ij}^{pq} + MD_j^q + W_j^q + T_j^q + K_j^q + Z_j^q = X_j^q$$

$$\sum_{i=1}^{31}\sum_{p=1}^{42} X_{ij}^{pq} + MD_j^q + V_j^q = X_j^q$$

行方向上，投入产出表的平衡关系为各省份中间使用＋最终消费＋资本形成＋出口＋误差＝中间使用＋最终使用合计＋误差＝总产出，不考虑误差项，则 i 地区 p 部门满足：

$$\sum_{j=1}^{31}\sum_{q=1}^{42} X_{ij}^{pq} + \sum_{j=1}^{31}\sum_{s=1}^{2} F_{ij}^{ps} + E_i^p = X_i^p$$

$$\sum_{j=1}^{31}\sum_{q=1}^{42} X_{ij}^{pq} + Y_i^p = X_i^p$$

若使用矩阵来表达这一投入产出表最常用的平衡关系，则有

$$AX + Y = X$$

$$X = (I - A)^{-1}Y$$

其中：

X——总产出；

A——直接消耗系数矩阵；

$(I - A)^{-1}$——列昂惕夫逆矩阵；

Y——最终使用（包含出口）。

3.2.2　多区域环境拓展投入产出模型

多区域环境拓展投入产出模型作为对多区域投入产出模型的拓展，相当于在原有基础上加入了新的从总产出到总碳排放的对应关系（见图 3.2）。在模型中加入表征各区域、各部门单位产出碳排放的碳排放强度矩阵，则能够计算得到居民消费所带来的间接碳排放。对于 m 地区 n 部门的多区域环境拓展投入产出模型而言，有：

$$X = (I - A)^{-1}Y$$

$$C = F(I - A)^{-1}Y$$

其中：

C——mn 维列向量，表示各区域各部门 CO_2 排放量；

$\boldsymbol{F}$——mn×mn 维对角阵，矩阵中对角元素为各区域各部门的 CO_2 排放系数；

$\boldsymbol{A}$——mn×mn 维矩阵，表示直接消耗系数矩阵；

$(\boldsymbol{I}-\boldsymbol{A})^{-1}$——mn×mn 矩阵，表示列昂惕夫逆矩阵；

$\boldsymbol{Y}$——mn×m 维矩阵，其中每一列代表一个区域的最终使用。

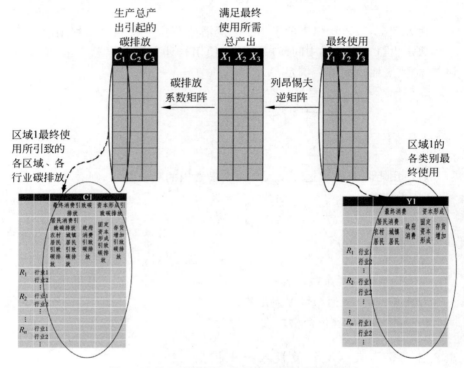

图 3.2 从区域间投入产出到区域间碳排放追溯

如前文所述，我们可以将任何最终使用还原成相应的碳排放：既可以是全国的最终使用合并为一列，也可以是每个地区各成一列；既可以是各类最终使用加总得到的一列，也可以将最终使用分为最终消费、资本形成和出口，甚至可以更为精细地将最终消费分成家庭消费和政府消费，将资本形成分成固定资本形成和存货增加。

通过多区域环境拓展投入产出模型，计算得到居民消费部门间接碳排放在省际的承担情况，明确某个地区居民的间接碳排放在本省份排放的部分和在其他省份排放的部分，我们能够厘清各省份应负责的碳排放部分，了解碳排放随商品、服务贸易的转嫁,确定各省份在减排、治理方面所负有的责任。

通过多区域环境拓展投入产出模型实现了从最终使用到碳排放的还原后,我们能够得到区域间碳排放的矩阵,形式如表 3.4 所示。

表 3.4　多区域环境拓展投入产出模型碳排放矩阵

	区域 1 引致碳排放					区域 2 引致碳排放	…	区域 n 引致碳排放
	最终消费引起			资本形成引起				
	居民消费引起		政府消费引致	固定资本形成引致	存货增加引致			
	农村居民引致	城镇居民引致						
区域 1								
区域 2								
⋮								
区域 n								

在区域间碳排放矩阵中,沿着列加总,我们将得到该列所对应的区域城乡居民消费、政府消费、资本形成所引致的碳排放;沿着行加总,我们将得到该行所对应区域为满足所有地区居民需求在商品和服务生产过程产生的碳排放。沿列加总数据中,除去所对应区域在自己区域内的碳排放,得到该区域居民消费所引致的其他区域的碳排放,即碳排放向外部的转嫁;沿行加总数据中,除去为满足该地区居民需求在商品和服务生产过程产生的碳排放,得到其他区域居民消费所引致的该区域碳排放,即碳排放被外部的转嫁;以及,将碳排放向外部的转嫁减去被外部转嫁的部分,我们得到该区域净转嫁到别处的碳排放,即碳排放顺差。

多区域环境拓展投入产出模型是用于核算各地区各行业碳排放最合适、最精准的手段,能够完全体现区域之间的碳交换。但由于区域间投入产出表的可获得性有限,尽管已经有少量文献开始使用学者自行开发的 2012 年区域间投入产出表,但目前应用于碳核算最主流的版本通常是国家信息中心开发的 2007 年全国 8 地区 17 部门投入产出表,因而大多数碳排放文献集中于研究 2007 年 8 地区之间的碳排放问题。

由于本研究需要获得基于生产、消费的碳排放以及净转移碳排放等省级层面数据,同时不需要碳转入转出在其他各区域之间的详细分布,因此可以只通过连接各省份投入产出表与全国投入产出表来进行核算,实现在多个连续年份精确到各省份各行业级的碳排放核算。因此，多区域投入产出模型并不是碳排放追溯与核算的唯一模型，3.2.3 节将基于投入产出的思想对碳核算的方法进行进一步开发。

3.2.3　二区域环境拓展投入产出模型的开发

本节的核算方法连接了各省份投入产出表与全国投入产出表，通过建立各省份"当地""全国其他区域合计"两个区域之间的投入产出表来实现碳排放的追溯，因此可以将其命名为二区域环境拓展投入产出模型。

对于进口和调入，若假设每个地区的产品和服务来自其他各区域间的分布比例与各区域的总产出比例近似，则这部分最终使用还原到总产出、碳排放时的还原矩阵可以用全国直接消耗系数矩阵和碳排放强度系数矩阵来近似；对于出口和调出同理。因此，我们可以使用来自全国投入产出表的直接消耗系数矩阵和碳排放强度系数矩阵来进行替代和简化，用以核算某地区进口其他区域的产品所引起的外部碳排放。由于核算的总体逻辑不变，在思路上使用省级投入产出表的核算方式与环境投入产出相似，需要注意的主要有两点。

第一，要将省级的竞争型投入产出表转换为非竞争型投入产出表。投入产出模型之所以能够将最终使用还原为总产出，是采用了基于投入产出模型得到的列昂惕夫逆矩阵，相当于默认生产各部分最终使用所使用的技术与投入产出表中所反映出的技术相同。国家统计局所提供的省级投入产出表是竞争型投入产出表，即没有在生产和使用中区分当地生产的产品和进口（含调入）产品之间的技术差异，相当于对进口（含调入）产品和当地生产产品作出了同样的技术假设。但实际上，我国幅员辽阔，沿海地区技术发达、西部地区较为落后，同时进出口数量大，简单地认为所有产品采用了同质的技术会使问题过度简化，因此需要将竞争型投入产出表转化为非竞争型投入产出表。

第二，整体方法上仍然基于一般的多区域环境拓展投入产出模型进行核算，"二区域"的实质为"多区域"的变形或特例。二区域环境拓展投入产出模型的原理是将全国划分为两个部分，一是我们关注的某省份，二是其他所有省份的集合。这样，我们能够得到一个简化的区域间投入产出表，这张表里包含两个区域，两区域之间的碳排放转移与承担可以按照多区域环境拓展投入产出模型来实现对其的追溯。值得注意的是，与一般的区域间投入产出表有所不同，在核算时由于我们不关注出口商品和服务的具体去向，因而也就不需要将出口(含调出)细分展开,所以在形式上这张"二区域投入产出表"更接近原来的省级投入产出表,只是将进口(含调入)部分从该省份生产的产品中区分开来,进行单独核算。经过以上处理得到的非竞争型投入产出表形式如表 3.5 所示。

表 3.5　经过处理的非竞争型投入产出表基本结构示意

		中间使用				最终使用						总产出
						最终消费			资本形成		出口＋调出	
						居民消费		政府消费	固定资本形成	存货增加		
		行业 1	…	行业 n	合计	农村居民	城镇居民					
A 省份	行业 1	该区域技术										
	⋮											
	行业 n											
	合　计											
全国其他省份	行业 1	全国其他省份技术										
	⋮											
	行业 n											
	合　计											
增加值												
总投入												

与多区域环境拓展投入产出模型类似,二区域环境拓展投入产出模型依然满足两个基本等式:

$$X = (I - A)^{-1}Y$$

$$C = F(I - A)^{-1}Y$$

考虑到将各省份投入产出表转换为非竞争型投入产出表后,整个模型中包括当地技术产品和进口产品两类,即

$$X = (I - A^*)^{-1}Y^*$$

$$C^* = F^*(I - A^*)^{-1}Y^*$$

$$C^{IM} = \bar{F}(I - \bar{A})^{-1}Y^M$$

$$Y = Y^* + Y^M$$

$$C = C^* + C^M$$

其中：

　　X——当地总产出；

　　A^*、$\bar{A}$——当地和全国直接消耗系数矩阵；

　　$(I-A^*)^{-1}$、$(I-\bar{A})^{-1}$——当地和全国列昂惕夫逆矩阵；

　　Y、Y^*、Y^M——最终使用的总量、来自当地的部分、来自进口的部分；

　　F^*、$\bar{F}$——当地和全国碳排放系数；

　　C、C^*、C^M——引起的碳排放总量、引起的碳排放中当地的部分、引起的碳排放中进口品来源地的部分。

同上文所述，对当地产品的最终使用和对进口（含调入）产品的最终使用均可以继续细分。依据其具体去向，可划分城镇居民的最终消费 Y_U^{CON}、农村居民的最终消费 Y_R^{CON}、政府的最终消费 Y_G^{CON}、资本形成 Y^{CAP}、流出（含调出）E 等五个部分，即

$$Y^* = Y_U^{CON*} + Y_R^{CON*} + Y_G^{CON*} + Y^{CAP*} + E^*$$

$$Y^M = Y_U^{CON\_M} + Y_R^{CON\_M} + Y_G^{CON\_M} + Y^{CAP\_M} + E^M$$

在二区域环境拓展投入产出模型中将 Y^* 和 Y^M 展开[①]，得到：

$$C^* = F^*(I-A^*)^{-1}(Y_U^{CON*} + Y_R^{CON*} + Y_G^{CON*} + Y^{CAP*} + E^*)$$

$$= C_U^{CON*} + C_R^{CON*} + C_G^{CON*} + C^{CAP*} + C^E$$

$$C^M = \bar{F}(I-\bar{A})^{-1}(Y_U^{CON_M} + Y_R^{CON_M} + Y_G^{CON_M} + Y^{CAP_M})$$

$$= C_U^{CON_M} + C_R^{CON_M} + C_G^{CON_M} + C^{CAP_M}$$

从而，总碳排放为

$$C = C^* + C^M$$

$$= (C_U^{CON*} + C_R^{CON*} + C_G^{CON*} + C^{CAP*} + C^E) + (C_U^{CON_M} + C_R^{CON_M} + C_G^{CON_M} + C^{CAP_M})$$

$$= (C_U^{CON*} + C_U^{CON_M}) + (C_R^{CON*} + C_R^{CON_M}) + (C_G^{CON*} + C_G^{CON_M}) + (C^{CAP*} + C^{CAP_M}) + C^E$$

$$= C_U^{CON} + C_R^{CON} + C_G^{CON} + C^{CAP} + C^E$$

类似上文，细分的碳排放还可以进行加总合并，得到居民消费碳排放 C^H、居民和政府总消费碳排放 C^{CON}，以及包含消费和固定资本形成两类

---

①　需要说明转口贸易 E^{IM} 其实没有被消费掉，因此在核算碳排放时应予以排除，不考虑在内。

的当地商品服务在当地使用的碳排放 $C^{CON \& CAP}$①，分别为

$$C^H = C_U^{CON} + C_R^{CON}$$

$$C^{CON} = C^H + C_G^{CON}$$

$$C^{CON\&CAP} = C^{CON} + C^{CAP}$$

净转嫁给外部的碳排放，即碳排放顺差为

$$C^B = C^M - C^E$$

基于生产的碳排放 C^P、基于消费的碳排放 C^C，以及他们之间的关系分别为

$$C^P = C^{CON} + C^{CAP} + C^E$$

$$C^C = C^{CON} + C^{CAP} + C^M$$

$$C^C = (C^{CON} + C^{CAP} + C^E) + (C^M - C^E) = C^P + C^B$$

将上述不同口径的碳排放在二区域环境拓展投入产出模型的核算结果中予以体现，可以得到表 3.6 所示的碳排放矩阵。

表 3.6　二区域环境拓展投入产出模型的碳排放矩阵示意

		当地最终使用引致碳排放				出口引致碳排放（调出）
		最终消费引致			资本形成引致	
		居民消费		政府消费	固定资本形成	存货增加	
		农村居民	城镇居民				
当地产品引起的当地碳排放	行业 1						
	行业 2						
	⋮						
	行业 n						
进口产品引起的其他区域碳排放	行业 1						转口贸易（不考虑碳排放）
	行业 2						
	⋮						
	行业 n						

---

① 当地商品服务在当地使用的碳排放就是居民和政府的消费碳排放加上资本形成的碳排放，对应于最终使用中的本地最终使用，可细分为城镇居民的最终消费、农村居民的最终消费、政府的最终消费和资本形成。

在表 3.6 中，"当地产品引起的当地碳排放"一行横向加总可以得到基于生产口径的碳排放，"当地最终使用引致碳排放"各列纵向加总可以得到基于消费口径的碳排放，"进口产品引起的其他区域碳排放"一行横向加总可以得到由于产品进口而转嫁给其他区域的碳排放，"出口引致碳排放"一列纵向加总可以得到由于产品出口而被其他地区转嫁过来的碳排放，"进口产品引起的其他区域碳排放"与"出口引致碳排放"之差为净转嫁出去的碳排放，即碳排放顺差。

3.2.4　碳排放强度系数矩阵

无论是多区域模型还是二区域模型，碳排放强度矩阵是将投入产出模型扩展到环境投入产出模型的关键所在。碳排放强度的含义是每单位总产出所对应的碳排放量。IPCC 设计了用于计算碳排放强度系数的标准公式（2006 IPCC Guidelines for National Greenhouse Gas Inventories，2006），并成为学术文献所通用的碳排放强度系数计算方法。

基于 IPCC（2006）、《综合能耗计算通则》以及《能源消耗引起的温室气体排放计算工具指南（2011）》给出的计算指导，对于 i 地区 p 部门而言，其碳排放系数等于其所使用的各类能源的碳排放之和除以该地区该部门的总产出，即

$$F_i^p = \frac{E_i^p}{X_i^p}$$

$$E_i^p = \frac{44}{12} \times \sum_{k=1}^{K} EF_k \cdot NCV_k \cdot D_k \cdot O_k$$

从而，有

$$F_i^p = \frac{\dfrac{44}{12} \times \sum\limits_{k=1}^{K} EF_k \cdot NCV_k \cdot D_k \cdot O_k}{X_i^p}$$

其中：

F_i^p——i 地区 p 部门的碳排放系数；

E_i^p——i 地区 p 部门的碳排放量；

X_i^p——i 地区 p 部门的总产出；

EF_k——燃料 k 的碳排放因子；

NCV_k——燃料 k 的净热值；

D_k——燃料 k 的消费量；

O_k——燃料 k 氧化率。

根据以上公式，计算某地区某部门的碳排放系数主要需要完成两件任务，一是获得该地区该部门的碳排放量，二是计算该地区该部门的总产出。对于生产侧碳排放而言，主要采用各类能源使用量和单位能源的碳排放相乘得到。对于总产出而言，本研究使用的投入产出表年或投入产出表延长年的数据直接来自各地区投入产出表[①]，其他年份数据则来自历年《中国工业经济统计年鉴》或《中国工业统计年鉴》，但 2004 年的数据来自《中国经济普查年鉴》，此外其他缺失的数据分别依据各省份统计年鉴、增加值和有数据年份计算出的增加值率补充计算得到。

具体来说，本研究需要分别收集农林牧渔业、工业以及各项第三产业的总产出数据。其中，工业中除建筑业以外各部门的总产出数据来自不同年份的统计年鉴：2000—2003 年和 2005—2011 年的数据来自历年《中国工业经济统计年鉴》，2004 年的数据来自当年《中国经济普查年鉴》，2012—2016年的数据来自历年《中国工业统计年鉴》，其"总产值"实质上为年鉴中的"工业销售产值"。农林牧渔业和工业部门中的建筑业的总产出数据来自国家统计局网站。服务业的总产出数据来源略微复杂，但总体思想是通过增加值和增加值率来反推总产值。经过加总合并的服务业共包括批发零售业、交通运输仓储邮政电信业和其他服务业三类。上述第三产业部门的增加值数据总体上来源于国家统计局网站，但某一些年份的数据需要进行特殊的处理，例如：2000—2003 年没有单独的批发零售业数据，需要依照 2002 年投入产出表的结构拆分当年"批发零售住宿餐饮业"增加值数据得到；2000—2003 年"交通运输仓储邮政电信业"数据可以直接在国家统计局网站获得，但 2004—2016 年的数据需要通过"交通运输仓储邮政业"和"电信业"加总合并得到；其他服务业的增加值用"第三产业总增加值"减去"批发零售业"和"交通运输仓储邮政电信业"得到。第三产业各部门的增加值率数据来自各省份 2002 年、2007 年、2012 年投入产出表，2000—2016 年中的其他年份的数据通过 2002 年、2007 年、2012 年的数据加权平均得到。具体数据来源见表 3.7。

---

①　逢 2 逢 7 为投入产出表年，逢 0 逢 5 为投入产出表延长年，能够得到全国投入产出表的年份为 1997 年、2000 年、2002 年、2005 年、2007 年、2010 年、2012 年和 2015 年，能够得到省级投入产出表的年份为 1997 年、2002 年、2007 年和 2012 年。

表 3.7　2000—2016 年各行业总产出数据来源汇总

年　份	农　业	工　业		服　务　业			
			建筑业	增加值			增加值率
	农林牧渔	其他工业部门		批发零售业	交通运输仓储邮政电信业	其他服务业	
2000	国家统计局网站	《中国工业经济统计年鉴》	国家统计局网站	拆分"批发零售住宿餐饮业"得到	国家统计局网站	第三产业总增加值—批发零售业—交通运输仓储邮政电信业，得到第三产业总增加值（来自统计局网站）	由2002年、2007年、2012年投入产出表增加值率推算得到
2001							
2002							
2003							
2004		《中国经济普查年鉴》		国家统计局网站	合并"交通运输仓储邮政业"和"电信业"		
2005		《中国工业经济统计年鉴》					
2006							
2007							
2008							
2009							
2010							
2011							
2012		《中国工业统计年鉴》					
2013							
2014							
2015							
2016							

　　在实际操作中，由于我国近期已经推出了较为成熟的基于生产的碳排放核算数据库——中国碳排放账户数据库（CEADs），覆盖了 1997—2005 年 30 个省份 42 个行业的碳排放，精度高、准确率高、覆盖面广，故之后的研究将主要以中国碳排放账户数据库[①]作为碳排放总量的数据来源，来进行碳排放强度和碳排放流的核算。

_____

　　① 中国碳排放账户数据库项目中，来自英国、美国和中国的科研人员致力于精确地对中国碳排放账户的核算方法和应用进行开发，并运行科研人员使用 CEADs 的公开数据。其中，Shan et al.（2017）"China CO_2 emission accounts 1997-2015. Scientific Data"提供了全国各省份行业、分能源种类的碳排放量，包括了 45 个产业部门和城乡居民的直接碳排放，是目前为止对中国生产碳排放核算最为权威的数据库之一。

3.2.5　多区域环境拓展投入产出模型与二区域环境拓展投入产出模型的比较

基于数据的可获得性和所需碳排放流的详细程度,使用者可以在二区域环境拓展投入产出模型和多区域环境拓展投入产出模型之间进行选择,需要厘清的是,多区域环境拓展投入产出模型和二区域环境拓展投入产出模型在进行核算时所基于的假设、数据需求、优势劣势以及特长均有所区别。

上述两种模型之间最大的区别是所基于的假设有所不同。多区域环境拓展投入产出模型细致到每一个涉及区域的直接消耗系数矩阵和流入、流出的具体去向。例如,我们能够从中得知,北京设备加工行业的某部分产品究竟是在本地被使用还是在天津、上海、新疆被使用,究竟是用在了中间投入的哪个具体行业,用在了最终消费、资本形成,还是出口。而二区域环境拓展投入产出模型本质上是一个两区域之间的多区域环境拓展投入产出模型,模型中对于使用者所关注的省份描述得更为仔细,而对于其他省份则统一加总为一个区域。因此,二区域环境拓展投入产出模型并不细致描绘产品调出和产品出口的具体流向,而是将其作为一项加总栏目。

相较而言,多区域环境拓展投入产出模型的优势主要有三点。一是信息量大,深入到区域间调入调出的各个详细部分,数据翔实、信息充足。我们可以了解每个地区生产环节的碳排放、消费环节碳排放转移到了哪里,从而更为细致地观察区域之间的碳转移。以调出为例,我们可以观察到调出商品的去向究竟是其他哪个省份或中间投入的哪个行业,或是最终使用的居民消费、政府消费,还是资本形成。其是使用广泛,研究区域间碳排放的文献已经把使用多区域投入产出模型作为通用手段,模型经过了学术界的充分检验。三是使用简便,因为数据详细,所以不需要额外增加数据来源。不过,多区域投入产出模型也有其劣势:一是数据可获得性不够好,仅在1997年、2002年、2007年、2012年有数据,而且不同年份数据的开发单位有所不同;二是在计算细分数据时,为了获得直接消耗系数矩阵进行了大量人为处理和近似,所以在非必须情况下不建议使用细分数据;三是公开发布的多区域模型往往只提供经过合并后的8地区17部门的数据,无法深入到省级,形成与各省份经济、环境、政策相对应的面板数据。

相较之下,二区域环境拓展投入产出模型的优势主要有三点。一是投入产出表数据直接来自国家统计局,人为的加工处理和估计都更少,因此权威性高、准确性强、可获得性好。二是可以单独进行各省份的运算而互不干扰,模型简单、可理解性强、可操作性强。三是基于此模型能够获得细致到各省份的数据,从而可以建立省级面板数据库。同时,二区域环境拓展投入产出模型也有着两点潜在的劣势。第一,模型中没有详细的区域间贸易流,导致无法确切获取每个区域转入和转出的碳排放的具体去向,这一点可以通过转化为非竞争型投入产出表而对转入的碳排放去向进行一定程度的细分。第二,模型参数的简化假设相当于认为流入(调入和进口)产品和服务的直接消耗系数矩阵和碳排放强度系数矩阵与全国范围内产品和服务的这两个矩阵是相同的,有可能存在假设过强的现象,但在实际应用上,由于全国生产的产品量级远大于单一地区,用全国的直接消耗系数、碳排放强度系数水平来整体代替除关注省份外的其他地区是可行的。

综上,两种不同模型各有自己的适用性。多区域模型能够为观察省际或区域间详细的碳相互转移提供可能,因此适合用于针对 8 地区或东中西三地区区域间碳排放的研究讨论。相对地,二区域环境拓展投入产出模型对于搭建省级碳排放各口径的面板数据,既充分可行,又易于操作,因此更适用于本研究后续省级二维面板碳排放数据和分省份行业级三维面板碳排放数据的构建。

3.3　微观碳排放核算：关联家庭数据与宏观数据

3.3.1　家庭碳排放方法概述

家庭消费所隐含的能源需求、碳排放影响一直广受能源经济学、环境经济学领域的关注(Bullard ＆ Herendeen,1975；Lenzen,1998；Reinders et al.,2003；Tukker ＆ Jansen,2006),并由于能源的变迁、消费习惯的变化以及建模手段和估计方法的日益精准,学术界至今仍保持着对其研究的热度(Kok et al.,2006；Tukker ＆ Jansen,2006；Wier et al.,2001)。核算家庭消费隐含碳排放的主要思想源头是生活方式分析法,将生活方式相关联的生活消费支出数据与每类消费活动的能源强度、碳排放强度进行匹配,来实现家庭层面消费与投入产出的匹配,从而为探讨家庭消费与碳排放之间的关系提供了基本思路。Kok et al.(2006)总结到,实际操作中应用这一思想来求解家庭总能源需求的具体技术包括三类。

第一类是基于国家账户的"基础投入产出—能源分析",基于这一方法能够获得全部家庭加总的直接、间接以及总的能源需求和碳排放,该方法的消费端数据来源于投入产出表本身或者其他宏观层级(如统计年鉴等),3.2 节宏观层面核算方法中对于城乡居民间接碳足迹的核算实际就是应用了这一技术。例如,Lenzen(1998)、Kim(2002)、Feng et al. (2011)、Wei et al. (2007)、Wiedenhofer et al. (2016)基于这一方法研究了不同收入分组的居民消费能源需求和碳排放。第二类是结合了投入产出模型和过程分析的混合模型,即"投入产出—能源—过程分析",如 Kok et al. (2006)。第三类是结合了投入产出模型和家庭层级消费数据的"投入产出—能源—消费分析"。这一类技术延续了之前的思想,但最重要的区别是消费数据来自微观层面的消费支出调查,而不是直接来自投入产出表或统计年鉴这样的宏观数据。这一技术又可以细分为两个小类。一类是先对微观家庭数据进行加总,仍然研究宏观层面的问题。例如研究不同收入层次家庭的碳足迹时,先将微观家庭按照收入层次分类,再在各收入层次内部将全部家庭消费支出加总得到该收入层次的总支出,最后由总支出求解该收入层次的消费侧碳排放。另一类是使用微观数据,研究微观问题,即直接在微观层面对每一户家庭的消费侧碳排放进行核算,这一技术又称为"投入产出、家庭支出结合法"(IO Plus Household Expenditure Method)。例如,Golley & Meng (2012)使用 2005 年中国城镇居民收支状况调查数据、张田田(2017)使用中国家庭追踪调查数据(CFPS)进行了微观层级的家庭碳排放核算。

在三种技术中,本研究主要基于第三种"投入产出—能源—消费分析"的第二个小类,依照微观数据—联结宏观数据—微观碳排放的路径进行家庭碳足迹的核算。

3.3.2　投入产出、家庭支出结合法

本研究中核算微观家庭碳排放,以生活方式分析法为基本思想,并以"投入产出、家庭支出结合法"为技术支持进行了拓展、延续和开发。本质上,本节的核算与宏观章节并无不同,只是在技术上做了一定的扩展,通过生活方式分析法将微观数据库中的家庭支出数据、直接和间接能源消费数据与宏观投入产出分析中各省份、各行业单位消费的碳排放强度进行对应,实现了宏观数据与微观数据的结合。

　　参考宏观部分，总碳足迹等于直接碳足迹与间接碳足迹之和，其中直接碳足迹可以通过经典方法以线性求和的方式得到，间接碳足迹可以通过"投入产出—能源—消费分析"法得到。因此，基于通用的投入产出模型和环境拓展投入产出模型，家庭消费支出碳排放的计算方法如下。

$$TC_j = DC_j + IC_j$$

$$DC_j = \sum \rho_k E_k = \sum \lambda_k Y_k$$

$$IC_j = F_i (I - A_i)^{-1} Y_j^s + F_{roc} (I - A_{roc})^{-1} Y_j^{roc}$$

TC_j 式中：

　　i、j——i 省份、j 家庭，其中 i 为 j 家庭所在省份；

　　TC_j、DC_j、IC_j——j 家庭的总碳足迹、直接碳足迹和间接碳足迹。

DC_j 式中：

　　k——家庭直接消耗的能源种类；

　　ρ_k——第 k 种能源单位能源消耗量的碳排放强度；

　　E_k——第 k 种能源的使用量；

　　λ_k——第 k 种能源单位消费的碳排放强度；

　　Y_k——用于第 k 种能源的家庭支出。

IC_j 式中：

　　F_i 和 F_{roc}——i 省份碳排放强度系数和中国除 i 省份以外其他区域碳排放强度系数；

　　A_i 和 $(I - A_i)^{-1}$——i 省份的直接消耗系数矩阵和列昂惕夫逆矩阵；

　　A_{roc} 和 $(I - A_{roc})^{-1}$——中国除 i 省份以外其他区域的直接消耗系数矩阵和列昂惕夫逆矩阵；

　　Y_j^s——j 家庭的消费支出中由于购买 i 省份当地产品的消费；

　　Y_j^{roc}——j 家庭的消费支出中用于购买中国除 i 省份以外其他区域产品的消费。

　　如果假设个人消费者在 i 省份当地和其他区域购买商品的比例与本省份其他消费者一致，甚至进一步假设该比例与 i 省份最终消费产品来自本省份和其他区域的比例一致，那么就可以得到 Y_j、Y_j^s 与 Y_j^{roc} 的关系。从而，上述模型可以进一步推导简化。

$$Y_j = Y_j^s + Y_j^{roc} = diag(\boldsymbol{\alpha}) Y_j + [I - diag(\boldsymbol{\alpha})] Y_j$$

$$IC_j = F_i (I - A_i)^{-1} diag(\boldsymbol{\alpha}) Y_j + F_{roc} (I - A_{roc})^{-1} [I - diag(\boldsymbol{\alpha})] Y_j$$

$$IC_j = \{F_i(I - A_i)^{-1} diag(\boldsymbol{\alpha}) + F_{roc}(I - A_{roc})^{-1}[I - diag(\boldsymbol{\alpha})]\}Y_j$$
$$= B_i Y_j$$

其中：

$\boldsymbol{\alpha}$——向量，表示 i 省份各行业最终消费品来自当地的比例；

$diag(\boldsymbol{\alpha})$——以 $\boldsymbol{\alpha}$ 为对角元素的对角阵。

考虑到宏观层面 i 省份的碳排放核算表达式，我们可以获得更多关于 B_i 的信息。

$$IC_i = \{F_i(I - A_i)^{-1} diag(\boldsymbol{\alpha}) + F_{roc}(I - A_{roc})^{-1}[I - diag(\boldsymbol{\alpha})]\}Y_i$$
$$= B_i Y_i$$
$$B_i = IC_i diag(Y_i)^{-1}$$

其中：

IC_i——i 省份的消费碳排放列向量；

Y_i——i 省份的对应消费碳 IC_i 排放的合计最终使用列向量。

将宏观推导得到的 B_i 重新代回微观 j 家庭的碳排放表达式，可以得到简化后的 j 家庭消费支出碳排放核算式。

$$IC_j = IC_i diag(Y_i)^{-1} Y_j$$

如果我们清楚所考察的 j 家庭是农村家庭还是城市家庭，则能够进一步将上式改写为以下两个表达式。

$$IC_j^u = IC_i^u diag(Y_i^u)^{-1} Y_j$$
$$IC_j^r = IC_i^r diag(Y_i^r)^{-1} Y_j$$

从而，基于以上两式和 3.2 节部分对宏观各省份城乡居民消费侧碳排放的核算结果，能够得到各个微观家庭的消费侧碳排放。

值得注意的是，在家庭碳足迹的核算中需要厘清各类消费支出究竟是涉及直接碳足迹还是间接碳足迹，以避免重复计算的问题。本节主要做了两点处理，一是将电力、热力使用带来的碳足迹划归为间接碳足迹，将这部分消费支出的碳排放追溯至实际发生碳排放的部门，如电力热力的生产和供应业、煤炭开采业等，通过投入产出法进行核算；二是将居民家用燃料的消费支出划归为直接碳足迹，从而在间接碳足迹核算时将居民消费支出的燃料、交通等直接燃料的支出排除。

本研究使用的家庭消费数据主要有中国城市住户调查数据（UHS）、中国家庭收入调查数据（CHIP）、中国家庭金融调查数据（CHFS）三个来源。使用以上三个微观家庭调查数据库，主要有以下几点原因：第一，样本量大,时间覆盖范围广,包含了城镇、农村和流动人口样本,数据具有代表性和可靠性;第二,数据库中包含详细的家庭消费支出数据,能够用于核算家庭消费的隐含碳排放,即家庭的间接碳足迹;第三,数据库中包括了家庭住户的基本特征,如年龄、收入、教育程度等,以便对家庭碳足迹之间的差异进行分析。为了对应宏观数据和微观数据,本节将宏观碳排放强度和家庭消费支出数据统一归并为 8 个行业,即食品、衣着、居住、家庭设备用品及服务、医疗保健、交通和通信、教育文化娱乐服务、其他商品和服务。

3.3.3　特点与优势

微观家庭碳足迹的核算方法,仍然基于投入产出法和生活方式分析法,将这一核算方法深入到微观家庭层级主要有以下特点和优势。

第一,连接了微观数据和宏观数据。之前的大量家庭消费研究使用了相似的思想,尽管多数用来研究宏观、中观层面的问题,但为微观研究提供了关键的思路。在这一基础上,本小节深入到家庭层次考虑了各家庭的直接、间接碳排放,为研究异质性家庭条件下家庭人口的数量、性别、年龄、教育、婚姻、职业等影响因素对人际碳排放的影响提供了可能。同时,相较于使用省级数据计算基尼系数、Theil 熵等指标时会抹平省内碳不平等对全国总碳不平等的贡献,微观碳足迹的核算更能够真实反映碳不平等的情形,为深入到微观层级研究人际碳不平等提供了数据支持。

第二,碳排放强度系数精确到了分省份行业级,考虑到了各省份的异质性。由于上文的研究分别为各省份建立了二区域投入产出表,因此在核算中能够通过投入产出分析,将消费所引起的碳排放追溯到各省份、各行业,相较于使用全国投入产出表所体现的统一碳排放强度,更加准确,更加真实。

第三,大数据量、跨时间、跨地区。使用这一方法,不仅能够从宏观层面基于投入产出表和统计年鉴的居民消费数据研究居民合计碳足迹,更能够使用现有的如 UHS、CHFS、CHIP 等大规模微观家庭调查数据实现家庭级别的核算,数据量大,时间跨度大,地区覆盖广。

3.4　本章小结

本章主要介绍本研究的核心研究方法,主要完成了三个工作。第一,梳理和建立了碳排放核算的整体框架,包括生产口径碳排放、消费口径碳排放、碳转移、碳排放顺差/逆差等。第二,结合我国现有的数据基础扩展和开发了二区域环境拓展投入产出模型,将传统基于多区域环境拓展投入产出模型进行碳排放核算的基本思想扩展到通过二区域环境拓展投入产出模型对间接碳排放进行追溯。第三,关联了微观层面的家庭消费和宏观层面分省份分行业的单位消费碳排放强度,扩展和实践了微观碳足迹的核算方法,实现了微观层面的碳足迹追溯。

在本章的基础上,第 4 章将通过大量数据运算,对我国的碳排放重新进行核算。其重点工作,一是基于多区域环境拓展投入产出模型得到中国区域间不同口径的相互碳排放转移矩阵,二是基于二区域环境拓展投入产出模型对我国省级层面的消费口径碳排放、生产口径碳排放、自给自足的碳排放、碳转出、碳转入以及碳排放顺差进行核算,搭建用于后续实证分析的2000—2015 年多口径碳排放的省级、行业级面板数据库。

第 4 章 中国区域碳转移不平等的趋势与现状

基于第 3 章的多区域环境拓展投入产出模型,本章将对中国八大经济地区之间的碳转移进行追溯,分析各地区生产侧碳排放的去向和消费侧碳排放的来源。本章主要通过三种途径分别对中国碳转移不平等与碳不平等的事实进行认定。第一,通过地区间相互承担碳排放转移的数量、流向、比例以及转嫁与被转嫁关系,刻画中国区域间的碳转移不平等程度。第二,通过生产者承担、消费者承担以及生产消费共同承担三种原则,核定八地区分别应当承担的碳排放责任,确认以生产侧碳排放作为各地区减排负担将导致的责任与负担不对等问题。第三,通过分析各地区转嫁与被转嫁碳排放中不同价值链渠道的结构,理顺地区碳转移渠道差异加剧碳转移不平等的机制。本章的任务是从区域的层面回答第一个研究问题,即回答"我国区域碳转移不平等的变化趋势与现状如何? 各地区应当对多少碳排放承担责任?"

4.1 地区间碳转移流量不平衡

我国地域辽阔,地区间经济、技术、资源禀赋差异较大,以往文献一般按照区域间投入产出表以及中国八地区的地理划分来研究我国地区间碳转移不平等问题。基于国家信息中心和 CEADs 的中国地区间投入产出表,本节将讨论 2002 年、2007 年和 2012 年三个投入产出表年份我国地区间的碳转移问题,依次按照地区间碳排放转移矩阵、地区消费侧碳排放来源、地区生产侧碳排放去向以及地区碳排放承担与转嫁情况汇总的角度,刻画我国地区间的碳转移与碳转移不平等情况。

本研究延续以往文献的划分方法,将我国划分为东北、京津、北部沿海、东部沿海、南部沿海、中部、西北、西南八个地区。其中,东北地区包括黑龙江、吉林、辽宁,京津地区包括北京、天津,北部沿海包括河北、山东,东部沿海包括上海、江苏、浙江,南部沿海包括福建、广东、海南,中部地区包括山西、河南、安徽、湖北、湖南、江西,西北地区包括内蒙古、陕西、宁夏、甘肃、青海、新疆,西南地区包括四川、重庆、广西、云南、贵州、西藏。需要说明的是,下文中限于数据的可及性,西南地区的碳排放数据中没有包括西藏。

4.1.1　2002 年地区间碳转移不平衡

2002 年全国八地区总碳排放量为 3300.70Mt CO_2,表 4.1 和图 4.1 分别使用矩阵和河流图反映了 2002 年我国八地区之间的碳转移情况。表 4.1 所示 2002 年八地区间碳排放转移矩阵中,每列表示对应地区消费侧碳排放的来源,每行表示对应地区生产侧碳排放的去向。因此,对该矩阵的每列纵向加总可得对应地区的消费侧碳排放,对每行横向加总可得对应地区的生产侧碳排放,矩阵的对角线表示在当地生产同时也由当地消费的碳排放。

表 4.1　2002 年八地区碳排放转移矩阵　　　单位：Mt CO_2

		消费侧碳排放								生产侧碳排放合计
		东北	京津	北部沿海	东部沿海	南部沿海	中部	西北	西南	
生产侧碳排放	东北	325.09	21.75	24.00	6.70	7.44	10.05	10.80	6.87	412.70
	京津	2.23	107.18	15.34	2.08	1.60	2.51	2.28	1.26	134.50
	北部沿海	9.87	65.86	389.50	11.91	6.91	14.24	11.74	3.37	513.40
	东部沿海	3.42	9.49	19.73	391.21	16.21	34.34	9.31	7.38	491.10
	南部沿海	2.81	4.26	6.64	9.21	232.73	9.88	6.99	9.49	282.00
	中部	15.56	38.39	49.64	55.31	32.73	547.21	28.25	12.91	780.00
	西北	8.41	16.18	15.88	13.55	7.66	12.90	235.92	8.70	319.20
	西南	13.00	14.08	13.18	16.60	24.90	15.05	30.31	240.69	367.80
消费侧碳排放合计		380.37	277.19	533.91	506.59	330.18	646.17	335.61	290.67	3300.70
消费侧—生产侧		−32.33	142.69	20.51	15.49	48.18	−133.83	16.41	−77.13	

注：因表中数据小数点最后一位四舍五入,故存在合计数据与分项加总不一致的情况,余表同。

表 4.1 表明 2002 年全国所有碳排放的组成中,东北、京津、北部沿海、东部沿海、南部沿海、中部、西北、西南地区的生产侧碳排放分别为 412.70、134.50、513.40、491.10、282.00、780.00、319.20、367.80Mt CO_2,同时相应的消费侧碳排放分别为 380.37、277.19、533.91、506.59、330.18、646.17、335.61、290.67Mt CO_2。2002 年生产侧碳排放和消费侧碳排放前三位均为中部、北部沿海和东部沿海地区,而这三个地区或是有较高的 GDP 或是包含了全国最多的人口数量。如果考察消费侧碳排放减去生产侧碳排放之

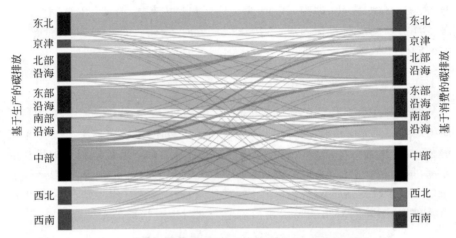

图 4.1　2002 年中国地区间碳转移河流图（见文前彩图）

后的净值，可得到碳排放核算框架中的"碳排放顺差"。2002 年，消费侧碳排放多于生产侧碳排放（即碳排放顺差为正）的有五个地区，按照碳排放顺差净值由多到少的顺序分别为京津、南部沿海、北部沿海、西北和东部沿海地区，其中京津地区的碳排放顺差高达 142.69Mt CO_2。相反的，消费侧碳排放低于生产侧碳排放（即碳排放顺差为负）的三个地区分别为中部、西南和东北地区，中部地区的碳排放顺差为 -133.83Mt CO_2。

　　图 4.1 所示河流图更为形象地反映了上述地区间碳转移的特点。河流图左侧为基于生产的碳排放，右侧为基于消费的碳排放，从左侧发出、终点为右侧的 64 条碳排放流量曲线显示了八地区之间的碳转移关系。一方面，一个明显的现象是中部地区左侧生产侧的碳排放，有一部分分别流向了右侧京津和北部沿海、东部沿海、南部沿海地区。另一方面，京津地区左侧生产侧碳排放明显少于右侧的消费侧碳排放，其中北部沿海和中部地区是京津消费侧碳排放的重要来源。

　　进一步对表 4.1 进行加工，剔除区域之间的双向转移量，能够得到表 4.2 所示中国八地区碳排放净转移矩阵，其中每行表示左侧地区为每列对应地区所承担的碳排放转移净额。最右侧对各行求和可得到该地区为其他地区所承担碳排放转移的总额，与由消费侧碳排放减去生产侧碳排放得到的碳排放顺差互为相反数。透过表 4.2，我们能够观察到中国地区间碳排放净转移的如下四点特征。第一，京津地区最主要的碳排放转移承担地区分别是北部沿海和中部地区，分别为京津承担了 50.52Mt CO_2 和

35.88Mt CO_2 的碳排放。其中北部沿海地区由河北、山东两省组成,一方面京津冀一体化强化了京津地区与北部沿海地区的贸易交流和伴随贸易的碳转移,另一方面,山东省作为经济大省也为全国特别是京津地区提供了大量的产品。第二,中部地区作为京津地区的另一个主要碳排放转移承担地,由山西、河南、安徽、湖北、湖南、江西等省份组成,其中山西是全国重要的煤炭能源输出大省。第三,北部沿海、东部沿海和南部沿海等三个沿海地区的碳转移模式具有较高的相似性,一是均存在正的碳排放顺差,二是均为京津地区承担了净碳排放转移,三是对东北、中部、西北以及西南四个地区均存在净的碳排放转嫁,沿海的三大地区起到了碳排放中转站的作用,将京津地区的碳排放转移辐射到全国。第四,表 4.1 与表 4.2 表明东北地区与其他地区的碳交换数量及碳转移净额均较少。

表 4.2　2002 年八地区碳排放净转移矩阵　　单位：Mt CO_2

		碳排放净转移方							净承担
		东北	京津	北部沿海	东部沿海	南部沿海	中部	西北	西南	
碳排放净承担方	东北	0.00	19.52	14.13	3.28	4.63	−5.51	2.39	−6.13	32.33
	京津	−19.52	0.00	−50.52	−7.41	−2.66	−35.88	−13.90	−12.82	−142.69
	北部沿海	−14.13	50.52	0.00	−7.82	0.27	−35.40	−4.14	−9.81	−20.51
	东部沿海	−3.28	7.41	7.82	0.00	7.00	−20.97	−4.24	−9.22	−15.49
	南部沿海	−4.63	2.66	−0.27	−7.00	0.00	−22.85	−0.67	−15.41	−48.18
	中部	5.51	35.88	35.40	20.97	22.85	0.00	15.35	−2.14	133.83
	西北	−2.39	13.90	4.14	4.24	0.67	−15.35	0.00	−21.61	−16.41
	西南	6.13	12.82	9.81	9.22	15.41	2.14	21.61	0.00	77.13
消费侧−生产侧		−32.33	142.69	20.51	15.49	48.18	−133.83	16.41	−77.13	

接下来,表 4.3 和表 4.4 分别从占比的角度展示了 2002 年八地区消费侧碳排放的来源和生产侧碳排放的去向。

表 4.3 所反映的消费侧碳排放来源主要有三点值得关注。第一,东北、中部和西南地区的消费侧碳排放分别有 85.47%、84.69% 和 82.80% 来自本地区,主要由自身承担当地企业、居民的碳排放需求。第二,京津地区的消费侧碳排放中,仅有 38.67% 来自京津地区本身,有 23.76% 和 13.85% 分别来自北部沿海和中部地区。第三,全国总碳排放中,有 12.50%、23.63% 和 9.67% 分别由东北、中部和西南地区的生产侧碳排放转换而来,均高于其 GDP 占全国 GDP 的比例,即 9.48%、18.81% 和 6.43%。

表 4.3　2002 年八地区消费侧碳排放来源矩阵　　　单位：%

		消费侧碳排放								全国碳排放
		东北	京津	北部沿海	东部沿海	南部沿海	中部	西北	西南	
来源地	东北	85.47	7.85	4.49	1.32	2.25	1.55	3.22	2.36	12.50
	京津	0.59	38.67	2.87	0.41	0.49	0.39	0.68	0.43	4.07
	北部沿海	2.59	23.76	72.95	2.35	2.09	2.20	3.50	1.16	15.55
	东部沿海	0.90	3.42	3.70	77.23	4.91	5.31	2.77	2.54	14.88
	南部沿海	0.74	1.54	1.24	1.82	70.49	1.53	2.08	3.26	8.54
	中部	4.09	13.85	9.30	10.92	9.91	84.69	8.42	4.44	23.63
	西北	2.21	5.84	2.97	2.68	2.32	2.00	70.30	2.99	9.67
	西南	3.42	5.08	2.47	3.28	7.54	2.33	9.03	82.80	11.14
	合计	100	100	100	100	100	100	100	100	100

表 4.4 所反映的生产侧碳排放去向同样有三点值得关注：第一，全国生产侧碳排放中有 8.4% 实际由京津地区所消耗，既高于当年京津地区人口在全国的比例 1.91%，也高于其 GDP 占全国 GDP 的比例 5.36%。第二，京津地区与北部沿海地区互为除自身外最重要的碳排放转移地，2002年京津地区的生产侧碳排放中有 11.41% 流向了北部沿海地区，同样北部沿海地区的生产侧碳排放中有 12.83% 流向了京津地区。第三，全国生产侧总碳排放中仅有 19.58% 流向了中部地区，被当地企业和居民所消费，该比例远小于中部地区人口所占全国总人口的比例 28.00%。

表 4.4　2002 年八地区生产侧碳排放去向矩阵　　　单位：%

		碳排放去向								
		东北	京津	北部沿海	东部沿海	南部沿海	中部	西北	西南	合计
生产侧碳排放	东北	78.77	5.27	5.81	1.62	1.80	2.43	2.62	1.67	100
	京津	1.66	79.69	11.41	1.55	1.19	1.87	1.70	0.94	100
	北部沿海	1.92	12.83	75.87	2.32	1.35	2.77	2.29	0.66	100
	东部沿海	0.70	1.93	4.02	79.66	3.30	6.99	1.90	1.50	100
	南部沿海	1.00	1.51	2.35	3.27	82.53	3.50	2.48	3.36	100
	中部	1.99	4.92	6.36	7.09	4.20	70.16	3.62	1.65	100
	西北	2.63	5.07	4.98	4.25	2.40	4.04	73.91	2.73	100
	西南	3.53	3.83	3.58	4.51	6.77	4.09	8.24	65.44	100
	全国	11.52	8.40	16.18	15.35	10.00	19.58	10.17	8.81	100

　　综上,2002 年我国八地区之间存在碳转移不平等的现象,主要表现为以下三个方面。第一,从数量来看,我国生产侧碳排放和消费侧碳排放前三位均为中部、北部沿海和东部沿海地区,京津、北部沿海、东部沿海及南部沿海地区为主要净碳排放转嫁地区,中部、西南和东北地区为主要碳排放承担地区。第二,从占比来看,京津地区消费侧碳排放占全国的比例高于其人口占比和 GDP 占比,中部地区消费侧碳排放占全国的比例远低于其人口占比而其生产侧碳排放占全国的比例高于其 GDP 占比。第三,京津地区的消费侧碳排放中仅有 38.67% 来自京津地区本身,而有 23.76% 和 13.85% 转移至北部沿海和中部地区,三个沿海地区进一步将京津地区的碳排放转移辐射到全国,起到了碳排放转移中转站的作用。总的而言,2002 年的数据表明碳排放不平衡的现象在地区之间是存在的,主要表现为京津、北部沿海、东部沿海和南部沿海地区碳排放向外部的转嫁,并主要由中部、西南和东北地区承担。

4.1.2　2007 年地区间碳转移不平衡

　　2007 年全国八地区总碳排放量为 6546.70Mt CO_2,较 2002 年增长近一倍,表 4.5 和图 4.2 反映了 2007 年我国八地区之间的碳转移情况。2007年全国所有碳排放的组成中,东北、京津、北部沿海、东部沿海、南部沿海、中部、西北、西南地区的生产侧碳排放分别为 693.20、190.90、1156.80、943.90、565.40、1504.80、768.40、723.30Mt CO_2,同时相应消费侧的碳排放分别为 438.78、267.27、1146.96、1419.92、702.79、1507.77、419.57、643.66Mt CO_2。与 2002 年的情况相似,2007 年生产侧碳排放前三位仍然是中部、北部沿海和东部沿海地区,而消费侧碳排放的前三位是中部、东部沿海和北部沿海地区,依靠较高的 GDP 或较大的人口规模推高了两种口径的碳排放。2007 年中国地区间碳转移的特征与 2002 年不同之处主要有三点。第一,东部沿海和南部沿海的碳排放顺差高速增长,从 2002 年的15.49Mt CO_2 和 48.18Mt CO_2 分别跃增至 2007 年的 476.02Mt CO_2 和137.39Mt CO_2,成为全国排名前两位的碳转嫁来源地。第二,北部沿海和西北地区的碳排放顺差由正转负,尤其是西北地区 2007 年承担了348.83Mt CO_2 来自外部的碳转移,成为全国最大的碳转嫁承担地区。第三,中部地区净碳排放顺差由负转正,从净承接源自外部的 133.83Mt CO_2碳排放转为向外部转移 2.97Mt CO_2 碳排放。结合中部地区的碳排放由逆差转为顺差以及西北地区的碳排放由顺差转为逆差,2002—2007 年的一个重要现象是西北地区承担了原来中部地区的碳排放承接者的角色，这主要与中部地区山西省和西北地区内蒙古自治区煤炭产业的发展路径有关。一直以来山西、内蒙古分别位列我国煤炭产量的前两位，向全国输出大量煤炭能源和经由火力发电的电能，其中山西为煤炭输出第一大省。但自2005年以来山西为解决事故频发的小煤矿问题，开始推广以资源整合、明晰产权和强制采改为核心的"临汾经验"，计划压缩30%的小煤矿并彻底关闭9万吨以下的小煤窑，截至2007年5月煤矿数量从近5000座减少为2902座。相反，内蒙古则逐年增加煤炭供应量，于2009年超过山西成为我国煤炭产量第一的地区。

表 4.5　2007 年八地区碳排放转移矩阵　　　单位：Mt CO_2

		消费侧碳排放								生产侧碳排放合计
		东北	京津	北部沿海	东部沿海	南部沿海	中部	西北	西南	
生产侧碳排放	东北	306.58	34.68	92.67	73.03	39.17	95.87	22.53	28.67	693.20
	京津	7.94	85.55	44.96	15.03	7.74	17.45	6.01	6.23	190.90
	北部沿海	33.78	71.35	697.38	95.45	48.90	135.00	39.79	35.16	1156.80
	东部沿海	7.24	6.64	25.18	762.79	45.53	69.18	11.16	16.17	943.90
	南部沿海	12.99	6.88	19.67	42.87	364.05	53.64	17.34	47.97	565.40
	中部	22.89	24.84	128.81	241.21	80.84	927.84	37.41	40.97	1504.80
	西北	28.68	27.36	99.12	116.86	63.31	123.58	252.85	56.64	768.40
	西南	18.69	9.97	39.16	72.68	53.24	85.22	32.48	411.85	723.30
消费侧碳排放合计		438.78	267.27	1146.96	1419.92	702.79	1507.77	419.57	643.66	6546.70
消费侧—生产侧		−254.42	76.37	−9.84	476.02	137.39	2.97	−348.83	−79.64	

从图 4.2 所示河流图来看，表 4.5 的发现能够得到证实。一方面，东部沿海、南部沿海消费侧碳排放急剧增加并大幅超过了生产侧碳排放，其消费侧碳排放的外部主要来源是中部地区和西北地区。另一方面，东北、北部沿海、西北以及西南地区存在较大数量由左侧生产侧碳排放流向中部地区的碳转移，这几个地区分担了中部地区所承接的沿海地区的碳转移。此外，对比图 4.1 和图 4.2 能够发现，2007 年地区之间的碳转移绝对数量和相对占比均较 2002 年有明显提升，地区之间的碳交换幅度有所增加，地区间的碳转移成为中国碳排放整体图景中更为重要的一部分。

进一步观察 2007 年中国八地区之间的净转移矩阵（见表 4.6），我们能够更清晰地看到究竟哪些地区是碳排放的最终承担者，并主要有以下三点

图 4.2 2007 年中国地区间碳转移河流图（见文前彩图）

发现。第一,东北、西北和西南地区是全国范围内的碳排放承担者,分别为外部净承担了 254.42、348.83 和 79.64Mt CO$_2$ 碳排放,其余五个地区对东北、西北和西南地区均存在明显的碳转嫁。第二,东部沿海地区跃升为全国第一大碳转嫁的来源地,主要是把碳排放净转移到了中部和西北地区,同时对北部沿海、东北和西南地区也有正的净碳转移。2002—2007 年,电子商务经历了从无到有的过程,东部沿海即江浙沪地区的网络贸易高速发展。东部沿海地区通过网络贸易和全国产业链出售在其他地区生产的商品,将碳排放的转移辐射到全国。第三,中部地区接替沿海地区,成为碳排放转嫁的"中转站",一边承接了东部沿海和南部沿海 172.03Mt CO$_2$ 和 27.20Mt CO$_2$ 的碳排放,一边分别将 72.98、86.17 和 44.25Mt CO$_2$ 碳排放转嫁到东北、西北和西南地区。

接下来,表 4.7 和表 4.8 分别从占比的角度展示了 2007 年八地区消费侧碳排放的来源和生产侧碳排放的去向。

表 4.7 所反映的消费侧碳排放来源主要有三点值得关注。第一,从全国范围来看,各地区消费侧碳排放来自本地区内部的占比均有所下降,其中该比例最高和最低的东北地区、京津地区分别从 2002 年的 85.47% 和 38.67% 下降到 2007 年的 69.87% 和 32.01%。第二,京津地区的消费侧碳排放中,仅有 32.01% 来自京津地区本身,分别有 26.70%、12.98% 和 10.24% 转移到北部沿海、东北和西北地区。第三,全国消费侧产生的总碳排放中,有 10.59% 和 11.74% 分别由东北和西北地区的生产侧碳排放

转化而来，均高于其 GDP 占全国 GDP 的比例，即 8.43％和 7.20％；与此同时，仅有 2.92％、14.42％和 8.64％的碳排放来自京津、东部沿海和南部沿海，均低于其 GDP 占全国 GDP 的比例，即 5.40％、20.50％和 15.13％。

表 4.6   2007 年八地区碳排放净转移矩阵   单位：Mt CO$_2$

		碳排放净转移方							净承担
		东北	京津	北部沿海	东部沿海	南部沿海	中部	西北	西南	
碳排放净承担方	东北	0.00	26.74	58.89	65.79	26.18	72.98	−6.15	9.98	254.42
	京津	−26.74	0.00	−26.39	8.39	0.86	−7.39	−21.35	−3.74	−76.37
	北部沿海	−58.89	26.39	0.00	70.27	29.23	6.19	−59.33	−4.00	9.84
	东部沿海	−65.79	−8.39	−70.27	0.00	2.66	−172.03	−105.70	−56.51	−476.02
	南部沿海	−26.18	−0.86	−29.23	−2.66	0.00	−27.20	−45.97	−5.27	−137.39
	中部	−72.98	7.39	−6.19	172.03	27.20	0.00	−86.17	−44.25	−2.97
	西北	6.15	21.35	59.33	105.70	45.97	86.17	0.00	24.16	348.83
	西南	−9.98	3.74	4.00	56.51	5.27	44.25	−24.16	0.00	79.64
消费侧－生产侧		−254.42	76.37	−9.84	476.02	137.39	2.97	−348.83	−79.64	

表 4.7   2007 年八地区消费侧碳排放来源矩阵   单位：％

		消费侧碳排放								全国碳排放
		东北	京津	北部沿海	东部沿海	南部沿海	中部	西北	西南	
来源地	东北	69.87	12.98	8.08	4.14	5.57	6.36	5.37	4.45	10.59
	京津	1.81	32.01	3.92	1.06	1.10	1.16	1.43	0.97	2.92
	北部沿海	7.70	26.70	60.80	6.72	6.96	8.95	9.48	5.46	17.67
	东部沿海	1.65	2.48	2.20	53.72	6.48	4.59	2.66	2.51	14.42
	南部沿海	2.96	2.57	1.71	3.02	51.80	3.56	4.13	7.45	8.64
	中部	5.22	9.29	11.23	16.99	11.50	61.54	8.92	6.37	22.99
	西北	6.54	10.24	8.64	8.23	9.01	8.20	60.26	8.80	11.74
	西南	4.26	3.73	3.41	4.12	7.58	5.65	7.74	63.99	11.05
	合计	100	100	100	100	100	100	100	100	100

表 4.8 所反映的生产侧碳排放去向同样有三点值得关注。第一，京津地区和东部沿海分别以占全国 2.15％和 11.48％的人口，消耗全国生产侧

碳排放的 4.08％和 21.69％,而西北地区和西南地区则以占全国 9.18％和 18.34％的人口,仅消耗了全国生产侧碳排放的 6.41％和 9.83％,各地区人口占比与其所消耗的生产侧碳排放量占比不匹配。第二,西北地区作为煤炭能源和火电能源的重要提供者,其所有生产侧碳排放中仅有 32.91％流向了自身,另有 12.90％、15.21％和 16.08％流向了北部沿海、东部沿海和中部地区。

表 4.8　2007 年八地区生产侧碳排放去向矩阵　　　单位:％

		碳排放去向							
		东北	京津	北部沿海	东部沿海	南部沿海	中部	西北	西南	合计
生产侧碳排放	东北	44.23	5.00	13.37	10.53	5.65	13.83	3.25	4.14	100
	京津	4.16	44.82	23.55	7.87	4.05	9.14	3.15	3.26	100
	北部沿海	2.92	6.17	60.29	8.25	4.23	11.67	3.44	3.04	100
	东部沿海	0.77	0.70	2.67	80.81	4.82	7.33	1.18	1.71	100
	南部沿海	2.30	1.22	3.48	7.58	64.39	9.49	3.07	8.48	100
	中部	1.52	1.65	8.56	16.03	5.37	61.66	2.49	2.72	100
	西北	3.73	3.56	12.90	15.21	8.24	16.08	32.91	7.37	100
	西南	2.58	1.38	5.41	10.05	7.36	11.78	4.49	56.94	100
全国		6.70	4.08	17.52	21.69	10.73	23.03	6.41	9.83	100

综上,2007 年我国八地区之间存在碳转移不平等的现象,主要表现为以下四个方面。第一,中部、西北等能源提供区承担了京津和沿海地区消费侧大量的碳排放,区域之间的碳转移量较 2002 年有所增加。第二,各地区消费侧碳排放与人口各自占全国的比例、生产侧碳排放与 GDP 各自占全国的比例不匹配,京津和沿海地区以较少的人口贡献了较大比例的碳排放,而中部、西北、西南地区则以较高的人口比例贡献少量碳排放。第三,中部地区承接了 2002 年沿海地区曾经发挥的碳排放转移"中转站"的角色。2007 年中部地区承接了东部沿海和南部沿海 172.03Mt CO_2 和 27.20Mt CO_2 碳排放,同时将 72.98、86.17 和 44.25Mt CO_2 碳排放分别转嫁到东北、西北和西南地区,将沿海发达地区的碳排放转移辐射到全国。第四,我国地区间碳排放转移的模式从"京津—沿海—全国"的辐射模式转变为"京津和沿海—中部—全国"的模式。总的而言,2007 年中国地区间碳排放不平衡的现象仍然存在,主要表现为京津、东部沿海和南部沿海地区的碳排放向外部

的转嫁和东北、西北和西南地区对碳排放的承担。相较于 2002 年,中国地区之间的碳转移绝对数量和相对占比均有明显提升。

4.1.3　2012 年地区间碳转移不平衡

2012 年全国八地区总碳排放量为 9092.10Mt CO_2,较 2007 年增长约 3000Mt CO_2,增长量与 2002—2007 年接近,但增速有所放缓。表 4.9 和图 4.3 反映了 2012 年我国八地区之间的碳转移情况。2007 年全国所有碳排放的组成中,东北、京津、北部沿海、东部沿海、南部沿海、中部、西北、西南地区的生产侧碳排放分别为 922.10、233.90、1497.90、1188.60、735.20、2030.10、1408.70、1075.60Mt CO_2,同时相应消费侧的碳排放分别为 898.42、355.40、1409.90、1437.38、939.81、1822.09、1102.40、1126.71Mt CO_2。

表 4.9　2012 年八地区碳排放转移矩阵　　　单位: Mt CO_2

		消费侧碳排放								生产侧碳排放合计
		东北	京津	北部沿海	东部沿海	南部沿海	中部	西北	西南	
生产侧碳排放	东北	611.56	37.07	36.12	66.68	27.74	58.85	48.95	35.14	922.10
	京津	20.32	100.91	35.66	16.12	8.37	26.51	16.27	9.74	233.90
	北部沿海	46.73	52.53	1074.09	89.10	34.01	108.31	56.42	36.70	1497.90
	东部沿海	48.77	23.75	33.73	813.42	45.55	113.98	59.70	49.70	1188.60
	南部沿海	12.40	6.05	8.74	26.43	599.90	32.22	18.69	30.78	735.20
	中部	67.52	59.74	97.36	233.88	92.31	1274.01	108.95	96.34	2030.10
	西北	68.93	60.56	101.42	136.79	67.58	144.01	741.53	87.87	1408.70
	西南	22.20	14.78	22.78	54.96	64.35	64.20	51.88	780.43	1075.60
消费侧碳排放合计		898.42	355.40	1409.90	1437.38	939.81	1822.09	1102.40	1126.71	9092.10
消费侧—生产侧		−23.68	121.50	−88.00	248.78	204.61	−208.01	−306.30	51.11	

表 4.9 中有四点值得关注。第一,与 2002 年和 2007 年相似,2012 年消费侧碳排放的前三位是中部、东部沿海和北部沿海地区,但生产侧碳排放的前三位变为了中部、北部沿海和西北地区,西北地区依靠较高的能源输出增速取代了东部沿海成为生产侧碳排放的第三大地区。第二,南部沿海的碳排放顺差维持了原有的增长趋势,成为了东部沿海之后的第二大碳排放转嫁来源地,从 2002 年和 2007 年的 48.18Mt CO_2 和 137.39Mt CO_2 进一

步增长为 2012 年的 204.61Mt CO_2。第三,中部地区的碳排放顺差再次回归负值,重新成为全国碳转移的重要承担地区,从 2002 年、2007 年至 2012 年经历了 −133.83、2.97 到 −208.01Mt CO_2 的变化。第四,西北地区仍然是全国最大的碳转嫁承担地区,2012 年净承接了外部的 306.30Mt CO_2 碳排放。总体来看,2012 年全国的碳转移情况与 2007 年比较接近,但在部分地区出现了碳转移量的增减。

从图 4.3 所示河流图来看,2012 年的地区间碳转移情形也与 2007 年较为接近。一边是东部沿海和南部沿海的消费侧碳排放超过其生产侧碳排放,中部、西北和北部沿海是其消费侧碳排放转移的重要承担者;一边是中部和西北地区生产侧碳排放大幅超过消费侧碳排放,中部、西北以及北部沿海地区的生产侧碳排放流入全国各地。跨时间来看,2002—2012 年,地区间碳转移的绝对数量有所增加,碳转移量占各地区生产侧碳排放、消费侧碳排放的相对比例在 2002—2007 年有所上升,在 2007—2012 年保持稳定。

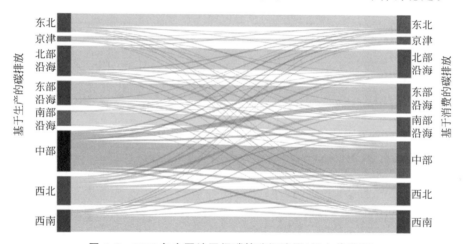

图 4.3　2012 年中国地区间碳转移河流图(见文前彩图)

2012 年中国八地区之间的净转移矩阵,同样剔除了区域之间的双向转移量,显示了地区之间的净承担情况(见表 4.10)。主要体现三个特征。第一,西北、中部、北部沿海和东北地区是全国范围内的碳排放承担者,分别为外部净承担了 306.30、208.01、88.00 和 23.68Mt CO_2 的碳排放,而东部沿海、南部沿海、京津和西南地区则是碳排放转嫁的来源地,分别向外部转嫁了 248.78、204.61、121.50 和 51.11Mt CO_2 的碳排放。第二,2012 年京津地区的碳转嫁不再主要由北部沿海地区承担,中部和西北地区分别承担了京津地区 33.23Mt CO_2 和 44.29Mt CO_2 的净转嫁,超过了北部沿海地区。
第三,东部沿海和南部沿海延续了向外部净转嫁碳排放的趋势,对东北、北
部沿海、中部、西北以及西南地区均存在明显的碳转嫁。

表 4.10   2012 年八地区碳排放净转移矩阵   单位：Mt CO_2

| | | 碳排放净转移方 | | | | | | | 净承担 |
		东北	京津	北部沿海	东部沿海	南部沿海	中部	西北	西南	
碳排放将承担方	东北	0.00	16.75	−10.61	17.91	15.34	−8.67	−19.98	12.94	23.68
	京津	−16.75	0.00	−16.87	−7.63	2.32	−33.23	−44.29	−5.04	−121.50
	北部沿海	10.61	16.87	0.00	55.37	25.27	10.95	−45.00	13.92	88.00
	东部沿海	−17.91	7.63	−55.37	0.00	19.12	−119.90	−77.09	−5.26	−248.78
	南部沿海	−15.34	−2.32	−25.27	−19.12	0.00	−60.09	−48.89	−33.57	−204.61
	中部	8.67	33.23	−10.95	119.90	60.09	0.00	−35.06	32.14	208.01
	西北	19.98	44.29	45.00	77.09	48.89	35.06	0.00	35.99	306.30
	西南	−12.94	5.04	−13.92	5.26	33.57	−32.14	−35.99	0.00	−51.11
消费侧—生产侧		−23.68	121.50	−88.00	248.78	204.61	−208.01	−306.30	51.11	

接下来,表 4.11 和表 4.12 分别从占比的角度展示了 2012 年八地区消
费侧碳排放的来源和生产侧碳排放的去向。

表 4.11 揭示了八地区消费侧碳排放的来源,主要有以下三点发现。第
一,2012 年与 2007 年相比,各地区消费侧碳排放来自本地区内部的比例略
微有所上升。其中,该比例最高的是北部沿海,经历了先下降后回升的过
程,从 2002 年的 72.95%、2007 年的 60.80% 增长为 2012 年的 76.18%。
该比例最低的仍然是京津地区,从 2002 年的 38.67%、2007 年的 32.01%
进一步下降为 2012 年的 28.39%。第二,京津地区维持了原有的特征,京
津地区企业和居民的消费侧碳排放大量向外部转嫁,2012 年有 10.43%、
14.78%、16.81% 和 17.04% 分别转移至东北、北部沿海、中部以及西北地
区。2002—2012 年,一个趋势是京津地区的消费侧碳排放从大量单一转移
至北部沿海,转变为更为均衡地转移至以上四个地区。第三,全国消费侧总
碳排放中,有 10.14%、16.47% 和 15.49% 分别由东北、北部沿海和西北地
区的生产侧碳排放转换而来,均高于这三个地区的 GDP 占全国 GDP 的比
例(分别为 8.77%、20.19% 和 8.29%)。与此同时,仅有 2.57%、13.07%

和 8.09％的消费侧碳排放来自京津、东部沿海和南部沿海,均低于其 GDP 占全国总 GDP 的比例,即 5.34％、18.91％和 13.83％。从全国生产碳来源的角度来看,生产了较多碳排放的地区并没有分享更多的 GDP。

表 4.11 2012 年八地区消费侧碳排放来源矩阵   单位:％

		消费侧碳排放								全国碳排放
		东北	京津	北部沿海	东部沿海	南部沿海	中部	西北	西南	
来源地	东北	68.07	10.43	2.56	4.64	2.95	3.23	4.44	3.12	10.14
	京津	2.26	28.39	2.53	1.12	0.89	1.46	1.48	0.86	2.57
	北部沿海	5.20	14.78	76.18	6.20	3.62	5.94	5.12	3.26	16.47
	东部沿海	5.43	6.68	2.39	56.59	4.85	6.26	5.42	4.41	13.07
	南部沿海	1.38	1.70	0.62	1.84	63.83	1.77	1.70	2.73	8.09
	中部	7.52	16.81	6.91	16.27	9.82	69.92	9.88	8.55	22.33
	西北	7.67	17.04	7.19	9.52	7.19	7.90	67.27	7.80	15.49
	西南	2.47	4.16	1.62	3.82	6.85	3.52	4.71	69.27	11.83
	合计	100	100	100	100	100	100	100	100	100

表 4.12 中 2012 年生产侧碳排放的去向同样反映了中国八地区之间人口数量与碳排放量的不匹配。与 2002 年和 2007 年一样,各地区人口占全国人口的比例与消费侧碳排放占全国碳排放总量的比例不匹配。京津地区和

表 4.12 2012 年八地区生产侧碳排放去向矩阵   单位:％

		去向								
		东北	京津	北部沿海	东部沿海	南部沿海	中部	西北	西南	合 计
生产侧碳排放	东北	66.32	4.02	3.92	7.23	3.01	6.38	5.31	3.81	100
	京津	8.69	43.14	15.25	6.89	3.58	11.34	6.96	4.16	100
	北部沿海	3.12	3.51	71.71	5.95	2.27	7.23	3.77	2.45	100
	东部沿海	4.10	2.00	2.84	68.44	3.83	9.59	5.02	4.18	100
	南部沿海	1.69	0.82	1.19	3.59	81.60	4.38	2.54	4.19	100
	中部	3.33	2.94	4.80	11.52	4.55	62.76	5.37	4.75	100
	西北	4.89	4.30	7.20	9.71	4.80	10.22	52.64	6.24	100
	西南	2.06	1.37	2.12	5.11	5.98	5.97	4.82	72.56	100
	全国	9.88	3.91	15.51	15.81	10.34	20.04	12.12	12.39	100

东部沿海地区分别以占全国 2.59％和 11.73％的人口,产生了全国 3.91％和 15.81％的消费侧碳排放,而中部地区和西南地区则以占全国 26.72％和 17.73％的人口,产生了全国 20.04％和 12.39％的消费侧碳排放。

综上,2012 年我国八地区之间依然存在碳转移不平等的现象,主要表现为三个方面。第一,我国的碳转移不平等表现为各地区消费侧碳排放与生产侧碳排放之间的不匹配。中部、北部沿海和东部沿海地区位居消费侧碳排放的前三位,但中部、北部沿海和西北地区则是生产侧碳排放的前三位。第二,碳转移不平等还表现为各地区消费侧碳排放与人口各自占全国的比例、生产侧碳排放与 GDP 各自占全国的比例不匹配。东北、北部沿海和西北地区承担了较多的生产侧碳排放责任但分享了更少的 GDP,而京津、东部沿海和南部沿海承担了较少的生产侧碳排放责任却享有了更多的GDP。同时,京津地区和东部沿海地区以约 15％的全国人口占比贡献了全国近 20％的消费侧碳排放,而中部和西南地区则以近全国 45％的人口贡献了全国 30％多的消费侧碳排放。第三,2012 年京津和东部沿海等经济较发达地区的碳转移范围逐渐向全国扩大,辐射范围更广。京津地区的消费侧碳排放从 2002 年大量转移至北部沿海变为更为均衡地转移至全国。总的而言,2012 年中国地区间碳排放不平衡的现象仍然存在,且依然主要表现为京津、东部沿海和南部沿海等经济较发达地区向东北、中部和西北等经济落后地区、能源行业依赖地区,以及向作为重工业区和加工业区的北部沿海地区的碳转移。2012 年中国地区之间的碳转移绝对数量比 2002 年有所上升、与 2007 年基本持平。

4.1.4　小结

本节发现,中国区域间碳转移不平等的一个表现是各地区生产侧碳排放、消费侧碳排放与碳转嫁数量之间的不对等。

京津、东部沿海和南部沿海等经济较发达地区常年存在对全国其他地区的碳转嫁,而东北、中部和西北地区等经济较为落后的老工业基地和煤炭能源提供者则常年为其他地区承担转嫁而来的碳排放。表 4.13 汇总了 2002—2012 年八地区的消费侧碳排放、生产侧碳排放、向外部转嫁的碳排放、被外部转嫁的碳排放以及碳排放顺差的情况,能够观察到京津和沿海发达地区持续向内陆和中西部地区的碳排放转移。

表 4.13　2002—2012 年八地区碳转嫁与被转嫁　　单位：Mt CO_2

	东北	京津	北部沿海	东部沿海	南部沿海	中部	西北	西南
2002 年								
消费侧碳排放	380.37	277.19	533.91	506.59	330.18	646.17	335.61	290.67
生产侧碳排放	412.70	134.50	513.40	491.10	282.00	780.00	319.20	367.80
自身	325.09	107.18	389.50	391.21	232.73	547.21	235.92	240.69
转嫁	55.28	170.02	144.41	115.37	97.45	98.96	99.69	49.99
被转嫁	87.61	27.32	123.90	99.89	49.27	232.79	83.28	127.11
消费侧—生产侧	−32.33	142.69	20.51	15.49	48.18	−133.83	16.41	−77.13
2007 年								
消费侧碳排放	438.78	267.27	1146.96	1419.92	702.79	1507.77	419.57	643.66
生产侧碳排放	693.20	190.90	1156.80	943.90	565.40	1504.80	768.40	723.30
自身	306.58	85.55	697.38	762.79	364.05	927.84	252.85	411.85
转嫁	132.20	181.71	449.58	657.12	338.74	579.93	166.72	231.80
被转嫁	386.62	105.35	459.42	181.11	201.35	576.96	515.55	311.45
消费侧—生产侧	−254.42	76.37	−9.84	476.02	137.39	2.97	−348.83	−79.64
2012 年								
消费侧碳排放	898.42	355.40	1409.90	1437.38	939.81	1822.09	1102.40	1126.71
生产侧碳排放	922.10	233.90	1497.90	1188.60	735.20	2030.10	1408.70	1075.60
自身	611.56	100.91	1074.09	813.42	599.90	1274.01	741.53	780.43
转嫁	286.86	254.48	335.81	623.96	339.91	548.08	360.86	346.27
被转嫁	310.54	132.99	423.81	375.18	135.30	756.09	667.17	295.17
消费侧—生产侧	−23.68	121.50	−88.00	248.78	204.61	−208.01	−306.30	51.11

4.2　地区碳排放责任、负担不对等

　　4.1 节从生产侧碳排放和消费侧碳排放两种视角讨论了区域间碳转移不平等，本节进一步将视角拓展到生产者责任、消费者责任，以及共担责任三类,对中国八大经济区应当承担的碳排放责任进行划分,考察各地区现有责任与实际责任之间是否对等。

4.2.1　碳排放责任划分方法梳理

气候变化问题的兴起和世界各国在减排协议中的艰难谈判凸显了对一国或一个地区的碳排放责任进行合理准确界定的重要性,学者们先后提出了生产者责任、消费者责任和共担责任三种划分原则(周茂荣、谭秀杰,2012)。

生产者责任原则主张由生产过程中的直接排放者承担责任,相当于"谁污染谁治理"。在生产者责任下,每个主体需对其领域内实际发生的碳排放负责,又称为"领地责任原则"(Territorial Responsibility)。

消费者责任原则主张由商品或服务的最终消费者承担责任,相当于"谁消费谁负责",沿着投入产出模型逆向追溯最终消费品在生产过程中产生的碳排放,并把这部分内嵌于的商品和服务贸易的碳排放归属为消费者的责任。

共担责任原则主张生产者与消费者共同承担责任,意味着对各排放主体而言既需要分担自身生产侧责任,也需要分担消费侧责任,最终所分担的责任是对生产侧与消费侧的折中考虑。共担责任原则中较为常用的分配方案包括 KONDO 方案(Kondo et al.,1998)、LENZEN 方案(Lenzen et al.,2007)和 MENGBO 方案(Meng et al.,2015)。其中,KONDO 方案是在各主体层面对总生产侧与消费侧碳排放进行分担,各主体应承担的碳排放责任是自身生产侧责任与消费侧责任的线性组合。LENZEN 方案是在各生产环节层面按照从上游到下游的顺序对产生的碳排放层层分担。具体地,该方案在每个生产环节中以增加值占扣除自我使用后的总产出比例为依据,按照比例将每个环节中的碳排放责任分解为最终消费者责任、本环节责任以及下游环节责任三个组成部分。MENGBO 方案则模拟了不同情景下各排放主体自给自足的合理碳排放,并在此基础上确定其生产侧和消费侧的碳泄露和碳泄露率。根据各主体在全国总生产侧碳泄露和消费侧碳泄露中的应付有的责任,对其负有的生产侧和消费侧碳泄露责任进行加权,最终确定其碳排放责任。

表 4.14　责任分担方案汇总与对比

方　　案	分　配　原　理	关　键　公　式
生产者责任	负责生产侧排放	$E^p = f'X$
消费者责任	负责消费侧排放	$E^c = f'(I-A)^{-1}y$

方　案	分 配 原 理	关 键 公 式
LENZEN	从上游到下游碳排放层层分担到最终消费者、本环节及下游环节	$1-\alpha_{ij}\equiv 1-\beta_j=\dfrac{v_i}{x_i-s_{ij}}$
KONDO	对生产侧责任与消费侧责任进行线性组合	$E^k=\alpha E^p+(1-\alpha)E^c$
MENGBO	根据情景模拟确定合理碳排放、碳泄露和碳泄露率,生产侧和消费侧共担责任再度分配	$E^m=E_0^m+\alpha L_i^p\left(\sum E^p-\sum E_0^m\right)+$ $(1-\alpha)L_i^c\left(\sum E^c-\sum E_0^m\right)$

4.2.2　各地区碳排放责任核算

本研究基于 2002 年、2007 年和 2012 年全国 8 地区、17 部门的区域间投入产出表和 CEADs 各省份各行业的碳排放数据,针对五种常见的碳排放责任分担方案,对我国东北、京津、北部沿海、东部沿海、南部沿海、中部、西北、西南八个地区各自应当负有的碳排放责任进行了划分,表 4.15 和图 4.4、表 4.16 和图 4.5、表 4.17 和图 4.6 分别为 2002 年、2007 年和 2012 年的划分结果。

2002 年全国生产侧、消费侧碳排放均为 3300.70Mt CO_2。不同的分配方式只是将碳排放的责任在全国八地区之间进行分配,无论采取哪种方式,加总后的全国总碳排放责任不变。对于京津、东部沿海、南部沿海等经济发达地区而言,通常基于消费的碳排放责任多于基于生产的碳排放责任;而对于东北、中部地区、西北地区等经济欠发达地区或煤炭能源供应区而言,通常基于生产的碳排放责任多于基于消费的碳排放责任。除去极少数例外的情况,基于 LENZEN、KONDO,以及 MENGBO 方案下的各地区应承担的碳排放责任数额通常在消费侧碳排放责任与生产侧碳排放责任之间,相当于对生产、消费两种责任的折中考虑。例如,京津地区 2002 年生产侧责任仅为 134.50Mt CO_2,而消费侧责任高达 277.19Mt CO_2。根据 LENZEN、KONDO 和 MENGBO 责任分担方案,京津地区应分别对 180.45、205.85 和 198.00Mt CO_2 的碳排放负有责任,多于基于生产的碳排放责任,少于基于消费的碳排放责任。同理,作为煤炭能源和火力电能的主要提供地区,中部地区的基于生产的碳排放责任为 780.00Mt CO_2,多于基于消费的碳排放责任 646.17Mt CO_2,

其余三种分担方案下，中部地区分别应对 735.62、713.08 和 719.99Mt CO$_2$ 的碳排放负有责任，同样位于其生产侧责任和消费侧责任之间。

表 4.15　2002 年八地区不同碳排放责任分担方案下的责任划分

单位：Mt CO$_2$

地区	主流分担方案					居民责任	
	生产者责任	消费者责任	LENZEN	KONDO	MENGBO	城镇	农村
东北	412.70	380.37	407.67	396.54	397.79	14.80	2.90
京津	134.50	277.19	180.45	205.85	198.00	5.90	3.00
北部沿海	513.40	533.91	504.14	523.65	525.70	15.20	14.70
东部沿海	491.10	506.59	511.13	498.84	509.55	9.30	4.50
南部沿海	282.00	330.18	294.38	306.09	314.70	11.90	4.40
中部	780.00	646.17	735.62	713.08	719.99	27.90	30.00
西北	319.20	335.61	325.52	327.41	313.47	15.00	12.50
西南	367.80	290.67	341.80	329.24	321.51	12.20	28.30
合计	3300.70	3300.70	3300.70	3300.70	3300.70	112.20	100.30

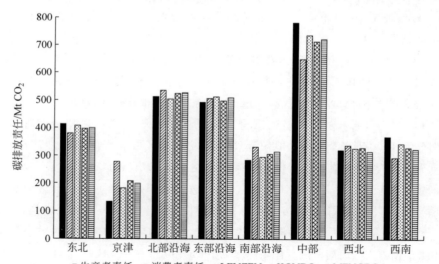

图 4.4　2002 年八地区不同碳排放责任分担方案下的责任划分

2007 年全国生产侧、消费侧总碳排放均为 6546.70Mt CO$_2$，2002— 2007 年碳排放年均增速为 14.68%。相比 2002 年，2007 年新增了两个生产侧碳排放与消费侧碳排放之间差距较大的地区,分别是东部沿海和西北地区,同时京津和中部地区生产侧碳排放与消费侧碳排放之间的差距有所缩小。2007 年东部沿海地区基于生产的碳排放责任仅为 943.90Mt CO_2,但基于消费的碳排放责任高达 1419.92Mt CO_2,相当于基于生产侧责任的 1.5 倍多,此时单一依据生产或消费进行碳排放责任的界定会产生较大的差异。而在 LENZEN、KONDO 和 MENGBO 三种分担方案下,东部沿海地区则分别应对 1150.78、1181.91 和 1248.71Mt CO_2 的碳排放负有责任,较好地弥合了生产与消费两种准则之间的差距。类似地,西北作为能源输出的重要地区其生产侧碳排放责任为 768.40Mt CO_2,但消费侧碳排放责任仅为 419.57Mt CO_2,生产侧责任相当于消费侧责任的 1.8 倍之多。LENZEN、KONDO 和 MENGBO 三种分担方案下西北地区分别应对 680.12、593.98 和 601.57Mt CO_2 的碳排放负有责任,均介于生产侧责任、消费侧责任二者之间。

表 4.16　2007 年八地区不同碳排放责任分担方案下的责任划分

单位: Mt CO_2

地区	主流分担方案					居民责任	
	生产者责任	消费者责任	LENZEN	KONDO	MENGBO	城镇	农村
东北	693.20	438.78	612.67	565.99	597.39	19.70	6.70
京津	190.90	267.27	247.17	229.08	259.57	10.60	4.50
北部沿海	1156.80	1146.96	1141.75	1151.88	1148.09	17.50	17.70
东部沿海	943.90	1419.92	1150.78	1181.91	1248.71	17.70	7.30
南部沿海	565.40	702.79	640.73	634.09	667.99	19.90	7.80
中部	1504.80	1507.77	1396.74	1506.28	1369.79	28.30	35.40
西北	768.40	419.57	680.12	593.98	601.57	18.70	16.10
西南	723.30	643.66	676.75	683.48	653.58	17.10	27.90
合计	6546.70	6546.70	6546.70	6546.70	6546.70	149.50	123.40

2012 年全国生产侧、消费侧总碳排放增至 9092.10Mt CO_2,2007—2012 年碳排放年均增速下降为 6.79%,年均增速比 2002—2007 年间下降了 7.89 个百分点。2012 年生产侧、消费侧碳责任差异较大的地区分别是东部沿海、南部沿海等经济发达地区以及中部、西北等内陆欠发达地区。以南部沿海地区为例,2012 年生产侧、消费侧碳排放责任分别为 735.20Mt CO_2 和 939.81Mt CO_2,经过 LENZEN、KONDO 和 MENGBO 方案对碳排放责

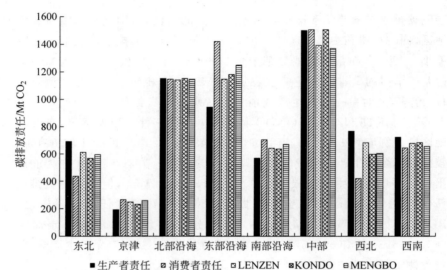

图 4.5　2007 年八地区不同碳排放责任分担方案下的责任划分

任的重新分配,南部沿海地区应分别承担 794.62、837.51 和 893.44Mt CO$_2$ 的碳排放责任。同理,2012 年西北地区生产侧、消费侧碳排放责任分别为 1408.70Mt CO$_2$ 和 1102.40Mt CO$_2$,经过重新分配后三种方案下应承担的碳排放责任分别为 1251.21、1255.55 和 1127.24Mt CO$_2$,高于消费侧碳排放责任,但低于生产侧碳排放责任。

表 4.17　2012 年八地区不同碳排放责任分担方案下的责任划分

单位：Mt CO$_2$

地区	主流分担方案					居民责任	
	生产者责任	消费者责任	LENZEN	KONDO	MENGBO	城镇	农村
东北	922.10	898.42	891.60	910.26	819.05	19.70	6.70
京津	233.90	355.40	288.71	294.65	357.14	10.60	4.50
北部沿海	1497.90	1409.90	1466.14	1453.90	1425.53	17.50	17.70
东部沿海	1188.60	1437.38	1427.25	1312.99	1494.22	17.70	7.30
南部沿海	735.20	939.81	794.62	837.51	893.44	19.90	7.80
中部	2030.10	1822.09	1896.29	1926.09	1919.87	28.30	35.40
西北	1408.70	1102.40	1251.21	1255.55	1127.24	18.70	16.10
西南	1075.60	1126.71	1076.28	1101.15	1055.61	17.10	27.90
合计	9092.10	9092.10	9092.10	9092.10	9092.10	149.50	123.40

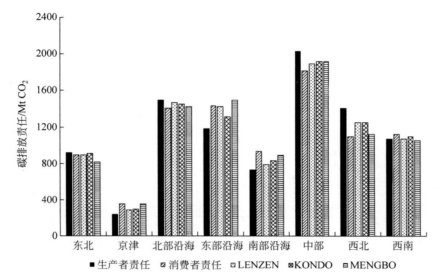

图 4.6　2012 年八地区不同碳排放责任分担方案下的责任划分

4.2.3　现有责任与 GDP、人口、实际应负责任不对等

综合 2002—2012 年的碳排放责任分担结果，目前各地区所承担的碳排放责任与地区 GDP 占比、人口占比以及实际应承担的碳排放责任之间均存在着较明显的不对等。

第一，各地区生产侧碳责任与 GDP 占全国的比例不对等。表 4.18 表明在生产过程中承担大量碳排放的地区没有享受到相匹配的经济福利。东北、北部沿海和西北地区承担了较多的生产侧碳排放责任，特别是西北地区在 2012 年承担了全国 15.49% 的生产侧碳排放但仅仅分享了 8.29% 的GDP，而京津、东部沿海和南部沿海承担了较少的生产侧碳排放责任却享有了更多的 GDP。

表 4.18　2002—2012 年八地区 GDP、生产侧碳排放占全国的比例

单位：%

地　　区	2002 年		2007 年		2012 年	
	地区 总产值	生产侧 碳排放	地区 总产值	生产侧 碳排放	地区 总产值	生产侧 碳排放
东北	9.48	12.50	8.43	10.59	8.77	10.14
京津	5.36	4.07	5.40	2.92	5.34	2.57

续表

地　区	2002 年		2007 年		2012 年	
	地区 总产值	生产侧 碳排放	地区 总产值	生产侧 碳排放	地区 总产值	生产侧 碳排放
北部沿海	13.50	15.55	14.10	17.67	13.30	16.47
东部沿海	20.18	14.88	20.50	14.42	18.91	13.07
南部沿海	15.43	8.54	15.13	8.64	13.83	8.09
中部	18.81	23.63	18.96	22.99	20.19	22.33
西北	6.43	9.67	7.20	11.74	8.29	15.49
西南	10.81	11.14	10.28	11.05	11.37	11.83
合计	100	100	100	100	100	100

第二,各地区消费侧碳排放责任与其人口占全国的比例不对等。表 4.19 表明,经济发达地区以较少的人口贡献了更多的消费侧碳排放,京津、北部沿海和东部沿海地区的消费侧碳排放占比大幅超过其人口占比,而中部和西南地区则以约全国 45% 的人口贡献了仅约全国 30% 的消费侧碳排放。图 4.7 对 2002—2012 年八地区人口、GDP、生产侧碳排放、消费侧碳排放占全国的比例进行对比。其中,中部地区、西南地区人口占比和生产侧碳排放占比较高,而京津地区和沿海地区则享有较高的消费侧碳排放和 GDP 占比。

表 4.19　2002—2012 年八地区人口及消费侧碳排放占全国的比例

单位：%

地　区	2002 年		2007 年		2012 年	
	人口	消费侧 碳排放	人口	消费侧 碳排放	人口	消费侧 碳排放
东北	8.43	11.52	8.34	6.70	8.16	9.88
京津	1.91	8.40	2.15	4.08	2.59	3.91
北部沿海	12.45	16.18	12.54	17.52	12.62	15.51
东部沿海	10.94	15.35	11.48	21.69	11.73	15.81
南部沿海	10.33	10.00	10.85	10.73	11.32	10.34
中部	28.00	19.58	27.13	23.03	26.72	20.04
西北	9.12	10.17	9.18	6.41	9.13	12.12
西南	18.82	8.81	18.34	9.83	17.73	12.39
合计	100	100	100	100	100	100

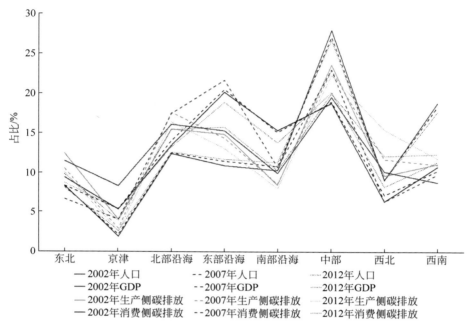

图 4.7　2002—2012 年中国八地区人口、GDP、生产侧碳排放、消费侧碳排放占全国比例(见文前彩图)

　　第三,目前主要基于生产者原则来核定各地区的碳排放责任,将导致地区实际应担责任与现有责任和减排负担之间较大的不对等。例如,京津、沿海地区在生产者原则下划定的责任远小于其共担原则下的责任;而中部和西北地区在生产者原则下的责任则远高于其共担责任。结合生产侧责任与消费侧责任,LENZEN、KONDO 和 MENGBO 三种分担方案都能够实现调和消费侧碳排放与生产侧碳排放之间差异的作用,做到既不偏袒消费侧责任多于生产侧责任的经济发达地区,也不偏袒生产中实实在在造成了大量碳排放但消费侧责任较少的经济欠发达地区。通过图 4.8 对 2002 年、2007 年和 2012 年五种碳排放责任的分担结果进行汇总,能够观察到对于生产侧和消费侧差距较大的地区,LENZEN、KONDO 和 MENGBO 三种分担方案越是能够起到调和二者的作用,如 2002 年的京津地区、中部地区,2007 年的东部沿海和西北地区,以及 2012 年的东部沿海、南部沿海、中部和西北地区。

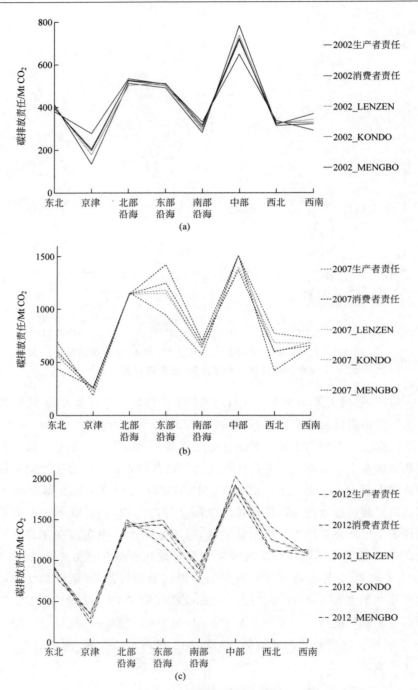

图 4.8　2002—2012 年八地区碳排放责任对比（见文前彩图）

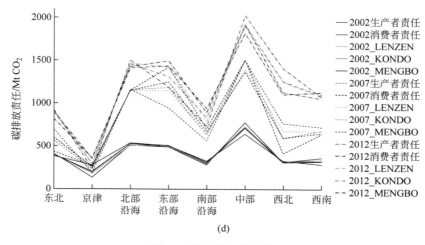

图 4.8（续）（见文前彩图）

4.2.4　小结

总的而言,目前普遍实行的以生产侧碳排放为基准衡量地区碳排放责任与减排义务的方法不够合理,将带来地区碳排放责任与负担不对等的问题。因此,基于生产侧与消费侧责任共担原则对总碳排放责任在地区之间进行合理分配是有必要的,原因如下。

第一,中国地域辽阔,各地区在资源禀赋、发展水平、技术水平、产业结构等多方面存在较大差异。如果单一根据生产侧碳排放界定责任,则沿海发达地区分担责任少、减排压力小,而内陆经济欠发达地区、资源型地区和劳动力密集型中间品加工地区分担责任多、减排压力大。这种责任界定方式的缺陷一是难以实现减排目标,二是无法阻止从经济发达地区向经济欠发达地区的碳泄露,使得我国地区间碳转移不平等与碳不平等进一步加剧。而如果单一根据消费侧碳排放界定责任,则经济发达地区分担责任多、减排压力大,经济欠发达地区分担责任少、减排压力小。这种方式同样存在明显缺陷,一是在经济发达地区过度减排可能伤害原本具有优势的地区经济,二是碳排放的实际发生地缺乏减排能力,难以克服当地的污染难题,甚至可能造成"矿竭城衰""资源陷阱"的问题。

第二,当前中国正面临着应对气候变化和经济发展的双重压力。一方面碳排放高企,中国作为世界第一大碳排放国和新兴大国有着不可避免的减排责任和减排压力;另一方面,内外环境变数较多,贸易摩擦给未来经济带来不确定性,经济下行压力增大。考虑到经济发展、环境保护、节能减排的各个方面,此时不应在各地区一概而论地采取无差别的减排措施,而需要厘清减排责任、明确减排难度,在保障发展甚至促进发展的条件下实现能源升级、产业升级和节能减排。因此,综合考虑生产侧责任、消费侧责任以及内嵌于价值链的责任和碳泄露,对各地区应承担的碳排放责任和应负有的减排义务进行合理分担,有助于在各地区之间实现更公平的责任分担。

4.3　地区间碳转移渠道差异大

　　地区间碳转移的渠道差异是碳转移不平等的重要原因之一。其背后的根本原因是地区之间的产业结构、贸易结构、技术水平存在差异,以及不同地区在价值链中的分工和地位有所不同。本节将深入地区间碳转移流量的内部,考察各地区向外转嫁、被外部转嫁碳排放时的渠道和途径的差异,讨论地区间碳转移不平等在碳转移机制维度的体现。

　　地区之间碳转移的渠道与地区之间的贸易渠道相对应,按照全球价值链对增加值的划分方式,可以将碳排放的转移划分为如图 4.9 所示的 5 个主要渠道(Wang et al.,2017；Meng et al.,2018)。从生产角度出发,一个地区的生产侧碳排放可以分为两部分,一部分是用于满足自身需求,另一部分通过贸易出售到外部用于满足其他地区的消费需求。第一部分满足自身消费的部分还可以细分为两类,其一是没有经过贸易直接在本地生产和消费的碳排放,其二是经过区域间“贸易”后最终又回到本地消费的碳排放。第二部分满足其他地区需求的碳排放还可以细分为三类:其一,内嵌于仅涉

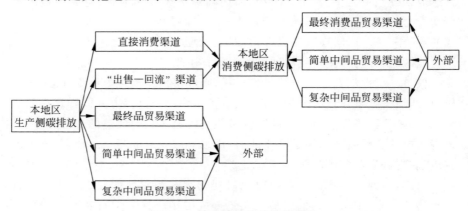

图 4.9　地区碳转移的贸易渠道

及来源地和目的地的最终品贸易,直接以最终消费品形式出售被外部直接消费的碳排放;其二,内嵌于仅涉及来源地和目的地的简单中间品贸易,以中间品形式出售、经过外部的加工成为最终消费品再消费的碳排放;其三,内嵌于涉及其他地区的复杂贸易,以中间品形式出售、经过其他地区的再加工,又再次出售到本地以外其他地区的复杂贸易碳排放。以上 5 条生产侧碳排放的去向对应了 3 个地区间碳转移的渠道,即最终消费品贸易、简单中间品贸易和复杂中间品贸易。

在地区间贸易中,经济发达地区在贸易中主要购买低附加值、低技术、劳动力密集、高碳强度的中间品,出售高附加值、高技术、低碳强度的最终消费品。相反的,经济欠发达地区在贸易中则主要购买高附加值、高技术、低碳排放强度的最终消费成品,而出售低附加值、低技术、劳动力密集、高碳排放的中间品。这使得经济发达地区有能力通过高碳强度中间品的外包将碳排放转移出去,而经济欠发达地区则相反。即,经济发达地区主要通过“最终消费品贸易渠道”承担低强度商品的碳转嫁,而通过“简单中间品贸易渠道”和“复杂中间品贸易渠道”通过外包的方式向外转嫁高碳排放强度产品的碳排放。根据 Wang et al. (2017)对最终消费品、简单中间品和复杂中间品的划分,Meng et al. (2018)给出了沿价值链传递渠道对总产出和碳转移进行分解的如下公式。

$$X^s = X^{ss} + \sum_{r \neq s}^{G} X^{sr}$$

$$= L^{ss} \sum_{r \neq s}^{G} A^{sr} \sum_{u}^{G} B^{ru} Y^{us} + L^{ss} Y^{ss} + \sum_{r \neq s}^{G} \sum_{t}^{G} B^{st} Y^{tr}$$

$$= L^{ss} \sum_{r \neq s}^{G} A^{sr} \sum_{u}^{G} B^{ru} Y^{us} + L^{ss} Y^{ss} + \sum_{r \neq s}^{G} L^{ss} Y^{sr} + \sum_{r \neq s}^{G} L^{ss} A^{sr} L^{rr} Y^{rr} +$$

$$\sum_{r \neq s}^{G} \sum_{t \neq r,s}^{G} B^{st} Y^{tr} + \sum_{r \neq s}^{G} (B^{ss} - L^{ss}) Y^{sr} + \sum_{r \neq s}^{G} (B^{sr} - L^{ss} A^{sr} L^{rr}) Y^{rr}$$

$$(C^s) = \underbrace{\widehat{CI^s} \cdot L^{ss} \cdot Y^{ss}}_{(1)直接消费} + \underbrace{\widehat{CI^s} \cdot L^{ss} \cdot \sum_{r \neq s}^{G} A^{sr} \cdot \sum_{u}^{G} B^{ru} \cdot Y^{us}}_{(2)回流} +$$

$$\underbrace{\widehat{CI^s} \cdot L^{ss} \cdot \sum_{r \neq s}^{G} Y^{sr}}_{(3)最终品贸易} + \underbrace{\widehat{CI^s} \cdot L^{ss} \cdot \sum_{r \neq s}^{G} A^{sr} \cdot L^{rr} \cdot Y^{rr}}_{(4)简单中间品贸易} +$$

$$\widehat{CI^s} \cdot \Bigg[\sum_{r \neq s}^{G} \sum_{t \neq r,s}^{G} B^{st} \cdot Y^{tr} + \sum_{r \neq s}^{G} (B^{ss} - L^{ss}) \cdot Y^{sr} +$$

$$\underbrace{\sum_{r \neq s}^{G} (B^{sr} - L^{ss} \cdot A^{sr} \cdot L^{rr}) \cdot Y^{rr}}_{\text{(5)复杂中间品贸易}} \Bigg]$$

　　表 4.20 和图 4.10 使用 Wang et al.(2017)和 Meng et al.(2018)的方法,对 2002 年至 2012 年我国八地区的生产侧碳排放和消费侧碳排放的组成部分进行了划分。图中黄色、红色、蓝色分别表示涉及其他地区的复杂贸易、仅涉及来源地和目的地的简单中间品贸易以及仅涉及来源地和目的地的最终消费品贸易。图 4.10 中,东部沿海的生产侧碳排放主要通过直接对其他地区出售最终成品而形成,图中上半部分的蓝色部分明显多于红色和黄色;而中部、北部沿海、西北和西南地区的生产侧碳排放输出则主要依赖于对外出售中间品,图中上半部分里红色部分的比例最高、黄色次之,蓝色最少。一般而言,低技术的中间品加工阶段的碳排放强度高,但产品附加值相对较低,这一定程度上解释了上文中部、北部沿海和西北地区 GDP 占比低于其生产碳排放占比的缘由。

表 4.20　2002—2012 年八地区碳转移渠道　单位：Mt CO$_2$

2002 年	自　　身			被　转　嫁			转　　嫁	
	直接消费	回流	最终品	简单中间品	复杂中间品	最终品	简单中间品	复杂中间品
东北	324.27	0.82	18.75	55.98	12.88	9.48	39.16	6.65
京津	106.19	0.98	9.03	15.57	2.72	33.25	118.45	18.31
北部沿海	379.52	9.98	18.57	91.93	13.41	29.26	88.11	27.04
东部沿海	388.91	2.31	28.20	59.61	12.08	16.45	86.65	12.27
南部沿海	231.49	1.25	13.01	29.93	6.32	18.60	64.21	14.64
中部	538.95	8.27	33.78	165.32	33.68	19.27	65.83	13.86
西北	234.15	1.77	14.35	54.68	14.24	20.45	66.96	12.28
西南	238.38	2.31	25.16	83.19	18.77	14.08	26.84	9.07
2007 年	自　　身			被　转　嫁			转　　嫁	
	直接消费	回流	最终品	简单中间品	复杂中间品	最终品	简单中间品	复杂中间品
东北	300.41	6.16	109.47	179.67	97.48	29.13	64.72	38.35
京津	83.10	2.46	39.42	44.55	21.37	27.37	109.18	45.16

续表

2007 年	自　身			被　转　嫁			转　嫁	
	直接消费	回流	最终品	简单中间品	复杂中间品	最终品	简单中间品	复杂中间品
北部沿海	664.55	32.83	72.97	271.73	114.72	85.34	279.61	84.63
东部沿海	751.72	11.08	49.54	91.86	39.71	69.84	462.69	124.59
南部沿海	356.93	7.12	62.69	103.61	35.04	66.77	180.77	91.19
中部	876.93	50.91	73.27	379.67	124.02	224.26	223.32	132.34
西北	242.57	10.28	135.93	255.87	123.75	52.71	70.00	44.00
西南	400.85	11.01	87.29	152.13	72.03	75.16	88.79	67.86

2012 年	自　身			被　转　嫁			转　嫁	
	直接消费	回流	最终品	简单中间品	复杂中间品	最终品	简单中间品	复杂中间品
东北	603.19	8.37	84.37	158.59	67.59	95.20	112.09	79.57
京津	98.12	2.79	33.17	68.53	31.29	57.32	150.45	46.71
北部沿海	1061.64	12.45	96.66	222.43	104.72	83.26	170.30	82.25
东部沿海	803.92	9.50	210.47	121.46	43.24	60.15	459.03	104.78
南部沿海	595.70	4.20	40.65	65.68	28.97	67.64	190.00	82.26
中部	1225.38	48.63	151.95	441.56	162.59	168.03	265.18	114.87
西北	712.16	29.37	86.71	399.13	181.33	148.83	127.96	84.07
西南	770.92	9.52	72.23	164.39	58.55	95.78	166.75	83.74

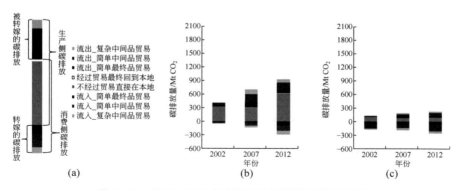

图 4.10　2002—2012 年中国八地区碳转移途径划分

（a）图例；（b）东北地区；（c）京津地区；（d）北部沿海；（e）东部沿海；
（f）南部沿海；（g）中部地区；（h）西北地区；（i）西南地区

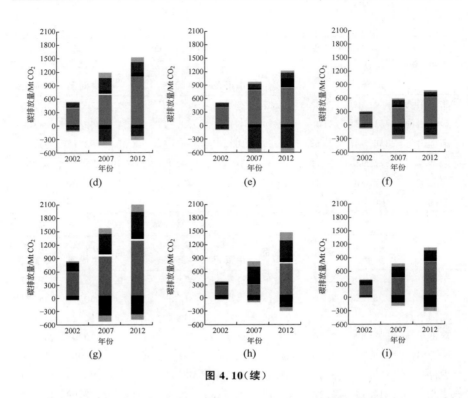

图 4.10（续）

因此，地区之间向外转移高碳排放商品和服务贸易的能力差异、渠道差异同样体现了我国地区之间的碳转移不平等。经济越是发达的地区，越有能力将高碳排强度的中间品通过贸易渠道外包出去，以较低的代价转嫁较多的碳排放；而经济越是欠发达的地区，则只能通过为经济发达地区进行中间品的生产和加工参与到价值链中来，承担较多的碳排放但仅获得较低的经济收益。

4.4 本 章 小 结

综上，本章主要回应研究问题一，即"我国区域碳转移不平等的变化趋势与现状如何？各地区应当对多少碳排放承担责任？"本研究发现中国八地区之间的碳转移不平等是存在的，存在着"遍身罗绮者，不是养蚕人"这样的现象。本章从碳转移流量不平衡、碳排放责任与负担不对等、碳转移渠道差异大三个维度对中国的碳转移不平等进行了事实认定。

　　首先,通过地区间相互承担碳排放的规模、流向、比例以及转嫁与被转嫁关系,刻画了我国经济发达地区与经济欠发达地区之间、沿海与内陆地区之间、高技术地区与能源密集型地区之间在碳转移流量层面的不平衡。

　　进而,通过生产者、消费者以及生产消费共同承担三种原则,核定了八地区应当承担的碳排放责任,确认了以单一生产侧碳排放或消费侧碳排放作为各地区减排负担,都有可能导致碳排放责任与负担不对等的事实。如果单一根据生产侧碳排放界定责任,将加重内陆欠发达地区和资源型地区的责任,加剧我国地区之间发展水平的差异;而如果单一根据消费侧碳排放界定责任,则加重了经济发达地区的负担,既可能伤害原本具有优势的地区经济,也难以克服实际碳排放地区的污染问题,甚至可能造成"矿竭城衰""资源陷阱"的问题。

　　最后,考察了地区参与价值链的方式和贸易渠道差异对我国地区之间碳转移不平等的贡献。发现各地区参与全国价值链的渠道存在差异,经济发达地区出售高附加值、低碳强度的最终消费品,而欠发达地区出售低附加值、高碳排放的中间品。因此,发达地区在向外转嫁较多碳排放的同时只需要付出较低的成本,在被外部转嫁较低碳排放的同时能够获得较高的收益;欠发达地区则反之。

　　综合以上,我国的碳转移不平等现象是存在的,并且主要发生在经济发达地区与经济落后地区之间,以重工业、加工业、能源行业为主的地区与以轻工业、高技术产业、服务业为主的地区之间,以及京津、沿海地区与内陆、中西部地区之间。

第 5 章　中国省际碳不平等的趋势与现状

本章基于第 3 章的二区域环境拓展投入产出模型,对 2000—2015 年全国 30 个省份的 28 个行业的真实碳排放进行核算,并构建基尼系数与洛伦兹曲线度量我国碳不平等的变化趋势与现状。本章主要从省级、行业的层面回答研究问题二,即"各省份生产侧、消费侧和净转移的碳排放有多少,我国省际碳不平等变化趋势与现状如何?"

5.1　省际碳排放核算

笔者将根据上文的二区域环境拓展投入产出模型,并使用各省份的直接消耗系数矩阵和碳排放系数矩阵来估计当地自给自足产品和流出产品中所内嵌的当地碳排放,使用全国的直接消耗系数矩阵和碳排放系数矩阵来估计流入产品和服务中所嵌入的其他地区的碳排放,得到 2000—2015 年碳排放的省级面板数据,共计覆盖 16 个年份、30 个省份和 28 个行业。

5.1.1　数据来源

二区域环境拓展投入产出模型主要包括三个部分:一是碳排放系数矩阵;二是列昂惕夫逆矩阵;三是最终使用矩阵。本研究的模型对原始数据的要求也与二区域环境拓展投入产出模型矩阵相对应,分别是碳排放系数数据、列昂惕夫逆矩阵和最终使用数据。

首先,如前文所述,碳排放系数的构建主要包括收集各省份各行业碳排放量、各省份各行业总产出两个步骤。对于碳排放数据,本研究所使用的 2000—2015 年全国和各省份的各行业碳排放量来自 CEADs 数据库,包括农林牧渔业、工业和服务业等 45 个行业以及城镇居民直接碳排放、农村居民直接碳排放共计 47 个碳排放部门的数据。

总产出数据中,投入产出表年份或投入产出表延长年份的数据直接来自各省份的投入产出表,其他年份中工业部门中除建筑业以外 36 个部门的数据来自历年《中国工业经济统计年鉴》《中国工业统计年鉴》或《中国经济普查年鉴》,农林牧渔业和建筑业数据来自国家统计局网站,批发零售业、交通运输仓储邮政电信业以及其他服务业数据则分别依据各省份增加值和通过投入产出表年份获得的增加值率推算补充计算得到。

列昂惕夫逆矩阵来自国家统计局在投入产出表年和投入产出表延长年份发布的全国和各省份投入产出表,覆盖了除西藏以外的 30 个省份的 42 个部门。通过中间投入矩阵和总产出计算得到直接投入系数矩阵,进而得到列昂惕夫逆矩阵。

由于本研究所考察的年份为 2000—2015 年,所以使用的是 2002 年、2007 年和 2012 年的投入产出表。尽管这几个年份的投入产出表同为 42 部门,但其所统计的行业分类有所不同,因此需要一定程度的分类和合并。同时,为了能够与 CEADs 碳排放数据和总产出数据相对应,需要对行业做一定的合并处理,经过合并后的数据包含 28 个行业,即农林牧渔业、24 类工业以及 3 类服务业(见表 5.1),合并后的行业分类与 CEADs 行业分类、投入产出表行业分类、总产出行业分类之间的对应关系见附录 C。

表 5.1　归并后的 28 个行业分类

序　号	行　　　业	序　号	行　　　业
1	农林牧渔	15	金属制品业
2	煤炭开采和洗选业	16	通用、专用设备制造业
3	石油和天然气开采业	17	交通运输设备制造业
4	金属矿采选业	18	电气、机械及器材制造业
5	非金属矿采选业	19	通信设备及其他电子设备
6	食品制造及烟草加工业	20	仪器仪表
7	纺织业	21	其他制造业、废品废料
8	服装皮革羽绒及其制品业	22	电力、热力的生产和供应业
9	木材加工及家具制造业	23	燃气生产和供应业
10	造纸印刷及文教用品制造业	24	水的生产和供应业
11	石油加工、炼焦及核燃料加工业	25	建筑业
12	化学工业	26	交通运输仓储邮政电信
13	非金属矿物制品业	27	批发和零售业
14	金属冶炼及压延加工业	28	其他服务业

最后,最终使用的去向包括最终消费、资本形成、货物和服务净流出三大类,其中最终消费可以分解为居民消费和政府消费两个子类,资本形成可

以分解为固定资本形成和存货增加两个子类,货物和服务净流出也可以分解为流出和流入两个子类。

使用二区域环境拓展投入产出模型与使用多区域环境拓展投入产出模型核算时略有不同,多区域模型中的最终使用数据已经体现在区域间投入产出表的流量当中,而二区域模型中需要根据统计年鉴中各省份支出法国民经济核算的结果来获得各项最终使用的数据。具体来说,最终使用的数据来自国家统计局 2000—2016 年各省份统计的支出法地区生产总值下的各类细分数据,共包括农村居民消费、城镇居民消费、资本形成、货物和服务净流出四类,其中农村居民消费、城镇居民消费在加总合并后可得到居民消费数据,货物和服务净流出经过拆分可以得到流出(含出口和调出)和流入(含进口和调入)两类。同时,由于支出法地区生产总值中只列出各类最终使用的总和,而没有单独列出其中每个行业的贡献,也就是说,我们只能在《中国统计年鉴》中获得北京市 2000 年农村居民消费的总量,但却不能直接获得其中农村居民消费钢铁行业商品和服务的价值量。

为此,结合投入产出表年份中各省份最终使用的结构,如表 5.2 所示笔者对各省份每类最终使用的总量进行拆分,获得各年、各省份、各行业、各类最终使用的数据。

表 5.2　二区域环境拓展投入产出模型数据初步处理方法

时　　期	总　产　出	直接投入系数矩阵	列昂惕夫逆矩阵	最　终　使　用
2000—2004 年	当年统计年鉴	2002 年投入产出表	2002 年投入产出表	当年统计年鉴总数＋2002 年投入产出表结构
2005—2009 年	当年统计年鉴	2007 年投入产出表	2007 年投入产出表	当年统计年鉴总数＋2007 年投入产出表结构
2010—2015 年	当年统计年鉴	2012 年投入产出表	2012 年投入产出表	当年统计年鉴总数＋2012 年投入产出表结构

5.1.2　模型误差、近似估计与调整

无论是多区域模型还是二区域模型,使用环境投入产出法来进行碳排放核算不可避免地存在一定误差。这些误差主要有几个来源:一是总产出的误差;二是流入、流出的商品和服务的误差;三是中间投入流量矩阵所反映的生产技术变化。

第一,总产出的误差来自我们从年鉴中所收集的农业、工业数据以及根

据增加值、增加值率反推的服务业数据与实际总产出之间的差异。一方面，由于数据来源不同、统计口径也不同，差异是不可避免的。例如，2000—2003 年和 2005—2011 年的数据出自《中国工业经济统计年鉴》，其中"总产值"为"工业总产值"；而 2004 年的数据出自《中国经济普查年鉴》，2012—2016 年的数据出自《中国工业统计年鉴》，其中"总产值"实际上为"工业销售产值"。另一方面，随着统计精度的增加和统计口径的统一，不同数据来源之间的误差也在缩小，各口径的数据越来越接近。

表 5.3　投入产出表中总产出数据与年鉴中总产出数据的对比

单位：当年价,亿元

	行 业 分 类	2002 年		2007 年		2012 年	
		年鉴	投入产出表	年鉴	投入产出表	年鉴	投入产出表
1	农林牧渔	27 335	28 579	48 813	48 893	89 335	89 421
2	煤炭开采和洗选业	1981	4011	9202	9645	30 241	22 508
3	石油和天然气开采业	2757	3263	8300	9535	11 801	12 264
4	金属矿采选业	689	1452	4419	6149	13 990	12 482
5	非金属矿采选业	419	1590	1366	3852	4173	6344
6	食品制造及烟草加工业	10 778	14 481	32 426	41 790	88 349	87 960
7	纺织业	9286	9006	26 334	25 197	48 977	36 580
8	服装皮革羽绒及其制品业	1802	6630	4908	18 073	11 146	29 702
9	木材加工及家具制造业	1351	3949	5646	10 994	15 931	18 749
10	造纸印刷及文教用品制造业	3689	7050	10 454	14 933	27 169	29 353
11	石油加工、炼焦及核燃料加工	4785	6085	17 851	21 075	39 023	40 013
12	化学工业	14 273	21 573	48 394	61 998	114 282	121 025
13	非金属矿物制品业	4557	5805	15 559	22 804	44 156	46 605
14	金属冶炼及压延加工业	9092	15 368	51 735	61 096	105 725	110 113
15	金属制品业	3294	5998	11 447	17 705	28 971	32 226
16	通用、专用设备制造业	7067	12 997	29 007	39 487	66 234	74 352
17	交通运输设备制造业	8359	9647	27 147	32 978	66 173	64 657
18	电气、机械及器材制造业	6142	7122	24 019	27 155	54 196	50 005
19	通信设备及其他电子设备	11 289	12 977	39 224	41 190	69 481	64 801

行 业 分 类	2002 年		2007 年		2012 年	
	年鉴	投入产出表	年鉴	投入产出表	年鉴	投入产出表
20　仪器仪表	1090	1689	4308	4880	6621	5472
21　其他制造业、废品废料	1077	2893	3877	10 549	5796	6736
22　电力、热力的生产和供应业	5889	7912	26 463	31 486	51 274	48 693
23　燃气生产和供应业	256	364	939	1108	3278	3123
24　水的生产和供应业	378	566	781	1179	1278	1701
25　建筑业	18 505	28 133	50 983	62 722	137 131	138 613
26　交通运输仓储邮政电信	20 159	20 120	47 392	42 461	94 201	134 122
27　批发和零售业	19 811	17 145	34 619	28 833	81 776	23 334
28　其他服务业	58 344	57 028	120 892	121 091	259 206	290 673

　　第二，流入、流出的商品和服务的误差源于我们只能够从官方统计部门获得净流出数据，而根据净流出数据和相应年份投入产出表中流入、流出的比例来反推具体流入、流出量时，也会带来误差。一方面，为了使得投入和产出能够平衡，投入产出表在编制过程中往往会在原始统计数据的基础上进行一定程度的调整。这部分调整使得投入产出表中的最终使用数据与统计年鉴中的数据不可避免地会有一定差异，由于居民消费、政府消费、资本形成这些项目的数据通常较为准确，因此差异最主要体现在涉及省际和进出口贸易而难以精确统计的流入、流出部分。例如，2002 年和 2007 年各省份的最终使用数据与统计年鉴数据均有一定差异，但随着数据质量提高和投入产出平衡模型的改进，2012 年各省份投入产出表的最终使用数据几乎完美匹配统计年鉴数据，特别是在经济发达省份和统计工作更为精准的地区。另一方面，支出法生产总值核算本身就存在一定误差。在各地区支出法生产总值核算的实践中，省级统计局无法像国家级统计部门一样，通过海关等方面的资料获得准确的统计数据。因此，大多数省份不得不先通过生产法进行地区生产总值的核算，再从中扣除最终消费和资本形成两项，从而倒推本地区的商品和服务净流出项目，相当于把统计残差项纳入净流出项目下。如表 5.4 所示，收入法生产总值和支出法生产总值在全国、地区合计统计口径下的结果比较接近，最终消费项在全国、地区合计统计口径下的结果也越来越接近，资本形成项较为接近但仍有差距。值得注意的是，货物和服务净出口项差距较大，最主要的原因是国家角度的"货物和服务净出口"

实际上是国际贸易的净出口,但省级的"货物和服务净出口"则包含了对国外的"出口"和对国内其他地区的"调出",二者有区别是正常的;另外一个原因是该项是倒推所得,被动吸收了统计上的误差。由于本研究进行省级的碳核算需要省级的最终使用数据,必须使用各省份统计的货物和服务净出口来进行后续分析,因此也就必须解决流入、流出所涉及的误差问题。

表 5.4　2000—2016 年不同口径 GDP 统计结果对比　　单位：亿元

指标	统 计 口 径	2000 年	2005 年	2010 年	2015 年	2016 年
收入法生产总值	全国	100 280	187 319	413 030	689 052	743 586
	地区合计	98 693	199 228	437 042	722 768	780 070
	全国/地区合计	1.02	0.94	0.95	0.95	0.95
支出法生产总值	全国	100 577	189 190	410 708	699 109	745 632
	地区合计	98 921	199 221	438 144	725 889	780 075
	全国/地区合计	1.02	0.95	0.94	0.96	0.96
最终消费	全国	63 668	101 448	198 998	362 267	399 910
	地区合计	53 898	98 708	20 2397	359 680	396 954
	全国/地区合计	1.18	1.03	0.98	1.01	1.01
资本形成总额	全国	34 526	77 534	196 653	312 836	329 138
	地区合计	41 373	95 153	243 720	404 354	426 989
	全国/地区合计	0.83	0.81	0.81	0.77	0.77
货物和服务净出口	全国	2383	10 209	15 057	24 007	16 585
	地区合计	3651	5360	−7973	−38 145	−43 868
	全国/地区合计	0.65	1.90	−1.89	−0.63	−0.38

　　为了解决流入、流出所涉及的以上两种误差问题,笔者在得到初步结果后进行了校正,将模型的残差项统一纳入流入流出一栏下,使得基于生产口径的全部碳排放能够匹配实际生产过程中的碳排放,从而使得被高估或低估的流入、流出碳排放能够得到还原。

　　第三,直接投入系数和列昂惕夫逆矩阵都是生产技术的反映,而伴随每一年都可能发生新的技术变革,各年份的生产技术应当说是不同的。举例来说,如果在生产中发生了材料偏向型的技术进步,那么生产过程中将使用更多比例的中间投入、更少比例的劳动和资本,从而总产出对增加值的比例将会上升。通过对 1997—2012 年不同口径下全国总产出与增加值比值的观察,能够发现这种技术进步是切实存在的(见表 5.5)。

表 5.5　1997—2012 年不同口径下全国总产出/增加值的变化

单位：亿元

覆盖范围	数 据 来 源	1997 年	2002 年	2007 年	2012 年
工业行业	增加值	34 613	48 507	119 982	207 217
	总产出	115 343	162 426	514 859	925 463
	总产出/增加值	3.33	3.35	4.29	4.47
全部行业	总产出	199 844	313 431	818 859	1 601 627
	增加值（投入产出表）	75 704	121 859	266 044	536 800
	增加值（年鉴）	79 715	121 717	270 232	540 367
	总产出/增加值（投入产出表）	2.64	2.57	3.08	2.98
	总产出/增加值（年鉴）	2.51	2.58	3.03	2.96

　　尽管如此，由于可获得投入产出表的年份有限，因此对于没有发布投入产出表的年份不得不根据临近的年份进行替代，2000—2004 年、2005—2009 年及 2010—2015 年分别使用 2002 年、2007 年、2012 年的列昂惕夫逆矩阵进行近似。从一定程度上来说，使用临近年份的生产技术来进行估计不是一个严重的问题，一是因为生产技术在一两年间发生剧变的可能性较低，本研究使用一个投入产出表列昂惕夫逆矩阵进行近似估计的年份最多为 3 年（2015 年和 2012 年之间相差 3 年，其他年份均至多相差两年）；二是本研究的核心在于进行各个年份的独立核算，而不是进行跨年份的结构分析或结构分解，因此不涉及名义和实际量之间的平减问题；三是使用临近投入产出表进行替代是目前学术论文中处理类似问题的通用做法，经过了一定程度的检验。

　　综上所述，尽管使用二区域模型不得不面临数据中存在的统计误差问题和近似问题，但随着数据精度不断提高、统计误差日益缩小，基于过去文献积累的经验以及本研究相应开发的数据处理办法来规避较大的残差项，使用二区域环境拓展投入产出模型进行省级的碳排放核算是可行的。

5.1.3　核算结果概述

　　基于以上方法，本研究使用各省份的直接消耗系数矩阵和碳排放系数矩阵估计了当地自给自足产品和流出产品中所内嵌的当地碳排放，使用全国其他区域的直接消耗系数矩阵和碳排放系数矩阵估计了流入产品和服务中所嵌入的其他地区的碳排放，最终得到了碳排放省级面板数据。

　　首先，来自 2000 年、2005 年、2010 年和 2015 年各省份基于生产的碳排放情况。除北京、上海、湖北、云南 2015 年的碳排放量较 2010 年有稍微减少外,其余年份各省份碳排放量均呈现增势。碳排放量增加明显的地区主要集中于环北京的河北、山东、河南,环上海的安徽、江苏、浙江,经济较发达的广东以及以煤炭能源为主的山西和内蒙古。总的来看,山东、河北、江苏、内蒙古是生产口径碳排放量最多的几个省份,海南、青海、北京、宁夏、天津、甘肃、重庆、云南、上海则是生产口径碳排放量较少的几个地区。

其次,来看 2000 年、2005 年、2010 年和 2015 年各省份基于消费的碳排放情况,除北京、江西 2010 年碳排放较 2005 年有所下降外,其余年份各省份碳排放量均呈增势。碳排放量增加明显的地区主要集中于北京周边区域、东部沿海发达地区和人口数量较多的大省。山东、河北、河南、江苏、广东是消费口径碳排放量最多的几个省份,海南、青海、北京、甘肃、宁夏、上海、重庆、江西、天津则是消费口径碳排放量较少的几个地区。

最后,来看 2000 年、2005 年、2010 年和 2015 年各省份碳排放顺差的情况。河北、山西、内蒙古、甘肃、辽宁、上海、江苏、浙江、安徽、新疆等地长期保持碳排放逆差,而云南、湖南、天津、广东、广西、青海、四川、北京、福建、海南、重庆、陕西、吉林、黑龙江等地则是长期保持碳排放顺差,此外有山东、湖北、河南、贵州、宁夏等地在 2015 年实现了由碳排放逆差到顺差的转变。

在此基础上,5.2 节~5.4 节将分别对基于生产口径、消费口径以及净转移的碳排放进行统计描述和初步分析,5.5 节将在生产侧、消费侧碳排放的基础上通过基尼系数、洛伦兹曲线展示我国碳不平等的趋势和现状。

5.2　基于生产口径的碳排放

5.2.1　生产口径碳排放概况

经过核算和校正,本研究得到了 2000—2015 年各省份基于生产口径的碳排放。

基于生产口径的碳排放主要由两部分组成,一部分是当地生产的产品被当地最终消费或资本形成所带来的自给自足式碳排放,另一部分是当地生产的产品随着贸易出口到其他区域被使用带来的碳排放。表 5.6 和图 5.1 以 2000 年、2005 年、2010 年和 2015 年为例,展示了各省份生产口径的碳排放。

表 5.6　2000—2015 年各省份基于生产口径的碳排放

单位：Mt CO_2

省　　份	2000 年	2005 年	2010 年	2015 年
北京市	61.60	83.20	89.10	75.45
天津市	55.50	85.90	131.10	143.99
河北省	211.90	437.30	621.20	694.55
山西省	135.20	276.70	389.00	423.55
内蒙古自治区	101.70	227.00	456.10	576.08
辽宁省	204.10	269.70	435.30	456.01
吉林省	79.20	136.30	194.50	200.99
黑龙江省	121.40	151.00	202.00	255.69
上海市	113.20	153.30	178.70	176.18
江苏省	194.50	388.70	568.20	687.22
浙江省	126.60	246.90	345.00	357.52
安徽省	112.20	148.10	254.10	337.59
福建省	52.90	117.90	193.50	225.09
江西省	48.20	91.90	142.80	203.01
山东省	188.00	539.60	740.60	796.08
河南省	147.70	316.40	487.30	498.88
湖北省	126.40	180.60	308.70	288.78
湖南省	72.00	168.90	245.70	260.91
广东省	188.30	323.20	447.50	469.20
广西壮族自治区	54.30	95.30	165.60	191.76
海南省	8.10	16.10	28.00	40.97
重庆市	67.50	77.00	135.10	150.57
四川省	93.90	156.50	283.90	299.91
贵州省	65.40	130.00	181.10	220.82
云南省	45.60	126.50	186.50	166.75
陕西省	53.10	113.20	205.90	264.63
甘肃省	48.60	78.10	118.50	150.29
青海省	9.90	16.40	29.00	48.09
宁夏回族自治区	31.02	49.50	93.60	139.27
新疆维吾尔自治区	55.90	93.30	162.00	335.20

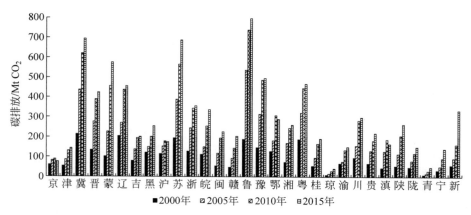

图 5.1　2000—2015 年各省份基于生产口径的碳排放

从总量来看,山东、河北、江苏、内蒙古是生产口径碳排放量最多的几个省份,海南、青海、北京、宁夏、天津、甘肃、重庆、云南、上海则是生产口径碳排放量较少的几个地区。一方面,生产口径的碳排放用于供给当地居民、企业、政府的需求,与当地的人口数量、企业需求高度相关,因此人口大省相应地应当有较高的生产口径碳排放;另一方面,生产口径碳排放用于出口或调出,满足国外或者国内其他区域的碳排放需求,因此,产品或服务流出较多的省份也相应地应当有较高的生产口径碳排放。

5.2.2　生产口径碳排放增速

基于生产口径的碳排放呈增长趋势,但增速在放缓(见表5.7、图5.2)。经过计算,2000—2015 年北京、上海的生产口径碳排放年均增长率在全国各省份中最低,分别为 1.36% 和 2.99%,而新疆、内蒙古、海南、陕西、青海、宁夏、山东等地区则分别达到了 12.68%、12.26%、11.41%、11.30%、11.11%、10.53% 和 10.10%。2010—2015 年各省份生产口径的碳排放增速普遍放缓,远低于 2000—2005 年和 2005—2010 年的增速,在北京、上海、湖北、云南等地甚至出现了生产口径碳排放的负增长。

表 5.7　2000—2015 年各省份生产口径碳排放年均增速　单位:%

省　　份	2000—2005 年	2005—2010 年	2010—2015 年	2000—2015 年
北京市	6.20	1.38	-3.27	1.36
天津市	9.13	8.82	1.89	6.56

续表

省　份	2000—2005 年	2005—2010 年	2010—2015 年	2000—2015 年
河北省	15.59	7.27	2.26	8.24
山西省	15.40	7.05	1.72	7.91
内蒙古自治区	17.42	14.98	4.78	12.26
辽宁省	5.73	10.05	0.93	5.51
吉林省	11.47	7.37	0.66	6.41
黑龙江省	4.46	5.99	4.83	5.09
上海市	6.25	3.11	−0.28	2.99
江苏省	14.85	7.89	3.88	8.78
浙江省	14.29	6.92	0.72	7.17
安徽省	5.71	11.40	5.85	7.62
福建省	17.38	10.42	3.07	10.14
江西省	13.78	9.22	7.29	10.06
山东省	23.48	6.54	1.46	10.10
河南省	16.46	9.02	0.47	8.45
湖北省	7.40	11.32	−1.33	5.66
湖南省	18.59	7.78	1.21	8.96
广东省	11.41	6.72	0.95	6.28
广西壮族自治区	11.91	11.68	2.98	8.78
海南省	14.73	11.70	7.91	11.41
重庆市	2.67	11.90	2.19	5.49
四川省	10.76	12.65	1.10	8.05
贵州省	14.73	6.86	4.05	8.45
云南省	22.64	8.07	−2.21	9.03
陕西省	16.35	12.71	5.15	11.30
甘肃省	9.95	8.70	4.87	7.82
青海省	10.62	12.08	10.64	11.11
宁夏回族自治区	9.80	13.59	8.27	10.53
新疆维吾尔自治区	10.79	11.67	15.65	12.68

　　总的来看,经济发达地区的生产口径碳排放增速较缓,中部、西部等区域的生产口径碳排放则增速较快,全国范围内普遍存在生产口径碳排放增速放缓的现象。

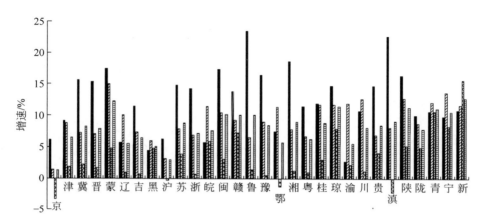

图 5.2　2000—2015 年各省份生产口径碳排放年均增速

5.2.3　生产口径碳排放去向

　　基于生产口径碳排放量的多少,一是取决于自给自足式的碳排放,二是取决于用于出口的碳排放。作为衡量生产口径碳排放流向的一个指标,生产口径碳排放中的出口(含调出)占比体现了该地区通过自己生产的商品或服务供给其他区域最终需求的能力,也体现了当地所有生产口径碳排放中为其他区域所承担的比例。值得注意的是,在生产口径碳排放中少量地区的出口(含调出)占比数值为负。从实际核算的角度出发可对此作出解释:由于进出口(调入调出)项中包含了最终使用的所有误差,因此对应的碳排放也包含了相应的碳核算误差,生产口径碳排放因此出现负的出口(含调出)占比是可以理解的。表 5.8、图 5.3 是 2000—2015 年各省份生产口径碳排放中出口(含调出)占比情况。

表 5.8　2000—2015 年各省份生产口径碳排放中出口(含调出)占比

单位:%

省　　份	2000 年	2005 年	2010 年	2015 年
北京市	48.94	50.52	76.39	71.36
天津市	76.36	63.06	54.48	46.14
河北省	31.61	68.06	55.64	46.48
山西省	13.55	28.55	44.65	30.56

续表

省　　份	2000 年	2005 年	2010 年	2015 年
内蒙古自治区	35.01	50.11	67.06	56.91
辽宁省	45.48	41.33	51.42	49.08
吉林省	48.89	63.14	38.85	38.90
黑龙江省	58.55	38.09	43.68	24.72
上海市	49.69	58.78	66.74	53.93
江苏省	29.00	45.10	51.17	40.91
浙江省	27.06	40.18	42.73	32.97
安徽省	70.68	52.38	62.30	55.27
福建省	35.88	39.03	33.74	35.30
江西省	43.47	12.42	40.09	16.83
山东省	18.52	30.34	19.75	5.74
河南省	16.80	41.02	50.97	37.61
湖北省	28.32	42.79	19.18	−27.59
湖南省	18.92	26.68	34.98	15.02
广东省	38.49	42.45	48.89	41.30
广西壮族自治区	36.92	40.21	18.66	34.30
海南省	42.95	29.59	53.55	39.58
重庆市	76.39	16.04	31.57	28.00
四川省	6.57	12.68	11.41	−0.42
贵州省	32.84	49.60	49.14	11.38
云南省	−11.52	39.99	30.08	−12.99
陕西省	41.47	59.55	47.44	48.07
甘肃省	13.99	55.43	46.59	34.15
青海省	57.16	33.15	24.11	−17.77
宁夏回族自治区	34.72	32.93	24.27	−1.49
新疆维吾尔自治区	49.50	29.79	45.29	40.75

　　通过比较，我们能够观察到如下两个特征。第一，从跨区域来看，全国各省份的生产口径碳排放中出口（含调出）占比差异不大。第二，从跨时间来看，不同年份生产口径碳排放中出口（含调出）占比有增有减，呈波动形态。

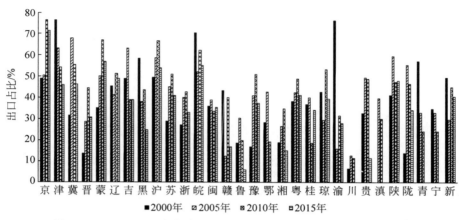

图 5.3　2000—2015 年各省份生产口径碳排放中出口(含调出)占比①

5.3　基于消费口径的碳排放

5.3.1　消费口径碳排放概况

类似地,本研究得到了 2000—2015 年各省份基于消费口径的碳排放。

根据产品的来源划分,基于消费口径的碳排放同样主要由两部分组成,一部分是当地最终使用中由当地生产的产品所隐含的碳排放,另一部分是当地最终使用中来自进口或国内其他省份调入的产品所隐含的碳排放。

根据产品使用的去向划分,基于消费口径的碳排放主要由最终消费和资本形成两部分组成,其中最终消费包括城镇居民消费、农村居民消费和政府消费三个子类,资本形成包括固定资本形成和存货增加两个子类。表 5.9 和图 5.4 以 2000 年、2005 年、2010 年和 2015 年为例,展示了各省份消费口径的碳排放。

表 5.9　2000—2015 年各省份基于消费口径的碳排放

单位：Mt CO_2

省　　份	2000 年	2005 年	2010 年	2015 年
北京市	71.62	111.20	82.39	101.44
天津市	49.61	83.52	167.62	215.81

---

①　上文分析和解释了生产口径碳排放中出口占比数值可能为负的原因,这里为了集中和更清楚地显示大多数省份生产口径碳排放中的出口占比,在绘制本图时忽略了该数值为负的几个点。

续表

省　　份	2000 年	2005 年	2010 年	2015 年
河北省	177.32	302.68	441.45	573.03
山西省	129.00	228.13	274.99	367.57
内蒙古自治区	75.47	204.90	307.17	440.26
辽宁省	131.13	207.43	317.82	330.61
吉林省	61.30	130.31	237.75	259.33
黑龙江省	67.76	133.87	207.53	318.17
上海市	92.96	133.78	135.03	166.70
江苏省	172.10	280.82	392.46	545.97
浙江省	121.96	191.85	237.54	289.53
安徽省	57.05	151.89	157.17	237.25
福建省	79.53	129.43	198.71	246.05
江西省	37.75	116.66	111.30	205.62
山东省	236.48	435.01	710.72	900.15
河南省	132.61	297.55	415.83	559.79
湖北省	111.65	121.91	264.20	390.94
湖南省	71.98	206.02	266.15	367.47
广东省	189.31	393.47	428.77	537.73
广西壮族自治区	45.40	102.33	236.89	243.76
海南省	11.20	15.75	30.35	51.97
重庆市	60.73	85.24	137.10	174.20
四川省	102.10	170.68	276.35	333.89
贵州省	59.38	105.83	131.31	274.18
云南省	64.01	119.34	212.57	329.96
陕西省	55.80	122.22	217.47	284.90
甘肃省	48.92	46.07	91.16	139.67
青海省	8.75	16.93	33.73	82.99
宁夏回族自治区	25.01	44.41	78.49	154.88
新疆维吾尔自治区	41.44	102.24	140.11	298.57

　　从总量来看，山东、河北、河南、江苏、广东是消费口径碳排放量最多的几个省份，海南、青海、北京、甘肃、宁夏、上海、重庆、江西、天津则是消费口径碳排放量较少的几个地区。一方面，消费口径碳排放来自当地居民、企业、政府消费当地所生产的产品带来的碳排放，与当地的人口数量、企业需求高度相关，这一部分与生产口径中的对应部分相同，因此人口大省相应地应当有较高的消费口径碳排放；另一方面，消费口径碳排放来自进口或调

入,通过购买其他区域生产的产品来满足当地的需求,商品或服务流入较多的省份也相应地应当有较高的消费口径碳排放。

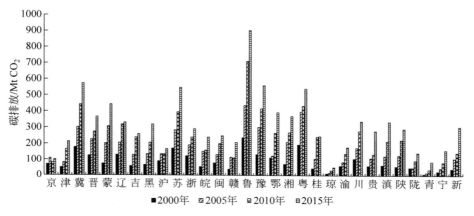

图 5.4　2000—2015 年各省份基于消费口径的碳排放

5.3.2　消费口径碳排放增速

　　基于消费口径的碳排放同样呈增长趋势,增速比基于生产的碳排放要高,但增速同样呈现放缓的趋势(见表 5.10、图 5.5)。经过计算,2000—2015 年北京、上海、浙江等经济发达地区的消费口径碳排放年均增长率分别为 2.35％、3.97％和 5.93％,而青海、新疆、宁夏、内蒙古等省份的年均增长率则分别高达 16.18％、14.07％、12.92％和 12.48％。

表 5.10　2000—2015 年各省份消费口径碳排放年均增速　单位:％

省　　份	2000—2005 年	2005—2010 年	2010—2015 年	2000—2015 年
北京市	9.20	−5.82	4.25	2.35
天津市	10.98	14.95	5.18	10.30
河北省	11.29	7.84	5.36	8.13
山西省	12.08	3.81	5.98	7.23
内蒙古自治区	22.11	8.43	7.47	12.48
辽宁省	9.61	8.91	0.79	6.36
吉林省	16.28	12.78	1.75	10.09
黑龙江省	14.59	9.16	8.92	10.86

续表

省　份	2000—2005 年	2005—2010 年	2010—2015 年	2000—2015 年
上海市	7.55	0.19	4.30	3.97
江苏省	10.29	6.92	6.83	8.00
浙江省	9.48	4.37	4.04	5.93
安徽省	21.63	0.69	8.58	9.97
福建省	10.23	8.95	4.37	7.82
江西省	25.31	−0.94	13.06	11.96
山东省	12.96	10.32	4.84	9.32
河南省	17.54	6.92	6.13	10.08
湖北省	1.77	16.73	8.15	8.71
湖南省	23.41	5.26	6.66	11.48
广东省	15.76	1.73	4.63	7.21
广西壮族自治区	17.65	18.28	0.57	11.86
海南省	7.05	14.02	11.36	10.77
重庆市	7.01	9.97	4.91	7.28
四川省	10.82	10.12	3.86	8.22
贵州省	12.25	4.41	15.86	10.74
云南省	13.27	12.24	9.19	11.55
陕西省	16.98	12.22	5.55	11.48
甘肃省	−1.19	14.63	8.91	7.24
青海省	14.11	14.79	19.73	16.18
宁夏回族自治区	12.17	12.06	14.56	12.92
新疆维吾尔自治区	19.80	6.50	16.34	14.07

　　其中,2000—2005 年是大多数省份消费口径碳排放的高速增长阶段,内蒙古、安徽、江西和湖南甚至一度达到了年均 22.11%、21.63%、25.31%和 23.41%的高增长。2005—2010 年各省份消费口径碳排放增速有所放缓,2010—2015 年部分地区保持了碳排放增速下降趋势,而另外一些地区则有所反弹。总体来看,经济发达地区的消费口径碳排放增速较缓,中部、西部等地区的增速较快,从全国范围来看消费口径碳排放在 2000—2005 年阶段增速最快,后续基本呈现增速放缓的现象。

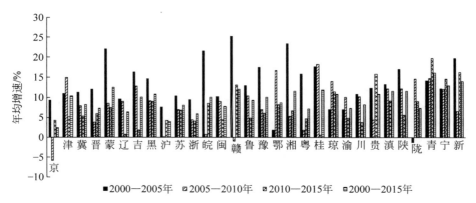

图 5.5　2000—2015 年各省份消费口径碳排放增速

5.3.3　消费口径碳排放来源

在全部消费碳排放中,包含了由当地生产产品所含的碳排放和来自进口或国内其他省份调入产品所含的碳排放,其中后者占有相当的比例。在北京、天津、上海等经济发达的区域,2015 年该比例分别为 78.69%、64.06% 和 51.31%,均达到 50% 以上,见表 5.11。

表 5.11　2000—2015 年各省份消费口径碳排放中进口(含调入)占比

单位:%

省　　份	2000 年	2005 年	2010 年	2015 年
北京市	56.09	62.98	74.47	78.69
天津市	73.55	62.00	64.40	64.06
河北省	18.28	53.86	37.58	35.13
山西省	9.40	13.34	21.70	19.99
内蒙古自治区	12.42	44.73	51.09	43.62
辽宁省	15.14	23.72	33.47	29.77
吉林省	33.97	61.44	49.98	52.64
黑龙江省	25.73	30.17	45.18	39.50
上海市	38.73	52.76	55.98	51.31
江苏省	19.76	24.01	29.31	25.62
浙江省	24.29	23.02	16.82	17.23
安徽省	42.33	53.57	39.05	36.35
福建省	57.35	44.46	35.48	40.81
江西省	27.82	31.01	23.14	17.88

续表

省　　份	2000 年	2005 年	2010 年	2015 年
山东省	35.22	13.59	16.37	16.64
河南省	7.33	37.28	42.54	44.40
湖北省	18.85	15.24	5.57	5.75
湖南省	18.90	39.89	39.98	39.67
广东省	38.82	52.73	46.66	48.78
广西壮族自治区	24.54	44.32	43.14	48.32
海南省	58.74	28.01	57.15	52.37
重庆市	73.76	24.15	32.57	37.77
四川省	14.07	19.94	8.99	9.80
贵州省	26.03	38.09	29.85	28.63
云南省	20.55	36.39	38.66	42.90
陕西省	44.30	62.53	50.23	51.77
甘肃省	14.55	24.43	30.58	29.15
青海省	51.52	35.22	34.75	31.76
宁夏回族自治区	19.05	25.25	9.69	8.74
新疆维吾尔自治区	31.88	35.93	36.75	33.48

　　对比各地区、各年份的消费口径碳排放中进口（含调入）占比，如图 4.9
所示，能够发现三个特征。第一，一般而言经济越发达的区域进口（含调入）
碳排放的占比越高。例如北京、天津、上海、重庆消费口径碳排放中进口或
调入的比例均位于前列。第二，产业结构单一、用于最终消费的产能不足够
或经济发展不足以满足当地消费需求的地区，进口（含调入）碳排放的占比
越高。通过数据我们能够观察到，尽管一些地区的人均 GDP 排名并不在最
前列，但消费口径碳排放中进口（含调入）比例同样较高，如吉林、黑龙江、安
徽、福建、陕西、青海、新疆。这一现象的原因是每个区域自给自足的产品如
果不能满足当地生活、发展的需求，则必然需要进口或者调入来自外部的产
品，因此会出现一些经济发展居中，甚至略微滞后的区域同样存在高进口
（含调入）碳排放占比的现象。第三，大部分区域的消费口径碳排放进口（含
调入）占比在 2000—2015 年呈上升趋势，典型的区域包括北京、江苏、河南
等，但也有少数区域上升趋势不明显或出现了下降，如浙江、福建、山东、重
庆等。消费口径碳排放中进口（含调入）比例的上升，本质上是当地消费需
求的增长速度超过了当地能够生产供给自身消费产品的增长速度，或者简
单认为是需求增速超过了当地的供给增速。一方面，这可能是当地经济发

展较快,居民、企业、政府消费增长较快速的结果;另一方面,这可能是当地政府控制部分高碳排放产业的产能,而实行尽可能将部分碳排放系数高的产品通过进口或调入的方式来供给本地区策略的结果。

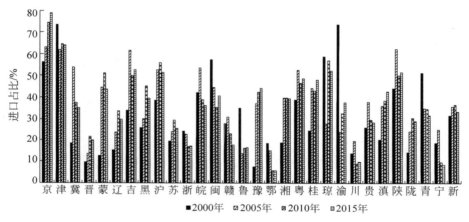

图 5.6　2000—2015 年各省份消费口径碳排放中进口(含调入)占比

具体到城乡居民消费部分,上述观察到的现象则更为明显。第一,经济越发达地区居民消费口径碳排放中进口(含调入)的占比越高。例如 2015 年广东、北京、上海的居民消费口径碳排放中进口或调入的比例高居前三。第二,除吉林、福建两省没有明显增幅外,其他绝大多数区域的居民消费碳排放中进口(含调入)占比 2000—2015 年呈上升趋势。

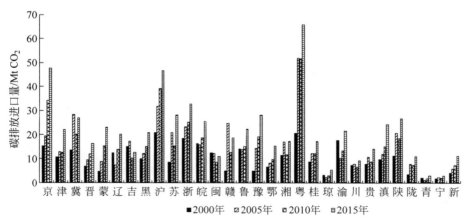

图 5.7　2000—2015 年各省份城乡居民消费口径碳排放进口(含调入)量

5.4 净转嫁碳排放

5.4.1 净转嫁碳排放概况

伴随着进出口和调入调出，一个地区会发生碳排放的转入和转出。伴随贸易上的产品出口和调出，发生了由当地承担生产过程中的碳排放、所生产的产品由其他地区进行消费的活动，相当于负担了其他区域所消费产品在生产和加工过程中的碳排放，实际等价于碳排放的转入，这里我们称为被转嫁进来的碳排放。而伴随贸易上的产品进口和调入，发生了在其他区域进行碳排放、在当地进行产品消费的活动，相当于由其他区域负担了生产和加工产品的碳排放阶段，实际等价于碳排放的转出，我们称为转嫁出去的碳排放。类似于贸易学的概念，一个区域转嫁出去的碳排放减去被转嫁进来的碳排放，是该地区净转嫁出去的碳排放。如果某个地区商品和服务的净进口为正，一般而言，当地在碳排放层面的净转出为正，即净进口对应经常账户的逆差和净转嫁出去的碳排放，而净出口对应经常账户的顺差和净转嫁进来的碳排放。若某个区域净转嫁出去的碳排放为正，即为碳排放顺差，如图 5.8 所示。

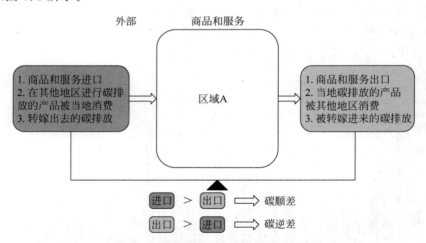

图 5.8　碳排放顺差与逆差的形成机制

基于上文对碳排放的追溯，本研究得到了 2000—2015 年各省份转入、转出以及净转出的碳排放（以下称为碳排放顺差）。表 5.12 和图 5.9 以

2000 年、2005 年、2010 年和 2015 年为例,展示了各省份不同行业的碳排放顺差。

表 5.12　2000—2015 年各省份碳排放顺差　单位:Mt CO_2

省　　份	2000 年	2005 年	2010 年	2015 年
北京市	10.02	28.00	−6.71	25.99
天津市	−5.89	−2.38	36.52	71.82
河北省	−34.58	−134.62	−179.75	−121.51
山西省	−6.20	−48.57	−114.01	−55.98
内蒙古自治区	−26.23	−22.10	−148.93	−135.82
辽宁省	−72.97	−62.27	−117.48	−125.41
吉林省	−17.90	−5.99	43.25	58.34
黑龙江省	−53.64	−17.13	5.53	62.48
上海市	−20.24	−19.52	−43.67	−9.47
江苏省	−22.40	−107.88	−175.74	−141.25
浙江省	−4.64	−55.05	−107.46	−68.00
安徽省	−55.15	3.79	−96.93	−100.34
福建省	26.63	11.53	5.21	20.96
江西省	−10.45	24.76	−31.50	2.61
山东省	48.48	−104.59	−29.88	104.07
河南省	−15.09	−18.85	−71.47	60.91
湖北省	−14.75	−58.69	−44.50	102.17
湖南省	−0.02	37.12	20.45	106.57
广东省	1.01	70.27	−18.73	68.53
广西壮族自治区	−8.90	7.03	71.29	52.01
海南省	3.10	−0.35	2.35	11.00
重庆市	−6.77	8.24	2.00	23.63
四川省	8.20	14.18	−7.55	33.98
贵州省	−6.02	−24.17	−49.79	53.36
云南省	18.41	−7.16	26.07	163.20
陕西省	2.70	9.02	11.57	20.28
甘肃省	0.32	−32.03	−27.34	−10.62
青海省	−1.15	0.53	4.73	34.90
宁夏回族自治区	−6.00	−5.09	−15.11	15.61
新疆维吾尔自治区	−14.46	8.94	−21.89	−36.63

从分布来看,江苏、内蒙古、辽宁、河北、安徽、浙江、山西、新疆、甘肃、上海等地是长期保持碳排放逆差的区域,而云南、湖南、天津、广东、广西、青海、四川、北京、福建、海南、重庆、陕西、吉林、黑龙江等地则是长期保持碳排

图 5.9   2000—2015 年各省份碳排放顺差（见文前彩图）

放顺差的区域,此外还有山东、湖北、河南、贵州、宁夏等地在 2015 年实现了由碳排放逆差到顺差的转变。

碳排放呈现出顺差或逆差,一方面取决于转嫁出去的碳排放,另一方面取决于被转嫁进来的碳排放。转嫁出去的碳排放增加,既可能是进口商品或服务的数量增加,也可能是生产技术或碳排放系数发生了偏向能源使用型的变化,使得单位最终产品所对应的碳排放增加;反之,转嫁出去的碳排放减少,既可能是进口商品或服务的数量减少,也可能是生产技术进步或碳排放系数下降,使得单位最终产品所对应的碳排放减少。反之,同理。

5.4.2   北京市碳排放顺差变动分析

2000—2015 年,北京市是比较典型的连续呈现碳排放顺差的区域。图 5.10 将北京市每年的碳排放顺差分解为农业、工业和服务业三个部门的数据。

从碳排放顺差总量层面来看,2000—2015 年平均每年净碳排放顺差为 18.16Mt CO_2。北京市的碳排放顺差从 2000 年开始持续增长,在 2003 年达到高峰后基本保持在这一水平并呈小幅下降趋势,在 2010 年出现了偶然的碳排放逆差,随后仍呈现增长趋势,在 2015 年恢复至 26.00Mt CO_2 的水平。从细分部门来看,农业部门所带来的碳排放顺差占比最小,对最终结果影响不大;工业部门则占比最高,碳排放顺差为正,起到了重要的主导作用;服务业部门与其他两类恰好相反,碳排放顺差为负,相当于为其他区域提供了净服务,从而承接了其他区域转嫁过来的碳排放。

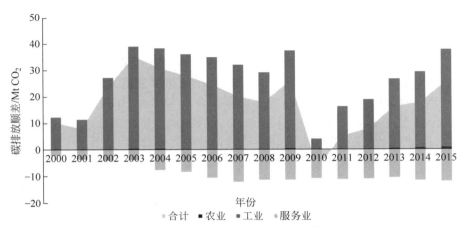

图 5.10　2000—2015 年北京市碳排放顺差及其构成（见文前彩图）

以 2015 年为例,北京市当年合计碳排放顺差为 26.00Mt CO_2。其中,农业顺差为 0.85Mt CO_2,占 3.27%;24 个工业部门合计顺差为 37.03Mt CO_2,占 142.42%,其中最主要的碳排放顺差部门分别为金属冶炼及压延加工业、电力热力的生产和供应业、化学工业、非金属矿物制品业以及石油和天然气开采业;3 个服务业部门合计顺差为 −11.89Mt CO_2,即存在逆差 11.89Mt CO_2,占 2015 年总顺差的 −45.73%,其中交通运输仓储邮政电信业的逆差最大,为 −6.16Mt CO_2。

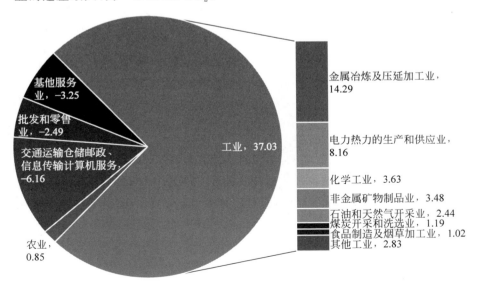

图 5.11　2015 年北京市碳排放顺差行业分布(单位：Mt CO_2)

5.4.3 河北省碳排放逆差变动分析

2000—2015 年,河北省是典型连续呈现碳排放逆差的省份。从碳排放逆差总量层面来看,2000—2015 年平均每年净碳排放逆差为 144.17Mt CO_2。河北省的碳排放逆差从 2000 年开始持续增长,在 2004 年达到高峰,随后基本保持在同一水平并伴随小幅的波动,直到 2015 年碳排放逆差才有所下降,恢复至 121.51Mt CO_2 的水平。从细分部门来看,农业、工业、服务业分别均存在碳排放逆差。其中,农业部门所带来的碳排放逆差占比最小,对最终合计结果影响不大;工业部门则占比最高,存在大量碳排放逆差,对碳排放顺逆差合计结果的走势起到了重要的主导作用;服务业部门同样占比较小,承接了其他区域转嫁过来的碳排放,自 2011 年后服务业部门在合计中所占比重有所上升,体现了河北省产业结构的变化方向。

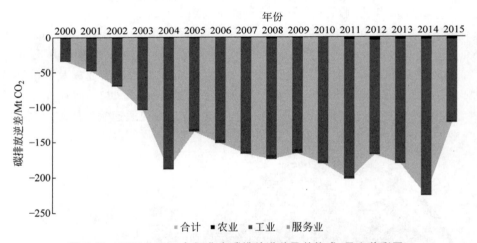

图 5.12   2000—2015 年河北省碳排放逆差及其构成(见文前彩图)

以 2015 年为例,河北省当年合计碳排放逆差为 121.51Mt CO_2。其中,农业逆差为 3.26Mt CO_2,占 2.68%;24 个工业部门合计逆差为 116.28Mt CO_2,占 95.70%,其中最主要的碳排放逆差部门分别为金属冶炼及压延加工业、电力热力的生产和供应业、煤炭开采和洗选业,而非金属矿物制品业和建筑业存在碳排放顺差;3 个服务业部门合计逆差为 1.98Mt CO_2,占 2015 年总逆差的 1.63%,其中批发零售业存在逆差 2.54Mt CO_2,交通运输仓储邮政、信息传输计算机服务业存在逆差 1.56Mt CO_2。

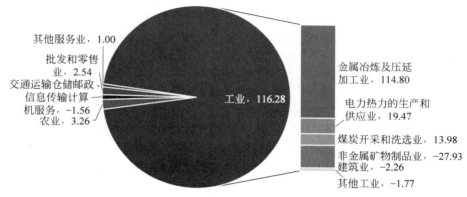

图 5.13　2015 年河北省碳排放逆差行业分布(单位: Mt CO$_2$)

5.5　中国碳不平等趋势与现状

本章前 4 节分别对省际生产口径、消费口径和转移的碳排放数据进行了核算和分析,本节将在此基础上进一步定量衡量中国碳不平等的趋势与现状。主要基于省际各项碳排放数据和人均 GDP、城乡居民收入及消费支出数据,构建洛伦兹曲线和基尼系数等不平等指标,来实现对我国碳不平等程度的刻画。

5.5.1　全国层面的碳不平等情况

首先,通过计算中国除西藏外 30 个省份的累计人口比例和累计相应指标比例,得到了全国层面人均 GDP、居民可支配收入、居民消费支出、生产侧碳排放以及消费侧碳排放的洛伦兹曲线和基尼系数,基尼系数结果见表 5.13,趋势对比见图 5.14。自 2002 年后,人均 GDP、居民可支配收入、居民消费支出的不平等程度均呈下降趋势,其中人均 GDP 的基尼系数从 2002 年的 0.2814 下降到 2015 年的 0.2062。生产侧碳排放的基尼系数则经历了先下降后重新上升的过程,从 2002 年的 0.2754 先逐年下降到 2010 年的 0.2192,随后重新上升到 2015 年的 0.2412,回归到大约 2005 年、2006 年的水平。消费侧碳排放的基尼系数则经历了短暂的下降后趋于平稳,自 2002 年的 0.2450 下降为 2005 年的 0.2052 后,连续多年维持在 0.19～0.20 的水平,2015 年消费侧碳排放的基尼系数为 0.1928。从图 5.14 中 5 项基尼系数的对比来看,2002 年人均 GDP 的不平等程度最高,生产侧碳排放和消费侧碳排放次之。随着人均 GDP 基尼系数的下降、生产侧碳排放基尼系数的反弹以及消费侧碳排放基尼系数的持续平稳,消费侧碳排放的不平等程度与人均 GDP 的不平等程度逐渐接近,而且 2011 年后生产侧碳排放的

表 5.13   2002—2015 年 GDP、居民可支配收入、居民消费支出及生产侧、
消费侧碳排放基尼系数

年份	GDP	居民可支配收入	居民消费支出	生产侧碳排放	消费侧碳排放
2002	0.2814	0.2013	0.2025	0.2754	0.2450
2003	0.2888	0.2074	0.2055	0.2582	0.2655
2004	0.2838	0.2042	0.2040	0.2588	0.2647
2005	0.2687	0.2092	0.2055	0.2422	0.2052
2006	0.2647	0.2091	0.2026	0.2371	0.1964
2007	0.2568	0.1979	0.1934	0.2331	0.1927
2008	0.2460	0.1911	0.1866	0.2361	0.1963
2009	0.2405	0.1895	0.1833	0.2259	0.2026
2010	0.2264	0.1894	0.1850	0.2192	0.1926
2011	0.2149	0.1823	0.1757	0.2287	0.1904
2012	0.2074	0.1758	0.1668	0.2322	0.2034
2013	0.2042	0.1660	0.1652	0.2380	0.2001
2014	0.2030	0.1641	0.1623	0.2379	0.1897
2015	0.2062	0.1620	0.1577	0.2412	0.1928

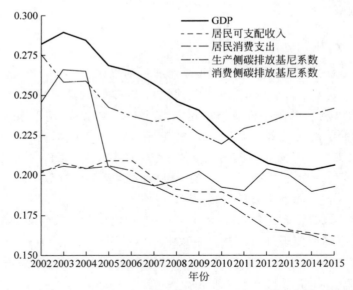

图 5.14   2002—2015 年 GDP、居民可支配收入、居民消费支出及生产侧、
消费侧碳排放基尼系数

不平等程度已经超过了人均 GDP 的不平等程度,成为 5 个指标中不平等程度最高的一项。

　　进一步,图 5.15 和图 5.16 分别展示了生产侧碳排放和消费侧碳排放 2002—2015 年的洛伦兹曲线变化动态过程。其中,图 5.15(a)为 2002—2012 年的洛伦兹曲线,图 5.15 的分图(b)、(c)、(d)在保留 2002 年(红色)

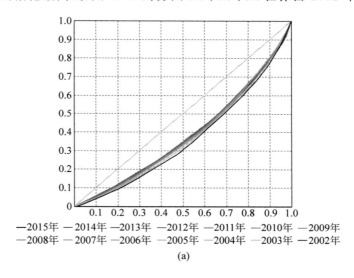

—2015年 —2014年 —2013年 —2012年 —2011年 —2010年 —2009年
—2008年 —2007年 —2006年 —2005年 —2004年 —2003年 —2002年

(a)

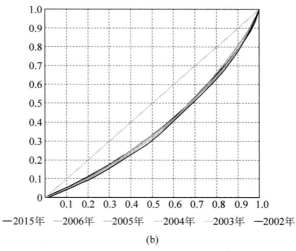

—2015年 —2006年 —2005年 —2004年 —2003年 —2002年

(b)

图 5.15　2002—2015 年全国生产侧碳排放洛伦兹曲线(见文前彩图)

(a) 2002—2015 年;(b) 2003—2006 年;(c) 2007—2010 年;(d) 2011—2014 年

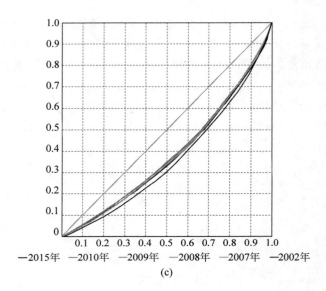

—2015年 —2010年 —2009年 —2008年 —2007年 —2002年

(c)

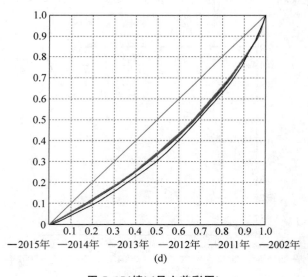

—2015年 —2014年 —2013年 —2012年 —2011年 —2002年

(d)

图 5.15（续）（见文前彩图）

和 2015 年(蓝色)曲线的基础上分别加入 2003—2006 年、2007—2010 年以及 2011—2014 年的曲线进行对比,年份越接近现在,曲线的灰度越深,对角线表示完全平等曲线。

图 5.15(a)中,所有灰色曲线均在完全平等线与红色基年曲线之间,同时整体上看各曲线之间比较接近,这表明 2002—2015 年生产侧碳排放的不平等程度变动较小,但相比于 2002 年来说生产侧碳排放不平等的程度均有所下降。这与基尼系数所体现的结论是相同的,生产侧碳排放不平等程度最高的一年是 2002 年,该年的基尼系数为 0.2754,随后 2005—2015 年的 11 年中基尼系数均在(0.225,0.250)的小范围内变动。图 5.15(b)和图 5.15(c)中,灰度越高的洛伦兹曲线越接近完全平等线,即 2002—2010 年生产侧碳排放的不平等程度呈下降趋势,印证了基于基尼系数的判断。图 5.15(d)中,生产侧碳不平等下降的趋势被逆转,灰度越高的曲线反而逐渐越接近红色的基年曲线,图中 2015 年蓝色洛伦兹曲线所体现的不平等程度仅次于 2002 年。

图 5.16(a)中,灰度较高的曲线更接近完全平等曲线,同时图中既有低于红色基年的曲线也有高于基年的曲线,表明整体上 2015 年的消费侧碳排放不平等程度较 2002 年有所下降,但 2002—2015 年之间也曾出现过更不

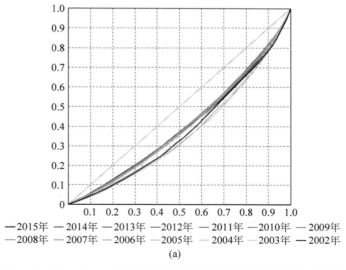

(a)

图 5.16　2002—2015 年全国消费侧碳排放洛伦兹曲线(见文前彩图)

(a) 2002—2015 年;(b) 2003—2006 年;(c) 2007—2010 年;(d) 2011—2014 年

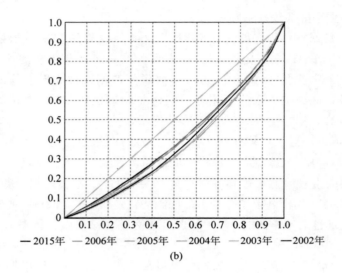

(b)

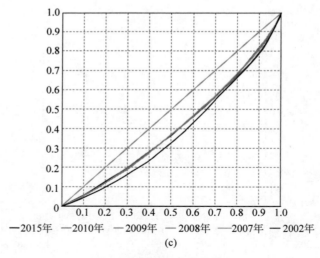

(c)

图 5. 16（续）（见文前彩图）

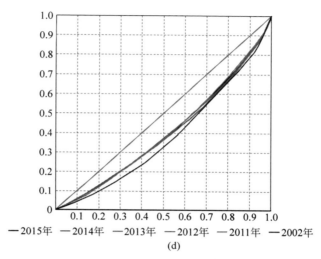

—2015年 —2014年 —2013年 —2012年 —2011年 —2002年

(d)

图 5.16(续)(见文前彩图)

平等的时刻。具体来看,图 5.16(b)显示,2002—2006 年消费侧碳排放不平等程度曾经出现过短暂的上涨,但随后就重新下降到低于 2002 年的水平。图 5.16(c)和图 5.16(d)中,灰色曲线重叠度较高,表明 2007 年后累计碳排放比例与累计人口比例之间的对应关系变动较少,消费侧碳排放的不平等程度较为平稳,与上文基尼系数得出的结论相符。对比图中各条曲线与基年红线之间的差异,能够发现各条曲线中累积人口比接近 0 的左侧部分逐渐更接近完全平等线,而累积人口比接近 1 的右侧部分则变动较小。因此,消费侧碳排放变得更为平等的主要驱动力量是低碳排放部分的人群中碳排放不平等程度的降低,而高碳排放人群的贡献较小。

图 5.17 对 2002 年和 2015 年生产侧碳排放与消费侧碳排放的洛伦兹曲线进行了对比,发现基于两种碳排放核算方法的碳不平等程度均有所下降。其中,生产侧碳排放的不平等程度变化较小,而消费侧碳排放不平等程度的降幅则更大一些。从 2002 年与 2015 年曲线之间的距离来看,生产侧碳排放能够变得更为平等大多数人口都有贡献,而消费侧碳排放变得更为平等则是由于低碳排放人口的碳排放占比增加起到的关键作用。

综上所述,2002 年后人均 GDP、居民可支配收入、居民消费支出的不平等程度均呈下降趋势,生产侧碳排放不平等则经历了先下降后重新小幅上升的过程,消费侧碳排放不平等则经历了短暂的下降后趋于平稳。分阶段

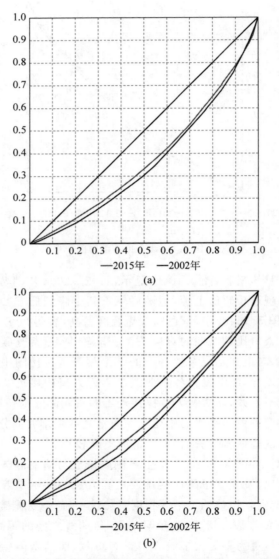

图 5.17   生产侧、消费侧碳排放洛伦兹曲线变化（见文前彩图）

（a）人均生产碳排放洛伦兹曲线；（b）人均消费碳排放洛伦兹曲线

来看,2010 年以前几项不平等程度存在"GDP 不平等＞生产侧碳不平等＞消费侧碳不平等＞居民可支配收入不平等＞居民消费支出不平等"的关系;2011 年及以后,随着生产侧碳排放不平等程度超过 GDP 的不平等程度,形成了"生产侧碳不平等＞GDP 不平等＞消费侧碳不平等＞居民可支配收入不平等＞居民消费支出不平等"的格局。

5.5.2　城乡居民碳不平等

由于中国长期存在着城乡二元分化的现象,城镇居民在收入、支出以及碳足迹领域都存在较大的差异。因此,从碳排放的角度出发对城乡居民的各项不平等程度分别进行考察,有助于加深对我国居民碳不平等情况的理解。由于居民生活中产生的碳排放可分为基于商品和服务贸易的间接碳足迹和基于直接生活能源消费的直接碳足迹,因此,本节分别考察了城乡居民的可支配收入、消费支出、间接碳足迹、直接碳足迹以及总碳足迹的不平等程度,并进行了对比。

表 5.14 和图 5.18 对比了 2002—2015 年城乡居民可支配收入、消费支出、直接碳足迹以及间接碳足迹的基尼系数,主要能够观察到以下三点现象。第一,2002—2015 年,可支配收入和消费支出的不平等程度较为平稳;间接碳足迹的不平等程度在 2002—2005 年经历了下降后也趋于平稳,但在 2012 年后农村居民直接碳足迹重新呈现了小幅上升;直接碳足迹的不平等程度波动最大,但自 2002 年后除少数年份的波动基本仍呈现出下降趋势。第二,在进行跨类别的不平等程度对比中,呈现出"直接碳足迹不平等＞间接碳足迹不平等＞可支配收入不平等＞消费支出不平等"的特征,其中直接碳足迹的不平等程度明显高于其他三类。第三,在各类不平等内部的对比中,均表现为农村居民内部不平等程度高于城镇居民内部不平等程度。

表 5.14　2002—2015 年城乡居民可支配收入、消费支出、直接碳足迹、
间接碳足迹的基尼系数

年份	居民可支配收入		消费支出		间接碳足迹		直接碳足迹	
	城镇	农村	城镇	农村	城镇	农村	城镇	农村
2002	0.1349	0.1647	0.1382	0.1522	0.1711	0.2099	0.2598	0.4600
2003	0.1382	0.1690	0.1381	0.1558	0.1593	0.2218	0.2747	0.4527
2004	0.1395	0.1661	0.1418	0.1552	0.1526	0.1760	0.3678	0.4417
2005	0.1426	0.1719	0.1438	0.1562	0.1375	0.1569	0.2496	0.3670

续表

年份	居民可支配收入		消费支出		间接碳足迹		直接碳足迹	
	城镇	农村	城镇	农村	城镇	农村	城镇	农村
2006	0.1410	0.1737	0.1415	0.1539	0.1314	0.1591	0.2393	0.3522
2007	0.1328	0.1648	0.1341	0.1463	0.1340	0.1704	0.2111	0.3410
2008	0.1296	0.1587	0.1291	0.1439	0.1460	0.1673	0.2274	0.3234
2009	0.1296	0.1597	0.1293	0.1399	0.1472	0.1647	0.2283	0.3194
2010	0.1301	0.1545	0.1300	0.1344	0.1372	0.1586	0.2544	0.3150
2011	0.1264	0.1537	0.1246	0.1330	0.1338	0.1639	0.2527	0.2934
2012	0.1227	0.1498	0.1209	0.1260	0.1509	0.1754	0.2416	0.3048
2013	0.1660		0.1652		0.1419	0.1791	0.1827	0.3021
2014	0.1641		0.1623		0.1419	0.1818	0.1896	0.2956
2015	0.1620		0.1577		0.1613	0.1948	0.1994	0.2935

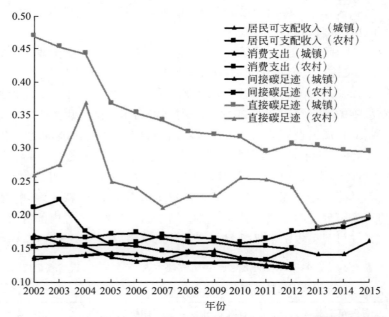

图 5.18　2002—2015 年城乡居民可支配收入、消费支出、直接碳足迹、
间接碳足迹的基尼系数（见文前彩图）

　　进一步，表 5.15 和图 5.19 汇总对比了居民直接碳足迹、间接碳足迹以
及总碳足迹的不平等情况。图 5.19 表明，我国居民碳足迹的不平等呈现出
"直接碳足迹不平等＞间接碳足迹不平等≈总碳足迹不平等"的特征。此外，

表 5.15　2002—2015 年居民直接碳足迹、间接碳足迹、总碳足迹的基尼系数

年份	直接碳足迹			间接碳足迹			总碳足迹
	城镇	农村	全体	城镇	农村	全体	全体
2002	0.2598	0.4690	0.2156	0.1711	0.2099	0.3084	0.2085
2003	0.2747	0.4527	0.2229	0.1593	0.2218	0.3068	0.2095
2004	0.3678	0.4417	0.1954	0.1526	0.1760	0.3679	0.2001
2005	0.2496	0.3670	0.1636	0.1375	0.1569	0.2525	0.1643
2006	0.2393	0.3522	0.1581	0.1314	0.1591	0.2437	0.1581
2007	0.2111	0.3410	0.1663	0.1340	0.1704	0.2309	0.1640
2008	0.2274	0.3234	0.1737	0.1460	0.1673	0.2375	0.1688
2009	0.2283	0.3194	0.1718	0.1472	0.1647	0.2415	0.1714
2010	0.2544	0.3150	0.1613	0.1372	0.1586	0.2487	0.1675
2011	0.2527	0.2934	0.1655	0.1338	0.1639	0.2412	0.1700
2012	0.2416	0.3048	0.1724	0.1509	0.1754	0.2342	0.1729
2013	0.1827	0.3021	0.1669	0.1419	0.1791	0.2105	0.1659
2014	0.1896	0.2956	0.1648	0.1419	0.1818	0.2056	0.1614
2015	0.1994	0.2935	0.1791	0.1613	0.1948	0.2076	0.1708

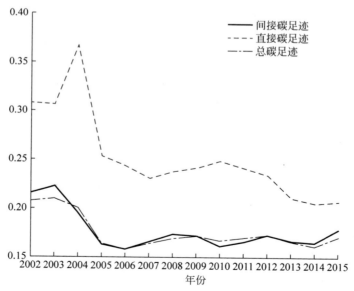

图 5.19　2002—2015 年居民直接碳足迹、间接碳足迹、总碳足迹的基尼系数

主要有两点特征值得关注。首先,直接碳足迹不平等的程度明显高于其他两者。城镇、农村和全体居民 2002 年和 2015 年的直接碳足迹的基尼系数分别为 0.26、0.47、0.22 和 0.20、0.29 和 0.18,均高于同期的间接碳足迹和总碳足迹不平等的基尼系数。居民直接碳足迹不平等程度较高的潜在原因可能是地区的气候条件、技术水平、能源禀赋等天然就存在巨大差异。其次,间接碳足迹不平等与总碳足迹不平等的程度非常接近,主要原因是居民总碳足迹中间接碳足迹的比重远高于直接碳足迹,2002—2015 年间接碳足迹比重平均高达 85.74%,因此总碳足迹的洛伦兹曲线和基尼系数与间接碳足迹都比较接近。

从城乡居民碳足迹的角度出发,主要呈现以下特征。第一,按照趋势来看,城乡居民的直接碳足迹、间接碳足迹、总碳足迹经历了先下降后平稳的过程。第二,按照城乡对比来看,农村居民内部的不平等程度高于城镇居民内部的不平等程度。第三,按照不平等程度来看,居民碳足迹不平等存在着"直接碳足迹不平等＞间接碳足迹不平等≈总碳足迹不平等＞可支配收入不平等＞消费支出不平等"的关系,其中直接碳足迹的不平等程度明显高于其他各类。

5.5.3　小结

本节利用各省份数据对全国的生产侧碳排放、消费侧碳排放以及城乡居民直接碳足迹、间接碳足迹、总碳足迹的洛伦兹曲线和基尼系数进行了绘制和测算,并与居民可支配收入、消费支出和 GDP 的不平等程度进行了对比。通过比较,从不平等指标角度出发对全国层面的碳不平等进行定量衡量和事实认定。2002—2015 年,我国的碳不平等主要呈现如下两个特征。

第一,从不平等程度的变化趋势来看:在社会总碳排放层面,人均生产侧碳排放经历了先下降后重新小幅上升的过程,人均消费侧碳排放在经历短暂下降后趋于平稳;在居民碳排放层面,城乡居民直接碳足迹、间接碳足迹、总碳足迹均经历了先下降后平稳的过程。

第二,从几类指标不平等程度的对比来看:2010 年前存在"GDP 不平等＞生产侧碳排放不平等＞消费侧碳排放不平等＞居民可支配收入不平等＞居民消费支出不平等"的关系;2011 年及以后,随着人均生产侧碳排放的不平等程度超过 GDP 不平等的程度,形成了"生产侧碳排放不平等＞GDP不平等＞消费侧碳排放不平等＞居民可支配收入不平等＞居民消费支出不平等"的格局;2002—2015 年,居民碳足迹部分存在"直接碳足迹不平等＞

间接碳足迹不平等≈总碳足迹不平等＞可支配收入不平等＞消费支出不平等"的关系,同时农村居民内部的碳不平等程度高于城镇居民内部的碳不平等程度。

5.6　本 章 小 结

本章基于二区域环境拓展投入产出模型,实现了对生产侧、消费侧以及城乡居民直接、间接等各类口径下的碳排放核算,并在此基础上测算了基尼系数和洛伦兹曲线等不平等指标,考察了我国碳不平等的趋势及现状。本章主要回应了研究问题一,即"各省份生产侧、消费侧、净转移的碳排放有多少,我国省际碳不平等变化趋势与现状如何?"

首先,建立了 2000—2015 年完整的省际多口径碳碳排放清单,清单各项包括:各省份生产侧碳排放、消费侧碳排放、转嫁碳排放、被转嫁碳排放以及碳排放顺差,还包括城乡居民直接、间接碳排放。

进而,基于省级数据对全国生产侧碳排放、消费侧碳排放以及城乡居民直接碳足迹、间接碳足迹、总碳足迹的洛伦兹曲线和基尼系数进行了绘制和测算,并以居民可支配收入、消费支出和 GDP 不平等程度作为参照进行了对比。本章发现,社会总碳排放下的生产侧碳排放不平等程度经历了先下降后重新小幅上升的过程、消费侧碳排放的不平等程度在经历短暂下降后趋于平稳,居民碳排放中城乡居民直接碳足迹、间接碳足迹、总碳足迹的不平等程度均经历了先下降后平稳的过程。此外,随着 2011 年生产侧碳排放不平等的程度超过 GDP 的不平等程度,目前存在"生产侧碳排放不平等＞GDP 不平等＞消费侧碳排放不平等＞居民可支配收入不平等＞居民消费支出不平等"的格局,而居民碳排放中又存在着"直接碳足迹不平等＞间接碳足迹不平等≈总碳足迹不平等＞可支配收入不平等＞消费支出不平等"和"农村碳足迹不平等＞城镇居民碳足迹不平等"的关系。

最后,建立的 2000—2015 年各省份各行业碳排放的三维面板数据库,可以用于后续实证分析中讨论我国碳转移不平等与碳不平等的驱动因素。第 6 章将基于本章的核算结果,考察经济发展水平、环境规制水平以及城市化率、产业结构、贸易结构等差异对碳排放的影响,定量分析省际碳不平等的驱动因素。

第6章 宏观碳转移不平等驱动因素的分析

基于上文环境拓展投入产出模型的碳排放核算结果,第4章、第5章分别从地区间碳转移的不平等和省际各类碳排放水平的不平等两个角度确认了我国碳不平等的基本事实。本章将在此基础上,主要完成两项工作。第一,通过简单的统计性描述来初步讨论城乡二元分化、经济发展水平、产业结构、能源结构等因素对碳排放不平等的驱动作用。第二,通过实证分析讨论宏观碳排放不平等的形成机制,特别是收入水平和环境规制的作用。本章的主要任务是在宏观上回答研究问题二,即"哪些因素促进碳排放的平等,而哪些因素又导致不平等加剧? 收入水平和环境规制分别对碳排放和碳转移产生了怎样的影响,哪些因素驱动了碳排放?"。

6.1 文 献 综 述

既往文献主要是在宏观层面分析形成碳排放差异的原因,并对碳不平等的驱动因素进行分解。研究国家、地区层面碳排放不平等的常用方法包括两类(Hoekstra & Jeroer,2003; Su & Ang,2012; Feng et al.,2012; 张韧,2014)。第一类是线性回归法,以指标分解法(index decomposition analysis,IDA)为代表,通常用于考察碳排放差异的影响因素(Ang,1995、2004; Ang & Zhang,2000)。第二类是结构分解法(structural decompositionanalysis,SDA),基于投入产出模型研究碳排放变动的结构性原因(Miller & Blair,2009; Kaivo-oja & Luukkanen,2004; Wachsmann et al.,2009; Zhang et al.,2017)。

本研究主要关注基于线性回归法研究碳不平等的文献。一般而言,这类文献通常参考 Kaya 恒等式、IPAT 模型、STRIPAT 模型,以碳排放差异或不平等程度作为因变量(王迪等,2012),以人口、经济发展水平、能源结构、能源强度、产业结构、消费结构、碳排放强度等作为自变量,考察各变量对碳不平等的贡献(潘家华、张丽峰,2011)。已有研究根据其采用的因变量又可以分为两类,一类直接对碳排放差异本身进行考察,另一类基于碳排放差异先构造基尼系数和泰尔指数等碳不平等指标再对指标进行考察。

第一类直接考察碳排放差异的文献,主要对经济发展水平、环境规制强度、能源结构、产业结构以及贸易结构等多个驱动因素对区域碳排放差异的作用进行考察。首先,区域收入水平差异是我国省际碳不平等最重要的因素之一。Heil & Wodon(1997)以及 Shafik & Bandyopadhyay(1992)发现碳排放与人均 GDP 呈正相关。Feng et al.(2009)对家庭部门碳排放进行了分解,发现高家庭收入是高碳排放的原因。林伯强和蒋竺均(2009)通过碳排放库兹涅茨曲线讨论了人际收入与人均碳排放之间的关系。王佳(2012)按照地理区位的东中西、八大经济带以及省级三种划分方式对中国碳不平等的程度进行了考察,认为经济水平差距是碳不平等的最重要影响因素。吴玉鸣(2015)考察了经济发展水平、人口数量和产业结构对碳排放的驱动作用。其次,能耗强度、能源结构和产业结构同样是碳不平等的重要影响因素。齐志新等(2007)发现高制造业比例是高碳排放的主要原因。李齐云、商凯(2009)采用 STIRPAT 模型发现人口、人均实际 GDP 和能源效率均对我国碳排放量影响较大。李国志和李宗植(2010)发现经济发展水平和资源消耗量是中国东部、中部、西部地区碳排放不平等的最重要影响因素。Zhang et al.(2011)讨论了 GDP、经济结构、能源强度、燃料组合四个因素对碳排放的影响,发现经济规模增加是导致碳排放增长的关键原因。再次,人口、城市化率差异以及年龄结构也是区域碳排放不平等的成因之一(Minx et al.,2011;Shi Anqing,2003)。绝大多数研究认为碳排放随人口增长而增加(Ehrlich & Holdren,1971),城市化率提高将推动碳排放增长(Feng & Hubacek,2016;林伯强、刘希颖,2010),城乡居民之间存在着严重的人均碳排放不平等。最后,亦有文献从政策角度考察了碳不平等的成因,刘玉萍(2010)认为节能减排政策倾向会使经济发达地区和经济欠发达地区承担不同的减排量,进而影响省际碳不平等的程度。

第二类先构造不平等指标再予以分解的文献,主要关注碳不平等在组内不平等与组间不平等之间的分配。跨国研究的结论通常支持组间不平等是碳不平等的主导因素。Heil & Wodon(1997、2000)通过对 1960—1990年碳不平等的变动情况进行指数分解,发现组间不平等是国际碳不平等的主要原因。Duro & Padilla(2006、2011)对碳不平等按照组间和组内分解,同样支持组间差异是国际碳排放不平等的主导因素。收入差距是碳不平等最重要的驱动因素，也是文献中考察最多的变量之一。Duro & Padilla（2006、2011）根据 Kaya 恒等式对泰尔指数进行分解，发现人均收入水平的差异是影响碳不平等程度的重要因素，而碳不平等程度的下降则主要归功于能源强度的降低。Cantore & Padilla（2010）和 Cantore（2011）同样认为收入差距是碳排放差异的主要原因。查冬兰和周德群（2007）、王迪等（2012）的研究均支持收入差距和能源强度在区域碳不平等中起到重要作用。

　　总的而言，文献主要通过两种方式讨论区域碳不平等，一是研究地区碳排放差异的决定因素，二是构造类似基尼系数的碳不平等指标并进行分解。文献发现，影响地区生产侧碳排放的因素主要包括经济水平、人口数量、能耗强度、能源结构、产业结构、城市化率、环境规制水平等多个变量。

6.2　经济、结构性影响因素与碳不平等：描述性分析

6.2.1　城乡二元分化对碳不平等的驱动作用

　　近些年来，消费口径碳排放，特别是居民消费碳足迹广泛受到研究者的关注。其主要原因在于一个人的消费碳足迹反映了他所享受到的资源和福利水平，消费侧碳排放实际上是一种衡量福利或者生活水平的指标。因此在消费口径碳排放中，尤为重要的两项就是城镇居民消费侧碳排放和农村居民消费侧碳排放。

　　从全国范围来看，城镇居民的消费碳足迹远大于农村居民的消费碳足迹。2000—2015 年，农村间接碳足迹、农村直接碳足迹、城镇间接碳足迹、城镇直接碳足迹均呈现上涨态势，如表 6.1 所示。

表 6.1　2000—2015 年城乡居民的直接、间接、总体碳足迹

单位：Mt CO$_2$

年份	间 接		直 接		合 计	
	农村	城镇	农村	城镇	农村	城镇
2000	400.74	674.23	101.50	104.30	501.90	769.29
2001	416.14	736.90	103.00	102.70	515.78	832.64
2002	432.96	842.38	100.30	112.20	539.58	930.44
2003	444.31	1005.44	110.60	112.80	557.11	1116.04
2004	342.58	851.22	114.70	132.90	475.48	965.92
2005	453.92	1113.52	126.10	142.60	596.52	1239.62

年份	间　接		直　接		合　计	
	农村	城镇	农村	城镇	农村	城镇
2006	458.94	1189.74	122.60	142.60	601.54	1312.34
2007	459.58	1260.03	123.40	149.50	609.08	1383.43
2008	457.05	1338.57	121.50	158.20	615.25	1460.07
2009	482.97	1471.31	127.50	168.10	651.07	1598.81
2010	458.84	1440.68	135.80	207.80	666.64	1576.48
2011	504.47	1581.10	149.40	227.60	732.07	1730.50
2012	547.94	1718.31	156.80	249.80	797.74	1875.11
2013	560.87	1765.46	156.70	208.70	769.57	1922.16
2014	612.41	1868.42	160.70	221.80	834.21	2029.12
2015	676.17	2074.27	173.40	248.19	924.35	2247.67

其中,农村居民直接碳足迹、城镇居民直接碳足迹以及农村居民间接碳足迹的变化较为稳定、增长平缓,而城镇居民间接碳足迹则增长迅速,图 6.1 中的 4 条折线图体现了不同类目碳足迹的变化趋势。其中城镇居民间接碳足迹增长尤为迅速,从 2000 年的 674.23Mt CO$_2$ 增加到 2015 年的 2074.27MtCO$_2$,增长为最初的 3.08 倍,年均增速 7.78%。城镇居民间接碳足迹之所以增长迅

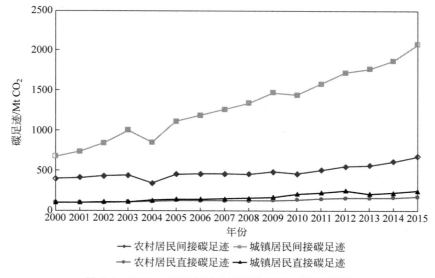

图 6.1　2000—2015 年城乡居民的直接、间接碳足迹

速，一方面可能是由于经济发展、生活水平的提高促进了居民消费，一方面
可能是由于城镇化率的提高使得部分农村人口转为城镇人口，这部分人群
原本的碳足迹也相应转入城镇居民碳足迹。图 6.2 为 2005—2015 年各省
份城乡居民碳足迹的整体、人均水平各年的箱线图，无论从整体还是人均角
度出发，箱线图都验证了折线图所反映的情况，城镇居民的碳足迹总量高于
农村居民，城镇居民的人均碳足迹也高于农村居民。

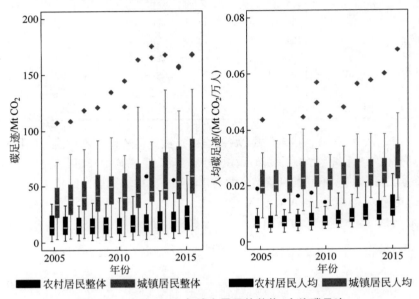

图 6.2　2005—2015 年城乡居民的整体、人均碳足迹

　　从增速来看，城镇居民碳足迹增速高于农村居民碳足迹，图 6.3 左图反映
了二者之间不断拉大的差距。2000 年城镇居民碳足迹和农村居民碳足迹分别
为 769.29Mt CO_2 和 501.90Mt CO_2，而至 2015 年则分别为 2247.67Mt CO_2 和
924.35Mt CO_2。图 6.3 右图反映了间接碳足迹的差异在城乡居民碳足迹
的巨大差异中起到了重要的主导作用，2000—2015 年居民消费碳足迹中的
间接碳足迹均远高于直接碳足迹，平均为直接碳足迹的 5.97 倍，体现了居
民消费碳足迹中大量的碳排放并不是通过日常取暖、出行等直接燃烧燃料
的方式来释放的，而是通过购买生活领域各行业的产品和服务间接释放的。
　　进一步，如果单独讨论间接碳足迹，那么城乡居民之间的差异将会更大。
如图 6.4 中，城镇和农村居民的间接碳足迹分别从 2000 年的 674.23Mt CO_2
和 400.74Mt CO_2 增长为 2015 年的 2074.27Mt CO_2 和 676.17Mt CO_2，城镇

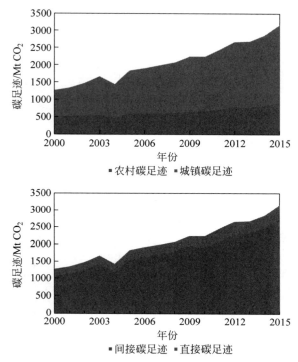

图 6.3　2000—2015 年农村、城镇居民的碳足迹与直接、间接碳足迹

居民间接碳足迹从农村居民间接碳足迹的 1.68 倍增长为 3.07 倍。而如果单独讨论直接碳足迹,那么城乡居民之间的差异将会略小。图 6.4 中,城镇和农村居民的直接碳足迹分别从 2000 年的 104.30Mt CO_2 和 101.50Mt CO_2 增长为 2015 年的 248.19Mt CO_2 和 173.40Mt CO_2,城镇居民直接碳足迹从农村居民直接碳足迹的 1.03 倍增长为 1.43 倍,增速相对缓和。之所以城乡居民的间接碳足迹差异大于直接碳足迹差异,一定程度上是消费弹性的体现。直接碳排放的餐饮、取暖与日常生活息息相关,它们不可或缺、较为固定,弹性较小;而间接碳排放则涉及了更多类别的消费,涵盖了不同生活水平的消费项目,弹性较大。因此,城乡居民差异在直接碳排放层面相对较小,而间接碳排放则是城乡碳排放不平等的一个重要来源。

因此,城乡二元分化确实是驱动碳排放不平衡的一个重要因素,城市居民以更少的人口贡献了多于农村居民的直接、间接碳足迹,城市化率较高的省份更容易产生更多碳排放,省际城市化率的差异驱动了区域之间的碳转移不平等。

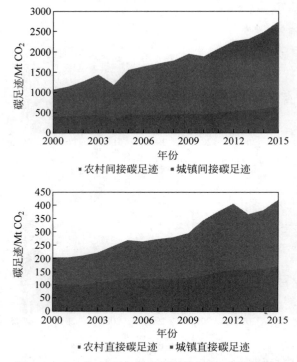

图 6.4   2000—2015 年城乡居民的间接、直接碳足迹

6.2.2   经济发展水平对碳不平等的驱动作用

处于经济发展不同阶段的省份,一般会有不同的中间品、最终品使用量以及不同的投入产出结构。因此,经济发展水平将影响每个省份的生产侧碳排放和消费侧碳排放,也将影响省份之间的碳转移与被转移情况。

从总量角度出发,经济较发达的地区往往人口密集、居民消费水平较高、政府也有能力进行更多的政府购买,因此消费中隐含的碳排放相应较多。同理,经济较发达的地区生产总值较高,也意味着总产出相应增加,在生产中所排放的碳也较多。这样的初步推断可以被图 6.5 所证实,随着不变价地区生产总值对数的增加,基于消费的碳排放和基于生产的碳排放均有增长。

从人均角度出发,经济发达地区的居民消费有可能会随着人均收入的增长呈现倒 U 形曲线。这是因为收入增长初期,消费伴随人均收入的增加而有所增长,隐含的消费侧碳排放也相应增加;随后,由于消费的边际效应

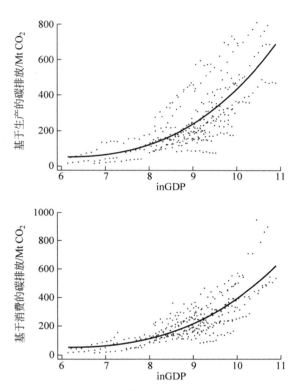

图 6.5　生产侧碳排放、消费侧碳排放与对数 GDP 的拟合曲线

下降导致收入的边际消费倾向减小,消费—收入曲线逐渐变得更为平缓,因此相应隐含的消费侧碳排放—收入曲线也逐渐变得更为平缓;在收入增长到高水平时,人们的效用不再由简单的生活消费所提供,一方面变得更重视健康、环保、低碳生活所带来的效用,另一方面随着社会和科技的进步能够有更清洁、低碳的生活产品和生活方式,因此会出现人均消费侧碳排放随收入增长而下降的现象。类似的,在经济增长的初期人均生产侧碳排放随着生产率的提高而增加;而经济增长到一定水平后,一方面产业结构的转型带来服务业、高技术行业等低碳行业比例上升,另一方面技术的提高使得单位产出的生产侧碳排放量下降,人均生产侧碳排放会随着人均收入的增加出现下降的可能,生产侧碳排放与收入之间的关系也可能呈倒 U 形。如图 6.6 展示了 2005—2015 年我国 30 省份人均碳排放量与人均 GDP 之间的关系,符合以上的基本判断。

　　从区域之间的角度出发,本节选取碳排放顺差,即净转移到其他区域的

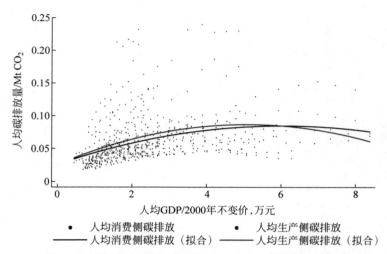

图 6.6　人均生产侧碳排放、消费侧碳排放与人均 GDP 的拟合曲线（见文前彩图）

碳排放进行观察。图 6.7 展示了 2005—2015 年碳排放顺差与经济发展水平之间的关系，其中横轴表示 2000 年不变价 GDP（亿元）的对数，纵轴表示净转移到其他区域的碳排放即碳排放顺差或碳排放逆差（Mt CO$_2$），气泡的大小代表碳排放强度之间的差异，气泡越大意味着单位产出的碳排放强度越高。能够观察到一个有趣的现象是，随着经济的增长，碳排放顺差的正负出现了分化。通过分别对呈现碳排放顺差和逆差的点进行拟合，两条拟合曲线代表了两种发展模式：一种是随着经济增长碳排放的顺差越来越大，

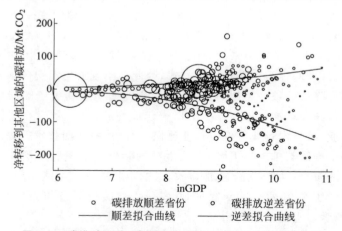

图 6.7　碳排放顺差（碳排放逆差）与对数 GDP 的拟合曲线

净转移到其他区域的碳排放增加；另一种是随着经济增长，碳排放的逆差越来越大，通过区域间贸易被其他区域转嫁过来的碳排放逐渐增加。

　　为了进一步了解各年份的情况，图 6.8 以 2005—2015 年各年份的净转移碳排放、对数 GDP 与碳排放强度的对比，展示了净转移到其他区域的碳排放、经济发展水平与碳排放强度之间的关系①。值得注意的是，同一年份内气泡大小可比、各年份间气泡大小并不可比，"全部"一图由于了包含全部样本因此气泡大小可比。图 6.8 体现了如下两点：第一，越是靠近横轴右侧气泡面积越小，表明随着经济的增长碳排放强度呈减小趋势；第二，越是靠近横轴左侧气泡之间在纵轴上的差异越小，而越是靠近横轴右侧气泡之间在纵轴上的差异越大，甚至分化为两类，表明随着经济增长不同省份碳排放顺差之间的方差不断变大，延伸出两种不同的碳排放—经济增长关系模式。

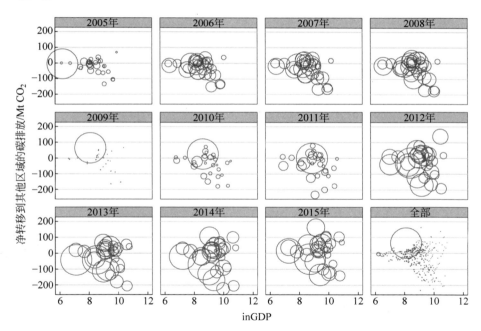

图 6.8　碳排放顺差（碳排放逆差）、对数 GDP 与碳排放强度的关系

---

　　①　为了更全面地展示数据，图 6.8 中没有剔除 2008 年四川和 2009 年新疆的样本，故在 2009—2011 年以及全样本的子图形中能够观察到显著比其他气泡大的气泡，特别是跨年份的整体样本中能够观察到 2009 年新疆的气泡明显较其他气泡面积大，但这一情况并不影响整体的分析。

　　因此，经济发展水平是驱动碳转移不平等的因素之一，经济发达的地区产生了更多的消费侧碳排放和生产侧碳排放，同时随着经济的发展不同省份净转移到其他区域的碳排放发生了更大的差异，形成了两种不同的模式。

6.2.3　产业结构对碳不平等的驱动作用

　　一个地区总的生产侧碳排放来自各行业碳排放的加总，以石化、钢铁等高碳排放行业为主的地区必然会产生更多的碳排放，而以高技术行业、服务业为主的地区则碳排放量较少。图 6.9 分别绘制了 2005—2015 年我国 30 个省份的生产侧碳排放、消费侧碳排放与工业、服务业占 GDP 比重之间的关系，并进行了线性拟合，能够观察到：随着工业增加值占比的上升，基于生产和基于消费的碳排放均呈上升趋势；随着服务业增加值占比的上升，基于生产和基于消费的碳排放均呈下降趋势。

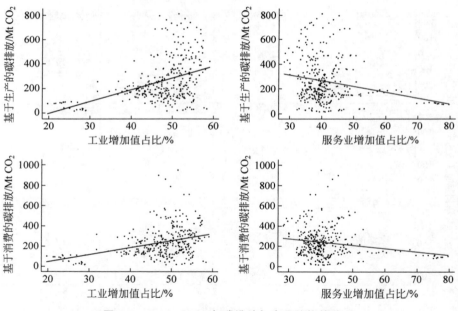

图 6.9　2005—2015 年碳排放与产业结构的关系

　　以 2012 年各省份的具体情况为例，图 6.10 描述了三大产业总产值规模、结构与碳排放的情况，图 6.11 描述了三大产业增加值规模、结构与碳排放的情况。两图中的省份按照由上至下产值规模增加的顺序排序，能够观察到随着产值的递增，最右一栏碳排放并不是一直递增的，而是出现了一些波动。例如,图 6.10 中海南、北京、上海明显比相邻的其他省份碳排放更低,而对应到图中的左栏、中栏能够发现以上三个地区都是服务业增加值占比明显较高的区域。又例如,图 6.10 中山西、内蒙古、河北、山东四个地区比相邻的其他省份碳排放更高,对应到图中的左栏、中栏能够发现以上地区的工业增加值占比要高于相邻的省份。图 6.11 从增加值角度出发的观察也符合以上特征。

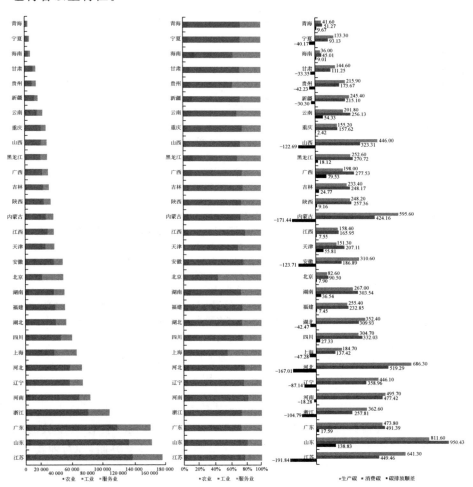

图 6.10　2012 年各省份三大产业总产值规模、结构与碳排放

(单位:亿元;%;Mt CO_2)

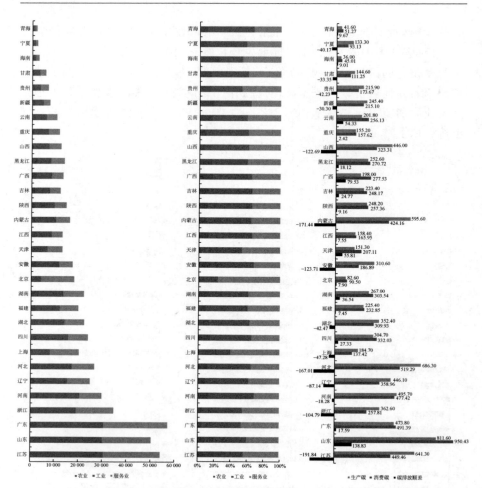

图 6.11　2012 年各省份三大产业增加值规模、结构与碳排放
(单位：亿元；%；Mt CO₂)

　　因此,产业结构是影响碳排放量的因素之一。总体而言,工业占比的上升倾向于促进碳排放的增加,而服务业占比的上升倾向于促使碳排放的减少。但实际上产业结构对碳排放顺差的影响取决于多个方面,如行业类型、是否为能源密集型产业大省、是否为能源出口型经济以及当地生产侧碳排放和消费侧碳排放对产业结构变化的弹性等。

6.2.4　能源结构对碳不平等的驱动作用

　　能源结构对碳排放以及碳转移不平等的驱动作用,在所有影响因素中是相对容易推断的。如果一个地区高度依赖煤炭等高碳排放能源，而较少使用太阳能、风能、核能等新型能源，那么该地区必然有较高的碳排放强度，因此会促进生产侧和消费侧碳排放的上升；反之亦然。图 6.12 展示了生产侧碳排放、消费侧碳排放、碳排放顺差与煤炭能源在所有能源中所占比例

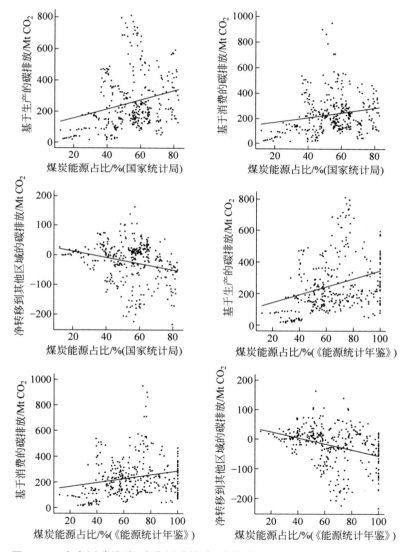

图 6.12　生产侧碳排放、消费侧碳排放、碳排放顺差与煤炭能源占比的关系

间的关系，能够观察到生产侧碳排放和消费侧碳排放随煤炭占比上升而增加，碳排放顺差即净转移到外部的碳排放随煤炭占比的上升而减少。越是使用高碳排放能源的区域，越容易呈现碳排放逆差，被其他区域转嫁碳排放。

为了观察地区差异，本研究按照一般意义上东部、中部、西部地区的分类，将各省份分为 3 组，图 6.13 表明三个区域间存在明显差异。东部地区煤炭占比较低，碳排放顺差的方差大，随着煤炭占比上升碳排放顺差呈下降趋势。中部地区煤炭占比则较高，碳排放顺差的方差大，随着煤炭占比上升碳排放顺差呈下降趋势，与东部地区之间的差异是图形整体向右平移。西部地区则与其他两组更为不同，煤炭占比较高，但碳排放顺差的差异较小、基本围绕 0 值波动，拟合曲线较为平缓，随着煤炭占比的上升碳排放顺差出现小幅下降。造成东部、中部、西部地区间差异的一个重要原因是东部地区多为经济较发达、参与区域间贸易多、服务业占比高、煤炭使用比例低的地区，中部地区则是经济发展居中、参与区域间贸易多、工业占比高、煤炭使用比例高的地区，而西部地区则包含了一些经济相比更为落后、参与区域间贸易量更少、工业占比高、煤炭占比高的地区。

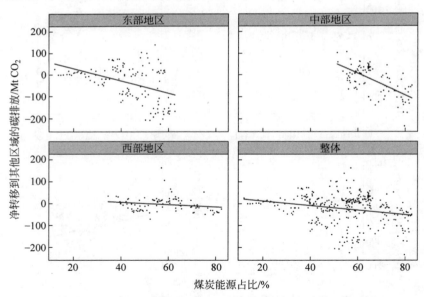

图 6.13   东部、中部、西部地区碳排放顺差与煤炭能源占比的关系

进一步，在不同省份间，我们依然能够观察到相符的情形。以图 6.14 的 2012 年各省份生产侧碳排放、消费侧碳排放、碳排放顺差与煤炭能源占

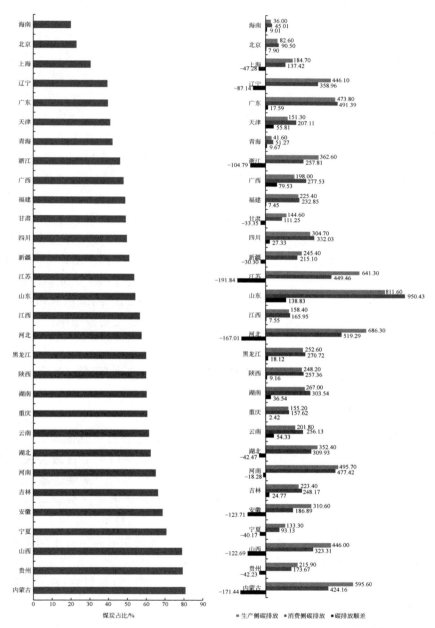

图 6.14　2012 年各省份煤炭能源占比与生产侧碳排放、消费侧碳排放、碳排放顺差

（单位：%；Mt CO$_2$）

比的关系为例,图中由上至下各省份按照煤炭能源占比递增的顺序排列,图中主要体现了两点:第一,由上至下,随着煤炭能源占比上升碳排放顺差呈现由正转负的趋势,最下方的几个省份如安徽、宁夏、山西、贵州、内蒙古均呈碳排放逆差状态;第二,图的中上部出现了几个碳排放逆差较大的省份如浙江、江苏、河北,他们均为周边区域承担了较多的加工业务,这一情况与已有大量文献关于区域间碳转移的结果一致。

因此,能源结构是碳排放差异和碳转移不平等的驱动因素之一,煤炭在能源结构中占比高的省份其生产侧碳排放、消费侧碳排放相应更高,也更容易出现碳排放逆差,承担从其他区域转嫁来的碳排放。

6.2.5　小结

综上,本节从简单统计描述的角度出发,讨论了碳排放差异和碳转移不平等几个主要的驱动因素,包括城乡二元分化和城市化率、经济发展水平、产业结构以及能源结构等。此外,还有一些其他的主要因素如人口规模、人口年龄结构、贸易结构、天气条件等也会影响各省份内部的碳排放和区域间的碳转移不平等,这些变量将在之后纳入定量实证研究的模型中。

6.3　碳不平等一般驱动因素的宏观定量分析

6.3.1　研究假设

在通过简单的统计性描述和直观的图形来讨论各省份碳排放的影响因素和区域间碳转移不平等的驱动因素后,本节希望使用中国省级宏观数据进行定量的实证分析,并尝试回答研究问题二,即"哪些因素促进碳排放的平等,而哪些因素又导致不平等加剧?"探寻收入和环境规制分别对各省份的碳排放水平、居民碳排放量以及碳转移量产生了怎样的作用。

本节将从宏观定量的角度来分析收入和环境规制对碳排放不同组成部分的影响和对碳转移不平等的作用,并控制城市化率、经济发展水平、产业结构、能源结构、人口规模、年龄结构、贸易结构、国际直接投资(FDI)、能源价格以及天气条件等因素的影响。依据 6.2 节的推断和初步观察的验证,本研究的假设如下,其中假设 1 和假设 2 是主要假设,假设 4 至假设 6 是次要假设。

假设 1:经济发展水平是影响碳排放量的重要因素。经济较发达的地区容易产生更多的生产侧、消费侧碳排放,省份间经济发展水平的差异驱动了省际生产侧与消费侧碳排放的不平等以及碳转移的不平等。

假设 2:环境规制水平是影响碳排放量的重要因素。环境规制水平越强的地区生产侧与消费侧碳排放水平可能出现下降,同时更容易向外部转移自己的碳排放负担。

假设 3:人口规模是影响碳排放量的因素之一。人口规模大的地区生产侧、消费侧碳排放相应增加。

假设 4:能源强度是影响碳排放的因素之一。单位 GDP 的能耗越高,碳排放越高。

假设 5:能源结构是影响碳排放量的因素之一。高煤炭能源占比的省份生产侧、消费侧碳相应更高,同时更容易出现负的净碳转移,承担从其他区域转移来的碳排放,省际能源结构差异驱动了区域间碳转移的不平等。

假设 6:产业结构是影响碳排放量的因素之一。随着服务业占比的上升和工业占比的下降,生产侧碳排放应相应减少。但产业结构对净转移碳排放的影响则不一定是简单线性的,可能与其他变量共同作用,产生更复杂的结果。

6.3.2　计量模型和数据

本节主要研究收入和环境规制对省际碳不平等的贡献,从三个维度考察碳不平等的机制,分别为省际生产、消费、资本形成等各类碳排放不平等的影响因素,省际居民碳排放不平等的驱动因素,以及各省份净转移碳排放不平等的影响因素。

本研究使用除西藏外的 30 个省份 2005—2015 年的省级面板数据进行回归分析,样本量为 330。使用省级面板数据来进行分析,主要是考虑到两点:其一,更希望看到省级的碳转移不平等与减排效果,而不是深入到不同省份的行业层面;其二,在数据覆盖的 11 年内各省份的产业结构可能已发生结构变化,从省级层面来分析能够抹平行业间结构变动所引起的碳排放变化。

本节实证模型结合了贸易隐含碳理论、环境库兹涅茨曲线以及污染天堂效应。首先,因变量来自贸易隐含碳理论对各类碳排放、碳转移的核算结果。其次,关注的自变量为人均 GDP 和环境规制水平,自变量的选取分别缘自环境库兹涅茨曲线和污染天堂效应。再次,其他控制变量的选取来自以往文献中研究生产侧碳排放不平等时经常使用的 IPAT 模型、STRIPAT

模型以及 Kaya 模型。其中 IPAT 模型（Ehrlich & Holdren,1971）中 I 表示环境压力（Impact），P 表示人口（Population），A 表示富裕程度（Affluence）通常用人均 GDP 来衡量，T 表示技术水平（Technology）。STRIPAT 模型（Dietz,1994）在 IPAT 模型的基础上加入了随机效应项,将环境所受到的影响分解为人口、富裕程度、技术水平以及随机误差项。Kaya 模型（Yoichi Kaya,1989）将碳排放分解为能源的碳排放强度、单位 GDP 能耗、人均 GDP 和人口数量四者连乘形式的恒等式。Ang（2005）将碳排放的影响因素分解为 GDP、经济结构、能源强度、燃料组合和碳排放因子五个方面。经过 Hausman 检验,本研究在随机效应模型和固定效应模型中应选择固定效应面板模型,加入年份和省份作为控制变量。最后,尽管以上分析综合考虑了 IPAT、STRIPAT、Kaya 等多个模型,但一方面碳排放的影响因素众多、机制复杂,难以完全排除存在遗漏变量或者内生变量的可能,另一方面各省份的环境规制水平可能与该省份的碳排放水平之间存在内生性,因此还需要解决内生性的影响。因此本研究使用二阶段系统广义矩方法（System Generalized Method of Moments,SGMM）对上文的主要结果进行再次估计,以验证回归的稳健性。动态面板 SGMM 模型有助于克服遗漏变量和反向因果所带来的内生性问题,能够提高估计效率。

　　使用 SGMM 方法的前提是回归中的变量满足平稳性,表 6.2 显示基于 Fisher-ADF、LLC、Fisher-PP、IPS 四种主要原则,主要回归变量的平稳性条件能够满足平稳性。

表 6.2　主要变量平稳性检验

变　　量	Fisher-ADF	LLC	Fisher-PP	IPS	结论
lnc	-5.1135^{***}	-5.7524^{***}	-3.0773^{***}	-3.0897^{***}	平稳
	(0.0000)	(0.0000)	(0.0012)	(0.0010)	
lnp	-4.2515^{***}	-8.3856^{***}	-14.2129^{***}	-3.9507^{***}	平稳
	(0.0000)	(0.0000)	(0.0000)	(0.0000)	
$lnGDP$	-1.6597^{**}	-5.2736^{***}	-22.8632^{***}	-6.2194^{***}	平稳
	(0.0495)	(0.0000)	(0.0000)	(0.0000)	
$lnpopulation$	-2.6394^{***}	-190.0000^{***}	-9.9070^{***}	-22.4622^{***}	平稳
	(0.0046)	(0.0000)	(0.0000)	(0.0000)	
$energyintensity$	-5.8525^{***}	-9.1113^{***}	-2.2615^{***}	-2.1205^{***}	平稳
	(0.0000)	(0.0000)	(0.0126)	(0.0170)	

注：* 表示 $p<0.1$,** 表示 $p<0.05$,*** 表示 $p<0.01$。

确定 SGMM 方法的适用条件满足后,参考以往文献中所考虑的变量,本节实证的具体模型如下。

$$y_{it} = \alpha + \rho_1 y_{i,t-1} + \rho_1 y_{i,t-2} + \beta X_{it} + \theta Z_{it} + \gamma_i + \varepsilon_{it}$$

其中,等式左边的因变量 y_{it} 是笔者关注的 i 省份在 t 年的一系列碳排放,包括各类碳排放水平如消费侧碳排放、生产侧碳排放、自产自用的碳排放、用于资本形成的碳排放,也包括城乡居民直接碳排放、间接碳排放以及总碳排放,还包括各省份净转移到外部的碳排放,这些数据由本研究的第 3 章、第 4 章计算得到。等式右边的自变量主要包括三类:第一类 $y_{i,t-1}$ 和 $y_{i,t-2}$ 分别是因变量的一阶和二阶滞后项;第二类 X_{it} 是笔者关注的自变量,分别是人均 GDP 和环境规制强度;第三类 Z_{it} 是控制变量,包括了城市化率、能源强度、产业结构、能源结构、人口规模、年龄结构、贸易结构、FDI 情况、能源价格以及天气条件等一系列变量(见表 6.3)。

表 6.3　控制变量列表

人口学变量	经济学变量	环境经济学变量	其他	固定效应
人口数量	服务业占比	能耗强度	雪灾和低温受灾人数	年份
城市化率	进口占比	煤炭能源占比		省份
少年与老人抚养比	出口占比	电力价格指数	雪灾和低温死亡人数	
	FDI 占比			

本研究使用的原始数据来自《中国统计年鉴》、国家统计局网站、《中国能源统计年鉴》、《中国气象灾害年鉴》和世界银行数据库,通过一定的加工计算得到。具体来说,$lnGDP_{it}$ 代表 i 省市在 t 年的人均 GDP 对数,人均 GDP 取 2000 年不变价,单位为元,数据来自《中国统计年鉴》。另外一组同样代表经济发展水平的变量是居民消费,$consumption_{it}$、$consumption\_u_{it}$ 和 $consumption\_r_{it}$ 分别代表居民人均消费支出、城镇居民人均消费支出和农村居民人均消费支出,数据来自《中国统计年鉴》,单位为元,$lnconsumption_{it}$、$lnconsumption\_u_{it}$ 和 $lnconsumption\_r_{it}$ 为以上三项的自然对数。环境规制水平采取当年工业污染治理完成投资与工业增加值的比例,数据来自《中国统计年鉴》。$population_{it}$、$population\_u_{it}$ 和 $population\_r_{it}$ 分别代表总人口数量、城市人口数量和农村人口数量,单位为万人,数据来自《中国统计年鉴》,实证分析中取对数。$urbanrate_{it}$ 代表城市化率,即城市人口占总人口的比例,计算方法为城市人口数/人口总数×

100%，数据来自《中国统计年鉴》。$energyintensity_{it}$ 代表单位 GDP 的能源强度，其中能源消耗量以《中国能源统计年鉴》数据为准，GDP 以 2000 年不变价 GDP 为准，能源强度的单位为吨标准煤/万元。$old\&young_{it}$ 代表少年儿童和老年抚养比，等于少年儿童抚养比与老年抚养比之和，即非劳动年龄人口数（少年儿童与老年人）与劳动年龄人口数之比，用以表明每百名劳动年龄人口要负担多少名少年儿童和老年人，计算方法为（14 岁以下人口数＋65 岁以上人口数）/劳动人口数×100%，具体数据来自《中国统计年鉴》。$industry\_2rd_{it}$ 和 $industry\_3rd_{it}$ 分别代表工业和第三产业增加值占总增加值的比例，用来表征产业结构，数据来自《中国统计年鉴》。$coalrate_{it}$ 代表煤炭能源消费占该省份全部能源消费的比例，用来表征能源结构，通过将各类能源消费转为以万吨标准煤为单位来实现不同能源消费量之间的可比，数据来自《中国能源统计年鉴》。$IM\_\%_{it}$ 和 $EX\_\%_{it}$ 分别代表进口和出口数额占当年 GDP 的比例，用来表征贸易结构，其中进口数额采用境内目的地和货源地进口总额，出口数额采用境内目的地和货源地出口总额，单位均为千美元，通过汇率换算转换为人民币以实现与 GDP 可比，进出口额和 GDP 数据来自《中国统计年鉴》，汇率数据来自世界银行。$lowtemp\_hurt_{it}$ 和 $lowtemp\_death_{it}$ 分别代表因雪灾和低温冷冻灾害而导致的受灾人口数（万人次）和死亡人口数（人），用来表征当年的气候条件，数据来自《中国气象灾害年鉴》。$fdirate$ 代表 FDI 占 GDP 的比例，FDI 数据来自《中国统计年鉴》，汇率数据来自世界银行。$lnprice$ 代表电力部门价格指数的对数，数据来自《中国统计年鉴》。模型中主要变量的统计描述如表 6.4 所示。

表 6.4　主要变量描述性统计

变　量　名	变 量 涵 义	样本量	均值	标准差	最小值	最大值
$c\_consumption$	基于消费的碳排放	330	236.1	150.3	15.75	950.4
$c\_production$	基于生产的碳排放	330	259.2	176.1	16.1	811.6
$c\_balance$	净转移碳排放	330	−23.07	67.2	−233.5	163.2
cr	农村居民碳排放	330	17.19	11.11	1.48	59.42
cu	城镇居民碳排放	330	50.97	31.96	3.19	175.2
lnc	消费侧碳排放对数	330	5.24	0.73	2.76	6.86
lnp	生产侧碳排放对数	330	5.3	0.78	2.78	6.7
lnb	处理后的碳排放顺差对数	330	−0.67	3.51	−5.45	5.10
$lnhh$	居民碳排放对数	330	4.02	0.72	1.61	5.46

续表

变　量　名	变量涵义	样本量	均值	标准差	最小值	最大值
lnex	被转嫁碳排放对数	320	4.3	1.02	−1.2	6.04
lnim	转嫁到其他区域碳排放对数	330	4.1	0.87	1.48	5.57
lncs	自产自用碳排放对数	330	4.76	0.8	2.39	6.71
lncd	直接碳排放对数	330	2.16	0.81	−1.61	3.68
lncr	农村居民碳排放对数	330	2.57	0.83	0.39	4.08
lncu	城镇居民碳排放对数	330	3.71	0.74	1.16	5.17
lnGDP	人均 GDP 对数(2000 年价格)	330	9.95	0.58	8.41	11.34
consumption	居民消费(2000 年价格)	330	9133	5416	2940	34 908
consumption_u	城镇居民消费(2000 年价,元)	330	13 242	5564	5691	37 354
consumption_r	农村居民消费(2000 年价,元)	330	4713	2858	601.8	16 083
population	人口数量(万人)	330	4425	2656	543	10 849
population_u	城镇人口数量(万人)	330	2225	1424	213	7454
population_r	农村人口数量(万人)	330	2200	1472	206	6505
urbanrate	城市化率(%)	330	51.8	14.11	26.86	89.61
energyintensity	单位能源强度(吨标准煤/万元)	330	1.55	0.88	0.50	5.10
old&young	少年儿童和老年抚养比(%)	330	36.05	6.92	19.3	57.6
industry_2nd	工业占总 GDP 的比例(%)	330	47.34	7.75	19.74	59.05
industry_3rd	服务业占总 GDP 的比例(%)	330	41.45	8.53	28.3	79.65
coalrate	煤炭占总能源的比例(%)	330	54.43	15.09	12	82.82
IM_%	进口额占 GDP 的比例(%)	330	15.39	17.73	0.58	85.04
EX_%	出口额占 GDP 的比例(%)	330	16.21	19.53	0.84	91.61
fdirate	FDI 占 GDP 的比例(%)	330	2.50	1.90	0.07	8.19
electricprice	电力部门价格指数(1995=100)	330	120.94	14.13	100.00	160.79
regulation	污染治理投资占比(%)	330	0.42	0.34	0.04	2.80
lowtemp_hurt	雪灾和低温受灾人数(万人次)	330	258	569.3	0	4222
lowtemp_death	雪灾和低温死亡人数(人次)	330	9.28	36.74	0	371

6.3.3　各省份碳排放不平等的驱动因素

首先,讨论省级碳排放在总量层面差异的驱动因素。本节以各省份的消费侧碳排放、生产侧碳排放、自产自用的碳排放、用于资本形成的碳排放以及居民生活的间接和直接碳排放等省级碳排放总量的对数为因变量。由于以往文献在研究生产侧碳排放时,IPAT 模型、STRIPAT 模型、Kaya 模型中的因变量和影响因素变量在等式中均取自然对数形式，因此本组回归的因变量和主要自变量均取对数形式。本节包括三组回归，分别为：(1)基于固定效应的基准回归，用于检验各控制变量是否有效；(2)基于SGMM的回归，主要关注的自变量包括收入和规制水平；(3)基于SGMM的回归，在主要关注的自变量中分别加入规制水平与人均GDP的交互项和规制水平与能耗强度的交互项。

　　表6.5为基于固定效应的基准回归，用于检验各控制变量对碳排放的影响是否符合基本假设，回归结果表明基本假设是合理的。第一，在模型(1)和模型(2)中，消费侧碳排放和生产侧碳排放两种最重要的统计口径均很好地符合了模型推理，其中人均GDP对数 $lnGDP$、总人口对数 $lnpop$ 和单位GDP能耗对数 $lnei$ 三项的回归系数均较接近于1，人均GDP每增加1%则消费侧碳和生产侧碳分别增加1.642%和1.054%，人口数量每增加1%则消费侧碳排放和生产侧碳排放分别增加0.908%和0.733%，单位GDP的能耗每增加1%则消费侧碳排放和生产侧碳排放分别增加0.994%和1.041%。第二，人均GDP对碳排放影响的回归结果验证了假设1，生产侧碳排放、消费侧碳排放随人均收入增加而增长；而且收入增加对消费侧碳排放增长的效果远高于对生产侧碳排放增长的效果，经济发达较的地区的消费侧碳排放比生产侧碳排放增长得更快。第三，环境规制水平似乎没有起到显著的作用，但考虑到环境规制水平或许具有内生性，或者通过与其他变量的交互作用来影响碳排放，本研究将在后续回归中再进行讨论。第四，其他控制变量的作用均符合预期假设。人口数量对碳排放的影响验证了假设3，生产侧碳排放和消费侧碳排放随人口增长呈增长趋势，消费侧碳排放受人口数量的影响大于生产侧碳排放，主要原因是消费侧碳排放更直接地与当地人口数量挂钩，第(6)列居民生活直接碳排放随人口数量每增加1%而增加1.553%，比消费侧碳排放、生产侧碳排放所受的影响更大，符合我们的预期。能源强度对碳排放的影响验证了假设4，消费侧碳排放和生产侧碳排放均随着能源强度的提高而提高，并且生产侧碳排放所受影响略大。原煤在总能源中占比越高则消费侧碳排放和生产侧碳排放越多。特别是针对生产侧碳排放，原煤占比每增加1%，生产侧碳排放显著提高0.842%、区域内自产自用的碳排放提高0.863%。高煤炭占比的省份生产侧碳排放、消费侧碳排放、自产自用的碳排放相应更高，假设5得到验证。此外，城市化率的提高促进碳排放水平上升，而产业结构中第三产业占比的上升和能源价格的上升均导致碳排放水平的下降，假设6以及其他预期也得到验证。

表 6.5　省际碳排放不平等驱动因素（基于固定效应的基准回归）

变　量	模型(1) 消费 侧碳排放	模型(2) 生产侧 碳排放	模型(3) 自产自用的 碳排放	模型(4) 资本形成的 碳排放	模型(5) 居民生活 间接碳排放	模型(6) 居民生活 直接碳排放
$lnGDP$	1.642***	1.054***	1.463***	2.486***	0.329*	0.731**
	(8.55)	(12.07)	(6.01)	(9.58)	(1.72)	(2.43)
$lnpop$	0.908***	0.733***	0.0214	0.837**	0.515*	1.553***
	(3.06)	(5.42)	(0.06)	(2.09)	(1.74)	(3.33)
$lnei$	0.994***	1.041***	0.875***	1.496***	0.178	0.518**
	(7.02)	(16.18)	(4.88)	(7.82)	(1.26)	(2.33)
$urbanrate$	0.005 43	0.007 93***	0.0139*	0.007 58	0.005 22	−0.002 66
	(0.90)	(2.88)	(1.81)	(0.93)	(0.87)	(−0.28)
$old\&young$	0.003 20	−0.000 563	0.008 82*	0.004 11	0.004 56	0.001 96
	(0.85)	(−0.33)	(1.84)	(0.81)	(1.21)	(0.33)
$industry\_3rd$	0.009 68***	−0.002 97*	−0.004 09	0.0139***	0.006 60*	0.0258***
	(2.68)	(−1.81)	(−0.89)	(2.84)	(1.83)	(4.55)
$IM\_\%$	0.004 09	0.004 27***	0.005 07	0.004 75	0.000 509	0.000 013 9
	(1.44)	(3.30)	(1.40)	(1.24)	(0.18)	(0.00)
$EX\_\%$	−0.0038	−0.0025**	−0.0100***	−0.0037	−0.0013	0.000 57
	(−1.42)	(−2.06)	(−2.93)	(−1.02)	(−0.47)	(0.14)
$coalrate$	0.004 30*	0.008 42***	0.008 63***	0.003 57	0.008 16***	−0.008 90**
	(1.71)	(7.35)	(2.70)	(1.05)	(3.25)	(−2.25)
$weather$	0.000 011	−0.000 001 3	−0.000 025	0.000 025	−0.000 003 8	−0.000 028
	(0.60)	(−0.16)	(−1.08)	(1.05)	(−0.21)	(−0.99)
$lnprice$	−0.578*	−0.0911	−0.662	−0.996**	0.220	−0.380
	(−1.82)	(−0.63)	(−1.65)	(−2.32)	(0.69)	(−0.76)
$fdirate$	−0.002 95	−0.003 96	−0.004 50	0.000 040 9	−0.0143	0.0113
	(−0.31)	(−0.90)	(−0.37)	(0.00)	(−1.48)	(0.74)
$regulation$	0.0491	0.0216	0.0805*	0.0540	0.0255	−0.0584
	(1.46)	(1.41)	(1.89)	(1.19)	(0.76)	(−1.10)
$Constant$	−19.53***	−12.24***	−11.28**	−27.99***	−4.729	−18.31***
	(−5.33)	(−7.35)	(−2.43)	(−5.65)	(−1.29)	(−3.18)
Observations	330	330	330	330	330	330
Adjusted R^2	0.825	0.947	0.748	0.791	0.683	0.444

注：* 表示 $p<0.1$，** 表示 $p<0.05$，*** 表示 $p<0.01$；括号中为标准误。

表 6.6 为基于 SGMM 的回归，主要解决收入水平和环境规制的内生性，考察收入水平和环境规制水平对碳排放的影响。首先，收入对碳排放水平的影响是确定的：在引入因变量的一阶滞后项 L. y 和二阶滞后项 L2. y 后，人均 GDP 每增加 1% 则该省份的消费侧碳排放和生产侧碳排放分别增加 1.607% 和 0.983%；相应地，自产自用的碳排放和用于资本形成的碳排

表 6.6　省际碳排放不平等驱动因素（基于 SGMM 的回归一）

变　量	模型（1）消费侧碳排放	模型（2）生产侧碳排放	模型（3）自产自用的碳排放	模型（4）资本形成的碳排放	模型（5）居民生活间接碳排放	模型（6）居民生活直接碳排放
$L.y$	−0.177	0.133	0.316	0.0843	0.0324	0.195
	(−0.80)	(0.73)	(1.20)	(0.33)	(0.21)	(1.53)
$L2.y$	0.003 92	0.233	0.235	0.0389	−0.0348	−0.0516
	(0.02)	(1.49)	(0.69)	(0.32)	(−0.36)	(−0.47)
$lnGDP$	1.607***	0.983***	0.902	1.596***	1.074**	0.339
	(3.01)	(2.86)	(0.59)	(3.02)	(2.56)	(0.78)
$regulation$	−0.0226	0.0217	−0.197	−0.0719	0.0941	−0.119
	(−0.24)	(0.36)	(−0.95)	(−0.59)	(1.37)	(−0.50)
$lnpop$	0.895*	0.614***	0.0346	0.630	0.742	1.513***
	(1.81)	(3.64)	(0.05)	(1.20)	(1.54)	(4.18)
$lnei$	0.658	0.693***	0.376	0.610	0.702***	1.587***
	(1.51)	(3.62)	(0.65)	(1.29)	(3.32)	(4.31)
$lnprice$	−0.147	0.183	1.388	−0.0706	0.763	−1.097
	(−0.17)	(0.32)	(0.65)	(−0.03)	(0.65)	(−0.50)
$urbanrate$	−0.0436	−0.0233	−0.0254	−0.0593*	−0.0201	0.0555**
	(−1.50)	(−1.33)	(−0.25)	(−1.83)	(−0.51)	(2.16)
$industry\_3rd$	0.0156*	0.004 34	0.008 29	0.0206**	0.0353	−0.008 78
	(1.69)	(0.49)	(0.41)	(1.97)	(1.41)	(−0.60)
$fdirate$	−0.0383	0.0420	0.0387	−0.0258	−0.009 51	−0.0388
	(−0.33)	(0.88)	(0.10)	(−0.14)	(−0.14)	(−0.44)
$IM\_\%$	0.003 11	0.009 49**	−0.0182	−0.0155	−0.0122	−0.0119
	(0.15)	(2.00)	(−0.71)	(−1.14)	(−0.84)	(−0.78)
$EX\_\%$	−0.007 88	−0.001 53	0.0166	0.004 14	0.0100**	−0.000 362
	(−0.48)	(−0.29)	(0.79)	(0.24)	(2.11)	(−0.04)
$coalrate$	−0.005 80	0.0114	0.0137	−0.008 01	0.0118	−0.0180
	(−0.45)	(1.41)	(0.52)	(−0.52)	(0.81)	(−1.60)
$old\&young$	0.005 46	−0.005 34	0.0171	0.001 19	0.0157	0.0126
	(0.31)	(−0.71)	(0.61)	(0.07)	(1.02)	(0.81)
$weather$	−0.000 039	0.000 014	−0.000 012	−0.000 002 6	0.000 045	0.000 013
	(−0.81)	(0.53)	(−0.13)	(−0.07)	(0.84)	(0.21)
$Constant$	−15.68***	−11.43***	−7.570	−14.69**	−14.05***	−15.98***
	(−2.62)	(−3.21)	(−0.65)	(−2.25)	(−5.65)	(−3.36)
Observations	270	270	270	270	270	270
ar1p	0.848	0.622	0.256	0.795	0.319	0.174
ar2p	0.955	0.416	0.540	0.426	0.833	0.682
sarganp	0.992	1.000	1.000	1.000	1.000	1.000
hansenp	0.260	0.418	0.795	0.754	1.000	0.983

注：* 表示 $p<0.1$，** 表示 $p<0.05$，*** 表示 $p<0.01$；括号中为标准误。

放分别增加 0.902% 和 1.596%；从居民来看，间接碳排放和直接碳排放分别增加 1.074% 和 0.339%。其次，环境规制对各类碳排放的影响均不显著。但这不能够完全说明环境规制对碳排放没有产生影响，主要原因在于省份之间存在异质性，一是环境规制在不同收入水平或发展阶段的地区可能产生不同的效果，二是环境规制对于能耗强度有差异的地区也应当存在差异性的结果。因此，本研究又进一步引入规制水平与人均 GDP 的交互项和规制水平与能耗强度的交互项进行考察，结果见表 6.7。

表 6.7　省际碳排放不平等驱动因素（基于 SGMM 的回归二）

变　　量	模型(1) 消费侧碳排放	模型(2) 生产侧碳排放	模型(3) 自产自用的碳排放	模型(4) 资本形成的碳排放	模型(5) 居民生活间接碳排放	模型(6) 居民生活直接碳排放
$L.y$	−0.001 04	0.0512	0.177	0.396**	0.207	0.0865
	(−0.00)	(0.21)	(0.65)	(2.13)	(1.43)	(0.51)
$L2.y$	0.0500	0.298	0.130	0.0892	0.0579	0.0165
	(0.24)	(1.22)	(0.45)	(1.21)	(0.71)	(0.08)
$lnGDP$	1.115	0.798**	2.099	0.897	0.961***	0.134
	(1.50)	(2.05)	(0.84)	(1.34)	(3.31)	(0.24)
$regulation$	0.172	0.0968	0.132	0.0672	0.224	−0.178
	(0.80)	(0.86)	(0.24)	(0.30)	(1.22)	(−0.71)
$regulation \times lnGDP$	−1.149**	−0.149	−0.783	−1.012*	−0.819**	−0.675
	(−2.03)	(−0.51)	(−1.00)	(−1.69)	(−1.96)	(−1.22)
$regulation \times lnEI$	−0.596	−0.0894	−0.122	−0.643	−0.472	0.148
	(−1.43)	(−0.60)	(−0.09)	(−0.89)	(−1.27)	(0.31)
$lnpop$	0.701	0.702***	0.683	0.157	0.455	1.398***
	(1.39)	(2.79)	(0.79)	(0.36)	(1.46)	(3.57)
$lnEI$	0.554	0.791**	0.969	0.0221	0.482	1.164
	(1.22)	(2.45)	(1.14)	(0.04)	(1.24)	(1.59)
$lnprice$	0.199	−0.0176	−0.0591	1.582	2.223	0.324
	(0.13)	(−0.03)	(−0.03)	(1.02)	(1.28)	(0.17)
$urbanrate$	−0.0318	−0.006 23	−0.0931	−0.0512**	−0.0304	0.0562**
	(−0.85)	(−0.32)	(−0.55)	(−1.97)	(−0.84)	(2.00)
$industry\_3rd$	0.0173*	0.000 457	0.0120	0.0110	0.0323***	−0.0178
	(1.87)	(0.06)	(0.50)	(1.39)	(2.63)	(−0.92)
$fdirate$	−0.141	0.0375	0.314	−0.0126	0.005 40	−0.0944
	(−0.92)	(0.75)	(0.54)	(−0.09)	(0.07)	(−0.86)
$IM\_\%$	−0.007 11	0.006 11	−0.005 14	−0.000 631	−0.009 57	−0.0161
	(−0.39)	(0.96)	(−0.17)	(−0.04)	(−0.67)	(−1.00)
$EX\_\%$	−0.004 93	−0.002 08	−0.000 227	−0.0151	0.008 06	0.003 27
	(−0.40)	(−0.31)	(−0.01)	(−1.28)	(0.88)	(0.27)

续表

变　　量	模型（1） 消费 侧碳排放	模型（2） 生产侧 碳排放	模型（3） 自产自用的 碳排放	模型（4） 资本形成的 碳排放	模型（5） 居民生活 间接碳排放	模型（6） 居民生活 直接碳排放
coalrate	0.001 06	0.008 48*	−0.0172	−0.001 54	0.009 09	−0.0241**
	(0.10)	(1.81)	(−0.31)	(−0.12)	(1.21)	(−2.16)
old&young	0.009 05	−0.005 26	0.009 70	0.0102	0.004 14	0.009 94
	(0.67)	(−0.68)	(0.42)	(0.62)	(0.31)	(0.47)
weather	−0.000 068 7	0.000 015 4	−0.000 116	−0.000 057 1	0.000 017 6	0.000 028 2
	(−1.12)	(0.58)	(−0.78)	(−1.11)	(0.29)	(0.47)
Constant	−10.78	−10.93**	−19.27	−5.528	−10.91***	−11.98
	(−1.50)	(−2.51)	(−0.97)	(−0.76)	(−5.87)	(−1.52)
Observations	270	270	270	270	270	270
ar1p	0.768	0.720	0.815	0.344	0.119	0.437
ar2p	0.929	0.421	0.666	0.833	0.319	0.465
sarganp	1.000	1.000	1.000	1.000	1.000	1.000
hansenp	0.484	0.210	0.998	0.925	0.992	0.990

注：* 表示 $p<0.1$，** 表示 $p<0.05$，*** 表示 $p<0.01$；括号中为标准误。

　　表 6.7 为基于 SGMM 的回归，引入了环境规制水平与人均 GDP 和能耗强度的交互项，考察环境规制在异质性省份的影响。模型（1）至模型（6）的结果一致表明，环境规制水平能够通过与收入和能耗强度的交互作用影响碳排放的水平，可以归纳为三点。第一，六个不同口径碳排放的回归结果均显示两类交互作用的系数为负值，表明环境规制强度的增加有助于降低碳排放量。第二，环境规制与收入水平的交互项系数为负值，表明随着环境规制强度和收入水平的增加，环境规制的减排效果逐渐显现。对于同样强度的规制水平，在人均 GDP 更高的地区减排效果更好，这体现了环境库兹涅茨曲线中所暗含的思想，即随着收入增长对洁净环境的需求将逐渐提高，在收入更高的地区采取环境规制能够取得更好的效果。第三，环境规制与能耗强度的交互项系数为负值，表明随着环境规制强度和能耗强度的增加，环境规制的减排效果增强。对于同样强度的规制水平，在能耗强度更高的地区减排效果更好，这体现了能耗强度较高地区边际减排成本更低的特点，符合预期。

6.3.4　居民部门碳排放不平等的驱动因素

　　接下来，讨论各省份居民碳排放差异的驱动因素。由于居民部门有更为详细的消费支出数据，因此使用城乡居民的消费支出变量代替原有的人均 GDP 变量作为收入水平进行实证分析。本节包括两组回归：(1)在总量和人均层面分别考察居民间接碳排放、直接碳排放以及合计碳排放差异的驱动因素；(2)在总量和人均层面分别考察城镇居民、农村居民以及居民整体碳排放差异的驱动因素。

表 6.8 对居民的间接、直接、总碳排放的驱动因素进行了分析，回归结果主要有三点值得关注。第一，消费支出的增长驱动居民碳排放的增长。随着居民人均消费支出每增长 1%，则居民的间接碳排放、直接碳排放和合计碳排放分别增长 0.740%、0.386% 和 0.679%。第二，消费增长对于间接碳排放增长的驱动作用强于直接碳排放。无论在总量还是人均层面的回归均支持间接碳排放的消费弹性大于直接碳排放，居民间接碳排放总量和人均量的消费支出弹性分别为 0.818 和 0.740，而直接碳排放总量和人均量的消费支出弹性则分别为 0.440 和 0.386。这表明，直接碳排放更多地是居民生活的刚性需求，如果未来要对居民的生活碳排放征收碳税，那么对间接碳排放征收或许是一个较好的选择，一是消费弹性较大，二是不影响直接碳排放所涉及刚性需求和居民基本福利。第三，环境规制能够在居民部门起到减排作用。规制水平与人均 GDP 和能耗强度交互项的系数均为负值，表明环境规制越强，减排效果越强；同时，在收入水平越高、能耗强度越高的地区，减排效果越强。

表 6.8　居民合计碳排放、间接碳排放、直接碳排放不平等驱动因素

变　　量	总量碳排放			人均碳排放		
	合计	间接	直接	合计	间接	直接
lnconsumption	0.772***	0.818***	0.440	0.679***	0.740***	0.386*
	(4.62)	(4.35)	(1.50)	(5.57)	(5.40)	(1.80)
regulation	0.0138	0.0257	−0.0713	0.0101	0.0225	−0.0734
	(0.38)	(0.63)	(−1.12)	(0.28)	(0.56)	(−1.16)
regulation × *lnGDP*	−0.110**	−0.0716	−0.457***	−0.124**	−0.0831	−0.465***
	(−2.05)	(−1.18)	(−4.82)	(−2.42)	(−1.44)	(−5.16)
regulation × *lnEI*	−0.0650	−0.0552	−0.201**	−0.0621	−0.0528	−0.199**
	(−1.35)	(−1.02)	(−2.36)	(−1.29)	(−0.97)	(−2.35)
lnpop	1.262***	1.220***	1.151**			
	(3.94)	(3.39)	(2.04)			
lnEI	0.192	0.216	0.573***	0.196	0.219	0.575***
	(1.59)	(1.59)	(2.69)	(1.62)	(1.61)	(2.71)
urbanrate	−0.003 64	−0.005 08	0.001 56	−0.002 77	−0.004 35	0.002 06
	(−0.64)	(−0.79)	(0.16)	(−0.49)	(−0.69)	(0.21)

续表

变　　量	总量碳排放			人均碳排放		
	合计	间接	直接	合计	间接	直接
old&young	0.001 93	0.001 77	−0.003 06	0.001 92	0.001 77	−0.003 06
	(0.58)	(0.47)	(−0.52)	(0.58)	(0.47)	(−0.52)
industry_3rd	0.004 16	0.001 66	0.019 7 ***	0.004 79 *	0.002 18	0.020 1 ***
	(1.40)	(0.49)	(3.76)	(1.67)	(0.68)	(3.97)
IM_%	0.001 67	0.001 62	0.002 69	0.001 48	0.001 46	0.002 58
	(0.68)	(0.59)	(0.62)	(0.60)	(0.53)	(0.60)
EX_%	−0.002 20	−0.002 10	−0.000 738	−0.002 41	−0.002 28	−0.000 861
	(−0.95)	(−0.81)	(−0.18)	(−1.05)	(−0.88)	(−0.21)
coalrate	0.004 74 **	0.006 19 **	−0.008 53 **	0.004 81 **	0.006 25 **	−0.008 49 **
	(2.11)	(2.45)	(−2.15)	(2.14)	(2.47)	(−2.15)
weather	−0.000 008 17	−0.000 005 68	−0.000 030 6	−0.000 007 60	−0.000 005 20	−0.000 030 3
	(−0.53)	(−0.33)	(−1.13)	(−0.49)	(−0.30)	(−1.12)
lnprice	0.114	0.181	−0.446	0.105	0.174	−0.451
	(0.42)	(0.59)	(−0.93)	(0.38)	(0.57)	(−0.94)
fdirate	−0.0117	−0.0190 **	0.0117	−0.0108	−0.0182 *	0.0122
	(−1.39)	(−2.01)	(0.79)	(−1.30)	(−1.95)	(0.83)
Constant	−7.016 ***	−6.763 **	−8.165 *	−4.916 ***	−5.001 ***	−6.961 ***
	(−2.71)	(−2.32)	(−1.79)	(−13.42)	(−12.13)	(−10.81)
Observations	330	330	330	330	330	330
Adjusted R^2	0.740	0.703	0.485	0.677	0.643	0.393

注：* 表示 $p<0.1$，** 表示 $p<0.05$，*** 表示 $p<0.01$；括号中为标准误。

　　表 6.9 分别在总量和人均层面对城镇和农村居民间接碳排放的驱动因素进行了分析，回归结果主要有三点值得关注。第一，消费支出的增长促进居民整体间接碳排放的增长和城镇居民间接碳排放的增长，但农村居民碳排放没有显著提高。消费支出每增加 1%，城镇居民的总间接碳排放和人均间接碳排放分别增长 0.794% 和 0.633%。第二，农村居民间接碳排放与消费支出之间没有显著的关系主要是收入效应与替代效应共同作用的结果：一方面更高的消费支出通过收入效应可能会促进碳排放的上升；但另一方面更高的消费水平允许农村居民消费更多的高档商品和低碳商品，通过替代效应又可能促进碳排放的下降。第三，与上文的分析相同，环境规制仍然能够在居民部门中起到减排作用。

表 6.9　城乡居民间接碳排放差异的驱动因素

变　　量	总量碳排放			人均碳排放		
	合计	城镇	农村	合计	城镇	农村
lnconsumption	0.818***	0.794***	−0.0147	0.740***	0.633***	0.0238
	(4.35)	(5.53)	(−0.29)	(5.40)	(5.57)	(0.48)
regulation	0.0257	0.0415	0.0323	0.0225	0.0301	0.0152
	(0.63)	(1.04)	(0.61)	(0.56)	(0.76)	(0.29)
regulation × *lnGDP*	−0.0716	−0.105*	−0.0461	−0.0831	−0.107*	−0.0249
	(−1.18)	(−1.84)	(−0.62)	(−1.44)	(−1.88)	(−0.33)
regulation × *lnEI*	−0.0552	−0.0659	−0.0470	−0.0528	−0.0554	−0.0370
	(−1.02)	(−1.23)	(−0.66)	(−0.97)	(−1.04)	(−0.52)
lnpop	1.220***	1.476***	0.397*			
	(3.39)	(5.65)	(1.72)			
lnEI	0.216	0.260*	0.00492	0.219	0.295**	−0.0225
	(1.59)	(1.91)	(0.03)	(1.61)	(2.18)	(−0.13)
urbanrate	−0.00508			−0.00435		
	(−0.79)			(−0.69)		
old&young	0.00177	−0.000519	−0.000970	0.00177	−0.000371	−0.00138
	(0.47)	(−0.14)	(−0.20)	(0.47)	(−0.10)	(−0.28)
industry_3rd	0.00166	0.00372	0.00291	0.00218	0.00387	−0.0000136
	(0.49)	(1.20)	(0.68)	(0.68)	(1.24)	(−0.00)
IM_%	0.00162	0.00117	0.00359	0.00146	0.000558	0.00295
	(0.59)	(0.43)	(1.00)	(0.53)	(0.21)	(0.82)
EX_%	−0.00210	0.00160	−0.00689**	−0.00228	0.00201	−0.00447
	(−0.81)	(0.68)	(−2.12)	(−0.88)	(0.86)	(−1.41)
coalrate	0.00619**	0.00627**	0.00946***	0.00625**	0.00578**	0.00979***
	(2.45)	(2.47)	(3.03)	(2.47)	(2.28)	(3.11)
weather	−0.0000057	−0.0000079	−0.0000091	−0.0000052	−0.0000078	−0.000015
	(−0.33)	(−0.47)	(−0.40)	(−0.30)	(−0.46)	(−0.65)
lnprice	0.181	0.152	0.297	0.174	0.165	0.413
	(0.59)	(0.51)	(0.74)	(0.57)	(0.55)	(1.03)
fdirate	−0.0190**	−0.0213**	−0.0207*	−0.0182*	−0.0179*	−0.0247**
	(−2.01)	(−2.28)	(−1.69)	(−1.95)	(−1.94)	(−2.01)
Constant	−6.763**	−9.369***	−1.027	−5.001***	−5.621***	−5.417***
	(−2.32)	(−4.52)	(−0.60)	(−12.13)	(−21.58)	(−17.17)
Observations	330	330	330	330	330	330
Adjusted R^2	0.703	0.754	0.478	0.643	0.424	0.615

注：* 表示 $p<0.1$，** 表示 $p<0.05$，*** 表示 $p<0.01$；括号内为标准误。

6.3.5　各省份净转移碳排放不平等的驱动因素

以下对省际净转移碳排放差异的来源进行分析，考察哪些因素有助于一个省份成为正净转移碳排放的地区，将碳排放负担转嫁给其他地区。本节的回归包括三个因变量，分别是各省份净转移碳排放的总量、各省份净转移碳排放的人均量以及各省份净转移碳排放是否为正。其中前两个因变量使用 SGMM 进行估计，后一个变量使用面板数据 Probit 模型进行估计。

表 6.10 为对各省份净转移碳排放驱动因素的回归分析，结果显示环境规制水平、收入水平、能耗强度以及能源结构均对各省份的净转移碳排放产生影响。第一，环境规制水平与收入水平的交互项系数为正，更强的规制水平和更高的收入有助于一个地区净转移碳排放的增加。第二，能耗强度的系数为负，能耗强度更高的地区净转移碳排放越少，相当于成为其他地区碳排放的转嫁地区。第三，煤炭比例的系数为负，更高的煤炭能源占比促进一个地区的净转移碳排放减少，同样促使一个地区承担来自外部的碳排放责任。

表 6.10　省际净转移碳排放差异的驱动因素

变　量	净转移				P（净转移＞0）	
	总量		人均		Probit	
	模型（1）	模型（2）	模型（3）	模型（4）	模型（5）	模型（6）
$L.y$	0.648***	0.645***	0.661***	0.677***		
	(11.18)	(11.26)	(9.23)	(9.55)		
$lnGDP$	15.06	15.46	0.0114	0.009 95	3.627	4.831
	(0.34)	(0.37)	(1.08)	(1.02)	(1.40)	(1.53)
$regulation$		12.89*		0.008 53***		1.640**
		(2.00)		(2.90)		(2.11)
$regulation \times lnGDP$		1.990		0.002 83		3.437**
		(0.22)		(0.93)		(2.05)
$lnpop$	−45.11	−40.55			−1.074	−0.730
	(−0.69)	(−0.59)			(−1.33)	(−0.77)
$lnEI$	−52.96*	−64.35**	0.006 03	−0.001 58	−3.148**	−3.754**
	(−1.91)	(−2.35)	(0.35)	(−0.10)	(−2.10)	(−2.13)
$old\&young$	0.852	0.932	−0.000 189	−0.000 131	0.130*	0.206**
	(0.60)	(0.64)	(−0.82)	(−0.63)	(1.94)	(2.43)
$urbanrate$	1.021	1.323	−0.000 013 3	0.000 175	−0.148	−0.169
	(0.79)	(1.06)	(−0.04)	(0.55)	(−1.38)	(−1.32)

续表

变　量	净转移				P(净转移>0)	
	总量		人均		Probit	
	模型(1)	模型(2)	模型(3)	模型(4)	模型(5)	模型(6)
IM_%	0.182	0.265	0.000 035 4	0.000 077 9	0.001 05	−0.0172
	(0.29)	(0.42)	(0.17)	(0.37)	(0.03)	(−0.40)
EX_%	−0.272	−0.389	−0.000 105	−0.000 181	−0.0441	−0.0601
	(−0.63)	(−0.92)	(−0.47)	(−0.84)	(−1.27)	(−1.50)
industry_3rd	2.211	2.218	0.000 223	0.000 203	0.0723	0.0914
	(1.47)	(1.48)	(0.66)	(0.60)	(1.42)	(1.60)
coalrate	−0.801	−0.830	−0.000 267	−0.000 284*	−0.0318	−0.0792
	(−1.55)	(−1.63)	(−1.51)	(−1.70)	(−0.88)	(−1.60)
lnprice	5.236	5.497	−0.0119	−0.0113	0.170	1.536
	(0.11)	(0.12)	(−0.48)	(−0.50)	(0.03)	(0.23)
fdirate	1.431	1.967	0.000 139	0.000 455	−0.169	−0.235
	(0.69)	(0.92)	(0.17)	(0.60)	(−1.10)	(−1.38)
Constant	109.3	50.05	−0.0994	−0.0962	−22.85	−37.09
	(0.13)	(0.06)	(−0.94)	(−0.99)	(−1.04)	(−1.39)
lnsig2u					1.569***	2.037***
					(2.95)	(3.31)
Observations	300	300	300	300	330	330
R^2	0.587	0.591	0.528	0.548		

注：* 表示 $p<0.1$，** 表示 $p<0.05$，*** 表示 $p<0.01$；括号内为标准误。

6.4　本　章　小　结

综上所述,本章基于宏观定量分析,试图回答研究问题二,即"哪些因素促进碳排放的平等,而哪些因素又导致不平等加剧?"分别考察了省际生产侧碳排放、消费侧碳排放、资本形成的碳排放等各类碳排放不平等的影响因素,省际居民碳排放不平等的驱动因素,以及各省份净转移碳排放不平等的影响因素。在碳不平等的各类影响因素中,尤为关注收入水平和环境规制强度的影响,将人口数量、能源强度以及城市化率、产业结构、能源结构、人口规模、年龄结构、贸易结构、FDI、能源价格以及天气条件等变量作为控制变量。主要有以下发现。

首先,研究了各省份生产侧碳排放、消费侧碳排放、自产自用的碳排放等"合计"口径碳排放的驱动因素,主要得到三点结论。第一,环境规制强度的增加有助于降低碳排放量。第二,随着环境规制强度和收入水平的增加,环境规制的减排效果逐渐显现。第三,随着环境规制强度和能耗强度的增加,环境规制的减排效果增强,同样强度的规制水平在能耗强度更高的地区减排效果更好。

其次,考察了居民碳排放不平等的主要原因,主要得到四点结论。第一,消费水平提高将促进碳排放,特别是间接碳排放的提高,消费水平的差距是造成居民碳排放不平等的重要原因。第二,直接碳排放的消费弹性明显低于间接碳排放的消费弹性,属于"刚性"碳排放,如果未来对碳排放征税,应主要考虑对间接碳排放征税。第三,消费水平提高对城镇居民碳排放的提高作用明显,但对农村居民没有显著影响,城乡差距是造成碳不平等的重要渠道。第四,环境规制越强,减排效果越强,而且在收入水平越高、能耗强度越高的地区减排效果越强,未来可以通过有针对性的环境规制降低碳不平等的程度。

最后,本节讨论了各省份碳转移不平等的影响因素,主要得到三点结论。第一,更强的规制水平和更高的收入有助于一个地区净转移碳排放的增加。第二,能耗强度更高的地区净转移碳排放越少,更容易出现生产侧碳排放多于消费侧碳排放的现象,承担来自外部的碳排放责任。第三,更高的煤炭能源占比促进一个地区的净转移碳排放减少,同样导致一个地区承担来自外部的碳排放责任。

总的而言,本章的结论可以总结为三点。第一,收入提高促进碳排放增长,省际收入差距的缩小是省际碳不平等下降的重要原因。第二,高收入和强环境规制促进净转移碳排放增加,促进一个地区成为碳排放的净转嫁方。第三,高能耗强度、高煤炭占比导致净转移碳排放减少,导致一个地区成为碳排放的净承担者。

综上,我国省级、区域的碳转移不平等是由多种原因促进的。碳转移不平等的实质是消费口径碳排放与生产口径碳排放受到经济发展水平、环境规制水平、人口数量、能源强度、城乡差异、产业结构、能源结构多方面影响,且影响的幅度、影响的方向不同。目前看来,经济越是发达、环境规制水平越高的地区,越容易出现净转移碳排放的增加,促进该地区将碳排放负担转移到其他区域;而越是能耗强度高、煤炭占比高、能源依赖型、经济发展落后的地区则净转移碳排放越少,越容易被迫承担来自其他区域的碳转移。各省份收入水平差距的缩小对于生产侧与消费侧碳排放不平等程度的下降有重要作用。同时,在能耗强度高的地区通过治污投资来进行环境规制,也能够促进各地区生产侧碳排放、消费侧碳排放以及碳转移不平等程度的下降。未来,省际碳转移不平等的程度有可能伴随着地区经济水平的差距、服务业在核心省份的集聚以及价值链发展所带来区域间贸易增加、分工细化而有所上升。解决区域之间的碳转移不平等则有赖于生产过程中的能耗强度和煤炭能源比例的降低,清洁能源开发、能源结构改善、能耗强度下降是降低碳转移不平等的重要途径。

第 7 章　碳不平等驱动因素的微观定量分析

第 6 章从宏观角度讨论了碳转移不平等的驱动因素和受环境规制水平的影响,本章将从微观角度出发,通过家户数据讨论微观碳不平等的影响因素。本章的主要内容一是基于不同的数据库核算家庭消费所隐含的碳足迹,二是定量实证分析人际碳不平等的影响因素和效果,三是透过微观数据比较收入不平等、消费不平等以及碳足迹不平等之间的关系。本章的主要任务是在微观层面回答前文提出的研究问题二,即"哪些因素促进碳排放的平等,而哪些因素又导致不平等加剧?"具体来说主要回答"异质性的家庭消费碳足迹受到哪些变量的影响? 家庭消费碳不平等主要由哪些因素驱动? 居民碳足迹不平等的程度与收入、消费的不平等程度相比究竟如何?"

7.1　文　献　综　述

居民碳足迹不平等在近年来逐渐受到关注,深入微观家庭层面的碳不平等研究能够为合理的补贴和再分配提供依据,增进个体福利。

近年来微观调查数据对家庭能源消费、家庭分类支出的记录越来越详细,为核算家庭直接、间接碳排放提供了数据基础。实际上,既有文献大多从加总层面考察居民碳排放不平等(Yang & Liu,2017；Druckman & Jackson,2009),近年来仅有少数文献从微观层面进行分析。而在这之中,绝大多数研究又主要考察居民直接碳排放的不平等(Das & Paul,2014；Nie & Kemp,2014),仅数量更少的文献同时考察了直接和间接碳排放(Wiedenhofer et al.,2016),通过结合投入产出模型、生命周期分析模型实现了以微观家庭为单位的直接、间接碳足迹核算,并对微观层面的直接、间接碳不平等进行分析(Golley & Meng,2012；Han et al.,2015；Xu et al.,2016)。

　　微观碳不平等的大部分文献主要研究收入差距与碳排放之间的关系。收入是碳排放的重要影响因素，Liu et al.（2018）发现收入和家庭规模每增加 1％ 则人均碳排放分别提高 0.295％ 和下降 0.511％。居民碳排放领域大量的文献关注了收入通过边际排放倾向对碳排放水平的影响。Ravallion et al.（2000）指出，边际碳排放倾向递减意味着不得不在收入公平与减排之间进行取舍，而边际碳排放倾向递增则表示收入公平与减排能够实现双赢。但目前学者对边际碳排放倾向的实证分析并没有达成共识（Berthe & Elie，2015），学界对于收入不平等与碳排放之间是否存在显著关系，呈负相关、正相关还是不确定的关系尚在争论。一部分学者认为收入平等与减排之间没有确定的关系，如 Berthe & Elie（2015）认为收入分配对环境的影响是不确定的，Wolde-Rufael & Idowu（2017）发现在中国和印度收入分配对碳排放量没有显著影响，Grunewald et al.（2017）的研究同样支持收入不平等和人均碳排放之间的关系取决于所处的收入水平，低收入和中等收入国家的人均碳排放随收入不平等程度的上升而下降，但在中高收入和高收入国家人均碳排放随着收入不平等的加剧而增加。一部分学者认为收入公平与减排成功之间存在着天然的取舍关系（Heil & Selden，2001；Holtz-Eakin & Selden，1995；Ravallion et al.，2000）。但另一些学者则支持收入公平与减排之间的双赢论，认为收入不平等的降低能够减少碳排放（Boyce，1994；Torras & Boyce，1998；Jorgenson et al.，2017）。Golley & Meng（2012）和 Zhang & Zhao（2014）均认为边际碳排放倾向随收入递增，即更平等的收入分配有助于中国的成功减排。Jorgenson 等（2015）认为降低全球收入不平等程度，不仅有助于应对气候变化问题，也能够提高人类的生活水平。

　　其他文献关注了收入差距之外的其他微观碳不平等机制，如消费者生活方式（Rees，1998）、交通出行（Ma et al.，2015；Liu et al.，2016）、行为特征（Schipper et al.，1989）以及个体自我认知、节能态度等（Becker et al.，1981；Kaiser et al.，1999）。Apergis & Li（2016）、Wolde-Rufael & Idowu（2017）指出居民的人口学特征和生活方式均对碳排放有重要影响。Yu et al.（2011）基于调查数据对北京市居民能源消费行为进行了研究，发现收入、住房面积、住宅类型和节能意识都对居民的能源消费行为产生影响。Yang & Liu（2017）通过向城镇居民发放问卷的方式，考察了居民直接碳排放的影响因素，发现家庭碳排放将随收入增长和家庭对机动车、房产的拥有而上升，同时个体的认知、家庭生活方式对家庭生活的能源消费选择和日常消费碳排放亦有影响。此外，学者们也对个体的城市位置、家庭规模、住宅面积、取暖设备等因素是否会导致微观碳排放的差异进行了考察。

　　总的而言，收入水平（Wier et al.，2001；Lenzen et al.，2006）、教育水平（Pachauri，2004）、年龄（Wilson et al.，2013）以及消费行为（Kenworthy，2003）以及其他社会人口学特征、地理特征和技术都是居民碳不平等的潜在影响因素（Piketty & Chancel，2015）。

7.2　研究假设

　　在基于现有的微观家庭数据核算家庭碳足迹的基础上，本章计划通过微观实证来研究家庭微观碳足迹的影响因素，从而讨论微观碳不平等主要由家庭的哪些差异和特征所驱动。同时，为了解居民碳足迹不平等的真实水平，本研究将以收入不平等和消费不平等作为基准，将三类不平等的水平进行比较，反映居民碳不平等的程度。

　　本章的假设如下，其中假设 1 为主要假设，假设 2 至假设 6 为次要假设。

　　假设 1：家庭人均收入是影响碳足迹的重要因素。更高的收入伴随着更高的消费支出从而产生更多的碳排放，家庭总碳足迹、人均碳足迹均应随家庭实际人均收入的提高而呈上升趋势。

　　假设 2：家庭常住人口数是影响碳足迹的重要因素。家庭总碳足迹应随家庭人口数增加而增加，但家庭人均碳足迹由于"规模效应"则应随家庭人口数的增加而减少。

　　假设 3：受教育水平是影响碳足迹的因素之一。伴随受教育水平的提高，居民更有可能接触、了解、购买和消费更多的精细化、高隐含碳的产品，从而家庭总碳足迹和人均碳足迹均可能随受教育水平的提高而提高。

　　假设 4：家庭出行选择，即有无机动车是影响碳足迹的因素之一。家庭拥有机动车后将减少对公共交通的利用，而家庭私有车辆在使用中相对公共交通更加不节能，因此拥有机动车可能会提高家庭总碳足迹和人均碳足迹。

　　假设 5：居民内部碳足迹不平等的程度可能高于收入不平等和消费不平等。尽管由于边际消费倾向递减使得高收入群体的消费增长小于收入增长；但由于居民在消费所购买的商品和服务从而产生间接碳排放的过程中，高收入群体更有能力、途径去购买精细化的、多道工序的、高隐含碳的商品，也更有能力去持续消费一次性的商品和服务，因此高收入群体单位消费的碳排放可能高于低收入群体。因此，碳足迹的不平等程度要高于消费的不平等程度，甚至高于收入的不平等程度。

假设 6：城乡二元分化是居民碳不平等的重要来源。相比于农村居民，在城镇生活的居民从"量"上来看可能产生更多的消费支出，从"质"上来看可能消费更多的精细化、高质量、高隐含碳的商品和服务，因此城乡之间的碳不平等可能是居民总体碳不平等的重要来源。

7.3　计量模型和数据

7.3.1　微观碳足迹核算

第 3 章中描述了"投入产出—能源—消费分析"的居民碳足迹核算方法，并通过从微观数据出发、联结宏观数据、最终得到微观碳排放的家庭碳足迹核算的方式，得到了以下居民家庭碳足迹核算公式。

$$IC_j^u = IC_i^u diag(Y_i^u)^{-1} Y_j$$

$$IC_j^r = IC_i^r diag(Y_i^r)^{-1} Y_j$$

其中：

IC_j^u、IC_j^r——城镇居民、农村居民 j 家庭的间接碳足迹；

IC_i^u、IC_i^r——i 省份城镇、农村居民各自的总居民消费碳排放列向量；

Y_i^u、Y_i^r——i 省份对应于城乡居民总消费碳 IC_i^u 和 IC_i^r 的合计最终使用列向量；

Y_j——j 家庭的消费支出列向量。

为了实现宏观的投入产出数据与微观的居民消费数据的联接，需要统一两种数据的行业分类，本章将宏观投入产出中的 28 个行业与微观消费支出的 8 个大类进行了合并统一。

一个值得关注的问题是，在行业对照中对"电力、热力的生产和供应业""燃气生产和供应业"的处理。由于居民消耗电力、热力实际上是通过电力和热力网络来实现的，能源与碳排放的消费和生产并不在同一地点、同一时间，因此应将其纳入间接碳排放进行核算。而居民生活中的直接用能，如燃烧煤炭取暖、烹饪，消费汽油、柴油用于机动车，则应从消费支出中剔除，纳入直接碳排放中[①]。

综合考虑以往文献中较为常用的分类方法和本研究中所使用微观数据的实际情况,本研究使用的行业分类如表 7.1 所示。

表 7.1　宏观数据、微观数据行业对照关系

序号	微观消费支出类别	宏观投入产出行业类别
1	食品	农业,食品制造及烟草加工业
2	衣着	纺织业,服装皮革羽绒及其制品业
3	居住	非金属矿物制品业,金属冶炼及压延加工业,金属制品业,电力、热力的生产和供应业,燃气生产和供应业,水的生产和供应业,建筑业
4	家庭设备用品及服务	木材加工及家具制造业,电气、机械及器材制造业,通用、专用设备制造业
5	医疗保健	化学工业
6	交通和通信	交通运输设备制造业,交通运输仓储邮政、信息传输计算机服务,通信设备、计算机及其他电子设备制造业,其他制造业、废品废料
7	教育文化娱乐服务	造纸印刷及文教用品制造业
8	其他商品和服务	批发和零售业,其他服务业

7.3.2　数据来源

本研究用于讨论微观碳不平等的数据库主要包括 UHS、CHIP、CHFS 三个来源。使用以上三个微观家庭调查数据库,主要有以下三点原因:第一,样本量大,时间覆盖范围广,包含了城镇、农村和流动人口样本,数据具有代表性和可靠性;第二,数据库中包含详细的家庭消费支出数据,能够用于核算家

---

①　实际操作中,需要结合微观数据的实际情况进行处理。例如,中国城市住户调查数据(Urban Household Survey,UHS)数据提供了详尽的消费支出分类,单独列出了归属于家庭居住消费支出的"水电燃料及其他"项下"燃料"分类中所包含的煤炭、罐装液化石油气、管道液化石油气、管道煤气、管道天然气、柴油、其他燃料消费支出和使用量,并单独列出了"车辆用燃料及零配件"项下"燃料"分类中所包含的的汽油、柴油消费支出和使用量,因此可以将涉及以上项目的直接碳足迹从总碳足迹中厘清,实现碳足迹核算中的不重不漏,数据较为准确。但中国家庭收入调查数据(Chinese Household Income Project Survey,CHIP)数据和中国家庭金融调查数据(China Household Finance Survey,CHFS)数据中,由于主要关注的不是家庭详尽的消费支出,因此很难完全精确地从家庭消费支出中排除以上两类涉及直接碳足迹的支出,若将其包含在核算中可能高估居民间接碳足迹,若排除则会低估居民间接碳足迹。考虑到有车家庭占居民的少数,同时以上两类消费占总支出的比例不高,本章在对 CHIP 数据和 CHFS 数据处理的过程中,没有排除以上两类支出,可能会高估 CHIP 数据和 CHFS 数据中的居民消费碳足迹,但不影响系数的正负方向和实证结果的整体含义。

庭消费的隐含碳排放,即家庭的间接碳足迹;第三,数据库中包括了家庭住户的
基本特征,如年龄、收入、教育程度等,以便对家庭碳足迹之间的差异进行分析。

具体地,UHS 包含 2002—2009 年的数据,覆盖全国 9 个省份的城镇家
庭,累积包含有效样本共 127 234 户。CHIP 包含 2002 年、2007 年和 2013 年
的数据,包括城镇居民、农村居民以及流动人口三类子样本,其中 2002 年覆盖
12 个省份的有效城镇居民、农村居民和流动人口分别为 6835 户、9200 户和
2000 户,2007 年覆盖 9 个省份的有效城镇居民、农村居民和流动人口分别为
5000 户、8000 户和 5000 户,2013 年覆盖 15 个省份的有效城镇居民、农村居民
和流动人口分别为 7175 户、11 013 户和 760 户。CHFS 包含 2011 年和 2013
年的数据,其中 2011 年覆盖全国 25 个省份的 8438 个家庭,2013 年覆盖全国
29 个省份的 28 000 个家庭。UHS、CHIP、CHFS 数据的基本情况见表 7.2。

表 7.2　研究使用微观数据库说明

类　　别		UHS 中国城市 住户调查	CHIP 中国家庭收入调查			CHFS 中国家庭金融调查	
年　　份		2002—2009 年	2002 年	2007 年	2013 年	2011 年	2013 年
样本 (户)	城镇居民	127 234	6835	5000	7175	5194	16 356
	农村居民	0	9200	8000	11 013	3244	11 786
	流动人口	0	2000	5000	760	0	0
	合计	127 234	54 983			36 580	

为了确保数据库之间可比,保证变量在不同数据库之间的稳健性,本研
究对能够代表样本重要特征的主要变量进行了跨数据库的统计,统计结果
见表 7.3。其中 UHS 数据专门针对城镇居民,不含农村居民和流动人口样
本,因此碳足迹、人均碳足迹和收入均较高。而 CHIP 数据、CHFS 数据均
包含城乡样本,从时间上看人均收入随时间呈上升趋势,符合基本判断。户
主年龄、性别、家庭平均年龄、家庭成员数、家庭内部的年龄结构和性别结构
等变量基本可比,不同数据、年份之间的差异可能由城乡之间样本比例的差
异造成。从受教育程度来看,UHS 数据中户主受教育程度为大学本科及以
上的占 30%,而 CHIP 数据则略多于 10%,CHFS 数据接近 20%,这也是由
于样本选取的不同造成的,特别是 CHIP 中农村居民和流动人口样本的选
取多于城镇居民,因此 CHIP 数据中受教育程度为大学本科及以上的比例
最低,CHFS 次之,UHS 最高。整体上,三个数据库的主要变量能够彼此交
叉验证,并且差异能够得到合理的解释。

表 7.3　主要变量描述性统计

变　量	变量涵义	UHS	CHIP (2002 年)	CHIP (2007 年)	CHIP (2013 年)	CHFS (2011 年)	CHFS (2013 年)
carbonkg	家庭碳足迹(kg)	12.89	7.15	6.59	12.33	9.01	10.95
		(36.57)	(32.84)	(17.60)	(19.07)	(15.54)	(23.35)
carbonkgcap	家庭人均碳足迹	4.66	2.32	2.56	4.01	2.93	4.01
	(kg)	(13.30)	(13.10)	(5.84)	(8.11)	(5.57)	(8.09)
de_income	2000 年不变价人	12 104	5245	7405	13 603	8599	11 035
	均收入(元)	(29 870)	(10 474)	(4993)	(11 380)	(14 189)	(30 247)
age	年龄	48.84	45.81	43.93	50.80	48.29	49.78
		(14.78)	(11.64)	(11.13)	(13.77)	(12.41)	(14.25)
male	性别(男=1)	0.70	0.83	0.80	0.84	0.54	0.53
		(0.50)	(0.46)	(0.37)	(0.40)	(0.37)	(0.50)
education	教育程度(大学本	0.30	0.11	0.10	0.12	0.17	0.18
	科及以上=1)	(0.38)	(0.46)	(0.31)	(0.30)	(0.32)	(0.37)
family_size	家庭成员数	2.92	3.55	3.05	3.42	3.52	3.10
		(1.46)	(0.81)	(1.24)	(1.50)	(1.37)	(1.55)
mean_age	家庭平均年龄	40.79	35.68	35.69	41.05	40.48	41.74
		(14.89)	(12.67)	(11.42)	(12.44)	(14.20)	(14.73)
ODR	家庭老年人占比	0.19	0.06	0.06	0.12	0.14	0.15
	(≥65 岁,%)	(0.29)	(0.33)	(0.17)	(0.18)	(0.27)	(0.28)
CDR	家庭少年儿童占	0.11	0.15	0.10	0.12	0.12	0.12
	比(≤14 岁,%)	(0.16)	(0.15)	(0.18)	(0.16)	(0.16)	(0.16)
male_ratio	家庭成员男性比	0.49	0.51	0.54	0.51	0.51	0.51
	例(%)	(0.20)	(0.17)	(0.17)	(0.25)	(0.18)	(0.20)

注：括号内为标准差。

　　总的而言,选取 UHS、CHIP、CHFS 三个数据库能够更好地覆盖多地区和更多年份的城乡样本,能够做到样本量大、人口覆盖广,数据的代表性强、稳健性好。这使得后续的研究既能够体现跨数据库的共性,也能够基于不同数据库进行异质性样本的分解和分析,以下两节将分别对家庭总量层面的碳足迹不平等和家庭人均层面的碳不平等进行分析。

7.4　家庭碳足迹不平等的驱动因素

　　本节从家庭的角度出发,以家庭的消费碳足迹对数为因变量,以户主的年龄、性别、受教育程度等个人特征和家庭整体的人均收入、成员数量、平均年龄、性别比、老年人口占比、少年儿童占比等为自变量,在控制地区、城乡和流动人口户籍特征以及时间变量的基础上,考察家庭消费碳足迹的影响因素,探讨不同家庭之间碳足迹差异即碳不平等的主要驱动因素。本节的模型设定如下：

$$
\begin{aligned}
lncarbon = {}& \alpha + \beta_1 ln\_deincome + \beta_2 ln\_headage + \beta_3 ln\_headage2 + \\
& \beta_4 ln\_family\_age + \beta_5 male + \beta_6 education + \beta_7 male + \\
& \beta_8 family\_size + \beta_9 ODR + \beta_{10} CDR + \beta_{11} house\_age + \\
& \beta_{12} male\_ratio + \beta_{13} rural + \mu_i + \nu_t + \varepsilon_{it}
\end{aligned}
$$

其中：

　　$lncarbon$——家庭总碳足迹的对数，作为因变量；

　　$ln\_deincome$——家庭人均收入的对数，通过当年家庭总收入、家庭成员数计算得到当年家庭人均收入，再分别基于城乡各自的CPI 指数进行平减，统一为 2000 年不变价收入后再取对数；

　　$ln\_headage$、$ln\_headage2$——户主年龄和年龄平方的对数；

　　ln_family_age——家庭平均年龄对数；

　　$male$——户主性别的虚拟变量，男性记为 1，女性记为 0；

　　$education$——户主受教育程度的虚拟变量，接受过大专及以上教育记为 1，否则为 0；

　　$family\_size$——家庭常住的成员数目；

　　ODR——家庭老年人口比例，65 岁及以上记为老年人口；

　　CDR——家庭少年儿童比例，14 岁及以下记为少年儿童；

　　$house\_age$——房屋年龄；

　　$male\_ratio$——家庭成员中男性的比例；

　　$rural$——城镇、农村居民的虚拟变量，农村居民记为 1，城镇居民记为 0；

　　如果数据中同时包含了城镇、农村和流动人口，则加入新的虚拟变量 $migration$，流动人口记为 1，否则记为 0。

　　此外，在不同回归方程中还分别加入表示家庭机动车有无的 $auto\_dummy$ 等其他控制变量。最后，μ_i 为地区虚拟变量，ν_t 为年份虚拟变量，ε_{it} 为误差项。

　　首先，基于 UHS 数据进行分析，回归结果见表 7.4，其中省份、年份的虚拟变量在各回归中均已控制，但没有在结果中进行汇报。结果表明，家庭人均收入的提高能够明显提高家庭的碳足迹，表 7.4 中模型（1）、模型（2）中2000 年不变价的城镇居民家庭人均收入每提高 1%，则家庭碳足迹将提高0.653%，假设 1 得到验证。模型（1）至模型（5）均表明，家庭成员数量的提高将显著增加家庭碳足迹，家庭成员每增加 1 位，家庭碳足迹将提高 25%左右，假设 2 得到验证。此外，模型（1）至模型（5）均表明，户主受教育水平的提高将提高家庭碳足迹，户主若接受了大专及以上水平的教育，则家庭碳足迹将提高 1%～4%，假设 3 得到验证。模型(3)至模型(5)表明，家庭对机动车的拥有会使家庭的碳足迹增加接近 15%，假设 4 得到验证。

以上回归结果不仅验证了既有假设，其他自变量也提供了有价值的信息。其一，针对户主年龄及其平方项的回归表明家庭碳足迹与户主年龄之间呈倒 U 形关系，家庭碳足迹随户主年龄的增加先上升后下降，体现了家庭的碳足迹消费周期。其二，房屋的特征如房屋类型、房屋面积会对家庭碳足迹产生影响。模型(3)、模型(5)中引入了与家庭房屋相关的变量，将房屋类型分为 house_luxury、house_ordinary 和 house_modest，即豪华别墅、一般楼房和平房三类，并以平房作为基准进行回归。结果显示，豪华别墅家庭的碳足迹多于平房家庭，但并不显著，而普通楼房家庭的碳足迹则显著高于居住在平房的家庭约 7%。同时，模型中的房屋面积变量 floor_square 变量显示，随着房屋面积的增加，家庭碳足迹显著提高。房屋面积变量一部分解释了房屋类型变量所起的作用，因此尽管居住在豪华别墅理论上会排放更多的碳，但由于豪华别墅的面积大，其中的部分效果已经被面积变量所解释了。其三，家庭的消费习惯对碳足迹会产生影响。模型(4)、模型(5)中引入了代表家庭消费习惯的变量 service% 和 eat_out%，分别表示家庭服务性消费支出占总消费支出的比重和家庭外出餐饮支出占总食品消费支出的比重。结果显示，家庭服务性消费支出的比例每增加 1%，家庭碳足迹相应增加约 1.35%。由于服务性消费如食品加工服务费、衣着加工服务费、家庭服务费、交通工具服务费等更多地属于一次性消费，相比商品购买支出而言，服务性消费消耗更快、更具有即时性，不具有可持续使用、回收利用的可能。因此较高的服务性消费比例可能意味着持续的高服务性消费支出，从而产生更多的碳足迹。总之，表 7.4 的结果验证了四个原假设成立，为了进一步细致地讨论，下一步的研究将样本从城镇居民扩大到农村以及流动人口，通过跨数据库的交叉验证来进一步验证本章的假设。

表 7.4　基于 UHS 的家庭碳足迹回归结果

变　量	模型(1)	模型(2)	模型(3)	模型(4)	模型(5)
ln_deincome	0.653***	0.653***	0.321***	0.385***	0.350***
	(131.97)	(131.59)	(3.59)	(4.49)	(4.11)
ln_headage	−0.0168*	0.0445***	1.958***	0.977***	0.860***
	(−1.69)	(3.15)	(6.46)	(3.31)	(2.91)
male	−0.004 30	−0.006 13	−0.006 52	0.000 849	0.001 05
	(−0.85)	(−1.20)	(−1.28)	(0.17)	(0.21)

续表

变　量	模型（1）	模型（2）	模型（3）	模型（4）	模型（5）
education	0.0410 ***	0.0440 ***	0.0342 ***	0.0191 ***	0.0111 **
	(7.50)	(8.02)	(6.19)	(3.53)	(2.03)
family_size	0.265 ***	0.262 ***	0.247 ***	0.236 ***	0.230 ***
	(87.22)	(82.39)	(74.31)	(73.52)	(70.19)
ODR		−0.0812 ***	0.0121	0.0210	0.0188
		(−8.75)	(0.91)	(1.60)	(1.43)
CDR		−0.0310 *	−0.126 ***	0.0112	0.009 51
		(−1.78)	(−5.79)	(0.52)	(0.44)
male_ratio		0.007 54	0.007 16	0.0216	0.0200
		(0.55)	(0.53)	(1.62)	(1.50)
deln_income2			0.0169 ***	0.0105 **	0.0117 **
			(3.46)	(2.23)	(2.50)
ln_headage2			−0.241 ***	−0.114 ***	−0.0987 **
			(−6.08)	(−2.95)	(−2.55)
ln_family_age			−0.154 ***	0.002 42	0.001 05
			(−7.84)	(0.12)	(0.05)
auto_dummy			0.146 ***	0.162 ***	0.153 ***
			(12.60)	(13.87)	(13.08)
house_luxury			0.003 36		0.002 35
			(0.17)		(0.12)
house_ordinary			0.0752 ***		0.0658 ***
			(6.47)		(5.82)
floor_square			0.000 518 ***		0.000 646 ***
			(7.30)		(9.24)
house_age			−0.000 168		−0.000 194
			(−0.74)		(−0.88)
service%				1.350 ***	1.355 ***
				(58.27)	(58.43)
eat_out%				−0.0121	−0.0140
				(−0.64)	(−0.74)
_cons	−4.802 ***	−5.023 ***	−6.686 ***	−5.682 ***	−5.302 ***
	(−78.32)	(−68.61)	(−9.62)	(−8.45)	(−7.90)
N	127 198	127 198	127 198	127 198	127 198
adj. R^2	0.316	0.316	0.319	0.342	0.343

注：* 表示 $p < 0.1$，** 表示 $p < 0.05$，*** 表示 $p < 0.01$；括号内为标准误。

进一步，本节同时使用 UHS、CHIP 和 CHFS 三个数据库，对以上模型再次进行回归分析和对比。表 7.4 的结果显示，家庭碳足迹与收入之间呈 U 形关系，但拐点小于 0，即碳排放随收入始终呈单调递增趋势。由于我们在跨数据库对比时，更关注收入与碳排放之间的弹性及其在不同数据库之间的表现，因此考虑在下面的回归中只纳入收入的对数，而在各数据库内部的各回归模型中纳入收入对数的平方项。同时，由于我们也关注年龄与碳排放之间的关系以及是否存在变化的拐点，回归中考虑同时引入年龄及其平方项。回归结果见表 7.5。

表 7.5 基于 UHS、CHIP 和 CHFS 的家庭碳足迹回归结果

变　　量	UHS	CHIP (2002 年)	CHIP (2007 年)	CHIP (2013 年)	CHFS (2011 年)	CHFS (2013 年)
ln_deincome	0.659***	0.574***	0.696***	0.524***	0.285***	0.180***
	(131.70)	(41.36)	(44.57)	(52.78)	(12.12)	(13.75)
ln_headage	1.590***	3.801***	9.346***	5.861***	4.252***	3.129***
	(5.33)	(3.39)	(17.59)	(8.84)	(3.06)	(4.79)
ln_headage2	−0.204***	−0.494***	−1.267***	−0.775***	−0.590***	−0.427***
	(−5.19)	(−3.34)	(−17.62)	(−8.97)	(−3.10)	(−4.80)
education	0.0389***	0.0672***	0.0955***	0.198***	0.270***	0.219***
	(7.14)	(3.23)	(3.44)	(10.49)	(6.99)	(9.55)
family_size	0.258***	0.211***	0.326***	0.193***	0.219***	0.173***
	(80.93)	(29.14)	(39.36)	(37.34)	(13.93)	(20.90)
ODR	−0.0447***	0.152**	0.311***	0.173***	0.349***	0.135*
	(−3.99)	(2.71)	(5.56)	(4.68)	(3.18)	(2.49)
ODR×rural		−0.422***	−0.204**	−0.298***	−0.675***	−0.825***
		(−5.06)	(−2.75)	(−6.82)	(−4.43)	(−7.51)
CDR	−0.0213	0.177***	0.760***	0.103	−0.268*	−0.295***
	(−1.21)	(2.99)	(10.22)	(1.78)	(−2.37)	(−4.35)
CDR×rural		−0.335***	−1.131***	−0.188**	−0.005 36	−0.153
		(−4.37)	(−11.83)	(−2.72)	(−0.02)	(−0.99)
male_ratio	0.004 22	0.009 28	−0.173***	−0.105***	0.0864	−0.0938*
	(0.31)	(0.20)	(−4.47)	(−3.12)	(1.09)	(−2.00)
auto_dummy	0.168***				0.526***	0.447***
	(14.97)				(11.89)	(18.70)
rural		−0.265***	0.217***	−0.300***	−0.476***	−0.377***
		(−10.37)	(7.66)	(−16.55)	(−8.54)	(−10.70)
migration		0.711***	1.770***	−0.394***		
		(24.65)	(34.54)	(−9.98)		
_cons	−8.014***	−11.59***	−23.26***	−14.00***	−9.728***	−6.248***
	(−14.01)	(−5.44)	(−23.84)	(−11.00)	(−3.86)	(−5.22)
N	127 198	17 795	17 829	16 814	3883	12 216
adj. R^2	0.318	0.335	0.289	0.481	0.377	0.281

注：* 表示 $p<0.1$，** 表示 $p<0.05$，*** 表示 $p<0.01$；括号内为标准误。

　　一方面，三个数据库之间基本能够彼此印证，前述假设 1 至假设 4 在表 7.5 跨数据库、跨地区、跨年份的回归中仍成立。家庭人均收入增加依然会带来家庭碳足迹的增加，UHS 和 CHIP 数据回归结果表明家庭人均实际收入每增加 1% 则家庭碳足迹增加 0.52%～0.70%，而 CHFS 数据回归结果表明家庭人均实际收入每增加 1% 则家庭碳足迹增加 0.18%～0.29%，假设 1 仍成立。UHS、CHIP 和 CHFS 数据回归结果均表明，家庭成员数据每增加 1 位，则家庭总的碳足迹增加 20%～30%，该变量的系数在不同数据库之间差异较小，假设 2 仍成立。跨数据库的回归结果均支持教育程度的提高会增加家庭碳足迹，假设 3 依然成立。UHS 和 CHFS 数据回归结果表明，家庭拥有机动车将显著提高家庭碳排放量，假设 4 仍成立。机动车拥有对于家庭碳足迹的影响在 CHFS 数据中的回归系数更大，可以得到合理的解释：第一，由于 CHFS 的消费数据中没有办法单独从交通费中剔除燃油费，因此家庭碳足迹中包含了这部分直接碳足迹，即由于拥有机动车而造成了碳足迹的高估；第二，CHFS 数据中覆盖了城镇居民和农村居民，两类居民的机动车作用不同、使用率不同，因此使得总体上有无机动车的虚拟变量包含了两种异质性居民共同的效果，为了厘清该变量在不同居民群体内的效果，下文还将区分城乡居民再次进行回归。

　　另一方面，由于样本的覆盖面有所扩大，我们能够观察到三个有趣的现象。第一，不同数据所体现的碳排放—收入弹性有所不同，主要原因在于三个数据库的主要覆盖对象、抽样方法、调查方法有一定的区别——UHS 专门针对城镇居民，CHIP 针对城镇、农村和流动人口，CHFS 针对城乡居民，因此，三个数据库中的收入分布也有差别。实际上，如果将收入的范围限制得更窄一些，则三个数据库的收入弹性会更为接近。第二，家庭碳足迹随户主年龄呈倒 U 形。户主年龄的二次方项和一次方项系数表明，随着户主年龄的上升，家庭间接碳足迹先上升后下降，由 UHS、CHIP（2002）、CHIP（2007）、CHIP（2013）、CHFS（2011）、CHFS（2013）回归各自可以得到倒 U 形曲线顶点对应的户主年龄分别为 49.26 岁、46.86 岁、39.97 岁、43.87 岁、36.72 岁和 39.01 岁，基本可以判断户主处于中年阶段时家庭碳足迹处于高峰。第三，家庭年龄结构对碳足迹的影响。由于 UHS 仅包含城镇居民，无法反映家庭年龄结构在不同人群间的作用，因此我们主要关注 CHIP 数据和 CHFS 数据的结果，考虑到城镇居民（含流动人口）和农村居民的异质性，回归中纳入了家庭老年人口比例、家庭少年儿童比例以及以上两个变量分别与农村居民虚拟变量的交互项。结果显示，无论在 CHIP 数据还是 CHFS 数据的回归结果中，随着家庭老年人口比例的上升，作为基准的城镇居民和流动人口家庭碳足迹均呈上升趋势。但是，考虑到家庭老年人口比例与农村居民的交互项系数为负、并且多数时候其绝对值超过了老年人口比例这一变量系数的绝对值，对于农村居民而言，随着家庭内部的老龄化，家庭间接碳足迹反而会下降。这体现了城乡的老年人在老龄阶段面临着不同甚至相反的碳消费情况，城镇老年人可能会消费更多的医疗、保健甚至旅游产品从而提高碳足迹，而农村老年人随着体力下降、收入下降、购买力下降则更可能缩减消费进而缩减碳足迹，这也是城乡碳不平等的一个重要体现。对于家庭少年儿童比例而言，不同数据库的结果则有一定差异，CHIP 数据显示少年儿童比例的增加将提高城镇家庭碳足迹、减少农村家庭碳足迹，但 UHS 和 CHFS 的数据显示少年儿童比例的增加对各类家庭碳足迹均有减少的效果，这一部分的结果是略微出人意料的，但少年儿童的消费确实可能低于成年人，在不同收入阶层、少年儿童的不同阶段，这一结果是有可能的。

　　总体而言，跨数据库的比较仍支持本章的四个主要假设，为了更好地考虑不同群体之间的异质性，本节将在不同数据库内部进行分组，研究异型性家庭碳足迹的影响因素。

　　接下来，将基于 CHIP 数据对城镇、农村以及流动人口家庭碳足迹影响因素分别进行考察，讨论各自变量对碳足迹的影响是否有差异，2002 年、2007 年和 2013 年的回归结果分别见表 7.6、表 7.7 和表 7.8。

表 7.6　基于 CHIP(2002)的异质性家庭碳足迹回归结果

变　　量	模型(1)	模型(2)	模型(3)	模型(4)
	全　样　本	城　镇　居　民	农　村　居　民	流　动　人　口
ln_deincome	0.577***	0.541***	0.536***	0.707***
	(41.59)	(27.73)	(26.81)	(14.76)
ln_headage	3.914***	−0.869	2.714**	18.86***
	(3.30)	(−0.72)	(2.50)	(5.96)
ln_headage2	−0.498***	0.146	−0.372***	−2.682***
	(−3.19)	(0.92)	(−2.59)	(−6.12)
education	0.0713***	0.100***	0.160	0.0746
	(3.46)	(4.62)	(1.53)	(0.49)

续表

变　　量	模型（1）	模型（2）	模型（3）	模型（4）
	全　样　本	城 镇 居 民	农 村 居 民	流 动 人 口
family_size	0.205***	0.208***	0.182***	0.424***
	(26.61)	(16.61)	(19.85)	(10.29)
ln_family_age	−0.112**	−0.101	−0.00515	0.159
	(−2.13)	(−1.45)	(−0.07)	(0.69)
ODR	0.0457	−0.0320	−0.255***	0.763
	(0.78)	(−0.51)	(−2.83)	(1.45)
CDR	−0.0549	−0.146*	−0.243***	−0.0625
	(−0.94)	(−1.85)	(−2.98)	(−0.29)
male_ratio	0.00848	0.0460	0.107	−0.169
	(0.19)	(0.89)	(1.62)	(−1.21)
rural	−0.335***			
	(−15.09)			
migration	0.709***			
	(24.82)			
_cons	−11.55***	−2.518	−8.745***	−39.02***
	(−5.17)	(−1.08)	(−4.22)	(−6.98)
N	17795	6810	8994	1991
adj. R^2	0.334	0.276	0.240	0.275

注：* 表示 $p<0.1$，** 表示 $p<0.05$，*** 表示 $p<0.001$；括号内为标准误。

表 7.7　基于 CHIP（2007）的异质性家庭碳足迹回归结果

变　　量	模型（1）	模型（2）	模型（3）	模型（4）
	全　样　本	城 镇 居 民	农 村 居 民	流 动 人 口
ln_deincome	0.703***	0.563***	0.523***	1.225***
	(45.04)	(24.67)	(26.35)	(27.03)
ln_headage	10.29***	−0.298	7.309***	8.133***
	(18.69)	(−0.25)	(4.61)	(5.90)
ln_headage2	−1.377***	0.00572	−0.979***	−1.138***
	(−18.83)	(0.04)	(−4.76)	(−5.81)
education	0.117***	0.139***	0.331*	0.198**
	(4.28)	(5.04)	(1.79)	(2.53)
family_size	0.320***	0.241***	0.168***	0.877***
	(35.66)	(17.57)	(16.83)	(29.93)

续表

变　　量	模型（1）	模型（2）	模型（3）	模型（4）
	全　样　本	城 镇 居 民	农 村 居 民	流 动 人 口
ln_family_age	−0.161***	−0.0912	−0.241***	−0.309
	（−2.74）	（−1.11）	（−3.26）	（−1.55）
ODR	0.293***	0.0582	0.0824	0.173
	（5.75）	（0.83）	（1.15）	（0.44）
CDR	0.0683	−0.324***	−0.324***	−0.340
	（1.04）	（−3.08）	（−3.71）	（−1.56）
$male\_ratio$	−0.180***	0.0409	0.0495	−0.186***
	（−4.65）	（0.67）	（0.72）	（−3.76）
rural	0.0684***			
	（2.69）			
migration	1.766***			
	（34.30）			
_cons	−24.65***	−2.820	−16.75***	−22.26***
	（−25.15）	（−1.23）	（−5.48）	（−10.13）
N	17 829	4923	7910	4996
adj. R^2	0.285	0.356	0.233	0.382

注：* 表示 $p<0.1$，** 表示 $p<0.05$，*** 表示 $p<0.01$；括号内为标准误。

表 7.8　基于 CHIP（2013）的异质性家庭碳足迹回归结果

变　　量	模型（1）	模型（2）	模型（3）	模型（4）
	全　样　本	城 镇 居 民	农 村 居 民	流 动 人 口
$ln\_deincome$	0.531***	0.657***	0.441***	0.732***
	（53.68）	（37.73）	（37.84）	（10.37）
$ln\_headage$	5.854***	5.636***	2.290***	8.830***
	（8.81）	（5.79）	（2.95）	（2.66）
$ln\_headage2$	−0.776***	−0.729***	−0.334***	−1.174***
	（−8.97）	（−5.73）	（−3.30）	（−2.59）
education	0.191***	0.201***	0.148**	−0.001 35
	（10.13）	（10.13）	（2.34）	（−0.01）
$family\_size$	0.197***	0.219***	0.172***	0.271***
	（35.25）	（22.72）	（26.20）	（5.23）
ln_family_age	0.0344	0.207***	−0.119**	0.0991
	（0.86）	（3.56）	（−2.41）	（0.29）

续表

变　量	模型（1）	模型（2）	模型（3）	模型（4）
	全　样　本	城镇居民	农村居民	流动人口
ODR	−0.001 68	0.009 14	−0.121***	−0.178
	(−0.05)	(0.21)	(−2.99)	(−0.36)
CDR	0.0234	0.400***	−0.338***	0.432
	(0.46)	(5.38)	(−5.35)	(1.22)
male_ratio	−0.105***	−0.0577	−0.161***	−0.0196
	(−3.11)	(−1.19)	(−3.73)	(−0.10)
rural	−0.355***			
	(−23.62)			
migration	−0.400***			
	(−10.20)			
_cons	−14.14***	−16.18***	−5.457***	−22.91***
	(−11.07)	(−8.70)	(−3.66)	(−4.00)
N	16 814	6241	9908	665
adj. R^2	0.480	0.440	0.344	0.279

注：* 表示 $p<0.1$，** 表示 $p<0.05$，*** 表示 $p<0.01$；括号内为标准误。

表 7.6 至表 7.8 显示，回归结果仍然支持四个关键假设，家庭人均收入、受教育程度、家庭成员数量的提高和拥有机动车均会提高家庭的碳足迹。如果对 CHIP 数据中的城镇、农村、流动人口分开考察，也能够观察到一定程度的差异。首先，属于城镇、农村还是流动人口对家庭碳足迹有显著影响。CHIP（2002）和 CHIP（2013）均显示农村居民的碳足迹较城镇居民和在城镇生活的流动人口家庭都更少，CHIP（2007）显示农村居民碳足迹相对较高但数值非常小，整体来看居住在城镇的家庭比居住在农村的家庭产生了更多的间接碳排放。其次，将样本从整体拆分为城镇、农村和流动人口三类后，我们发现家庭老年人口比例对家庭碳足迹的影响主要是在农村居民这一群体中起作用，对城镇居民和流动人口没有显著的影响，而少年儿童比例对流动人口群体没有显著的影响。2002 年和 2013 年的数据回归结果表明，农村居民家庭中的老年人口占比每提高 1%，则家庭间接碳足迹将下降 0.255% 和 0.121%；2002 年、2007 年和 2013 年的数据回归结果表明，农村居民家庭中的少年儿童占比每提高 1%，则家庭间接碳足迹将下降 0.243%、0.324% 和 0.338%。

CHFS 数据库中包含 2011 年和 2013 年的城镇、农村两类居民数据，基于 CHFS 数据的碳足迹影响因素分析结果见表 7.9。由于 CHFS 数据中居民收入的取值范围较广，因此在表 7.9 的回归中对 2000 年不变价家庭人均收入的取值范围作了一定的限制：一是人均收入大于 0，二是若为城镇家庭要求总工资性收入大于 0，三是为了剔除极端值对家庭人均收入进行了 2.5% 的缩尾处理。在这样的条件下，样本量并没有大幅地减少，2011 年和 2013 年仍分别有 5159 和 13 338 个样本。

　　回归结果主要有四点值得关注。第一，人均收入、受教育程度、家庭成员数目的提高仍会增加家庭间接碳足迹，拥有机动车、拥有房产也会增加家庭间接碳足迹，CHFS 数据回归结果中假设 1 至假设 4 仍然成立。第二，农村居民的家庭碳足迹显著低于城镇居民。控制其他条件不变的情况下，2011 年和 2013 年农村家庭的碳足迹比城镇家庭分别低 53.8% 和 48.9%。第三，拥有机动车会显著提高家庭的间接碳足迹，这与上文其他数据库的结果一致，但表 7.9 中的回归系数较大。一方面，与上文提出的原因一致，由于 CHFS 数据中无法将燃油产生的间接碳排放单独从交通费中排除，因此会一定程度上高估拥有机动车对碳足迹的提高效果。另一方面，将城乡样本分开后，能够观察到与 CHIP 数据相符的现象，即拥有机动车对农村居民碳足迹的增长作用大于对城镇居民家庭碳足迹的增长作用。这主要是由于农村居民一旦拥有机动车，则可能比城镇居民有更高的机动车使用率或更远的机动车驾驶距离，从而使得交通支出增加，碳足迹相应增加。第四，基于 CHFS 数据，我们发现的家庭老年人口比例和少年儿童比例的提高仍然倾向于降低家庭碳足迹，并且在农村居民这一群体中作用更为显著，印证了 CHIP 数据的结论。

表 7.9　基于 CHFS 的异质性家庭碳足迹回归结果

变　　量	2011 年			2013 年		
	模型(1)	模型(2)	模型(3)	模型(4)	模型(5)	模型(6)
	全样本	城镇居民	农村居民	全样本	城镇居民	农村居民
ln_deincome	0.185***	0.235***	0.194***	0.128***	0.136***	0.116***
	(11.92)	(6.89)	(8.14)	(12.55)	(8.48)	(9.17)
ln_headage	6.153***	7.807***	4.665**	4.745***	0.809	7.552***
	(5.23)	(3.47)	(2.22)	(6.82)	(0.98)	(5.69)
ln_headage2	−0.877***	−1.068***	−0.686**	−0.676***	−0.128	−1.066***
	(−5.52)	(−3.46)	(−2.44)	(−7.17)	(−1.14)	(−6.10)
education	0.313***	0.362***	0.303***	0.193***	0.254***	0.385***
	(7.75)	(6.49)	(2.30)	(7.39)	(9.46)	(2.70)

续表

变　　量	2011 年			2013 年		
	模型(1)	模型(2)	模型(3)	模型(4)	模型(5)	模型(6)
	全样本	城镇居民	农村居民	全样本	城镇居民	农村居民
family_size	0.172 ***	0.190 ***	0.145 ***	0.158 ***	0.145 ***	0.131 ***
	(14.41)	(7.44)	(6.87)	(18.96)	(12.95)	(10.38)
ln_family_age	0.0113	0.0990	−0.144	−0.0249	0.195 **	−0.349 ***
	(0.13)	(0.64)	(−0.90)	(−0.39)	(2.53)	(−3.30)
ODR	−0.377 ***	−0.0402	−0.511 ***	−0.509 ***	−0.219 **	−0.364 ***
	(−4.09)	(−0.14)	(−3.60)	(−7.49)	(−1.97)	(−4.14)
CDR	−0.284 **	−0.217	−0.461 *	−0.495 ***	−0.0280	−0.961 ***
	(−2.41)	(−1.12)	(−1.95)	(−5.28)	(−0.25)	(−5.99)
male_ratio	−0.0249	−0.0528	−0.188	−0.0437	0.0230	−0.156
	(−0.32)	(−0.50)	(−1.12)	(−0.81)	(0.39)	(−1.59)
auto_dummy	0.585 ***	0.406 ***	0.933 ***	0.452 ***	0.365 ***	0.646 ***
	(13.80)	(6.49)	(8.49)	(16.71)	(12.92)	(10.85)
house_dummy	0.362 ***	0.469 ***	0.270 **	0.282 ***	0.268 ***	0.204 ***
	(8.52)	(8.14)	(2.00)	(10.54)	(9.66)	(2.93)
rural	−0.538 ***			−0.489 ***		
	(−13.67)			(−18.30)		
_cons	−11.91 ***	−16.24 ***	−8.199 **	−8.233 ***	−2.269	−11.50 ***
	(−5.55)	(−4.07)	(−2.06)	(−6.41)	(−1.50)	(−4.50)
N	5159	2452	2707	13 338	8047	5291
adj. R^2	0.447	0.422	0.355	0.326	0.265	0.280

注：* 表示 $p<0.1$，** 表示 $p<0.05$，*** 表示 $p<0.01$；括号中为标准误。

综上所述，UHS、CHIP 和 CHFS 数据均证实，家庭人均实际收入的提高、家庭成员数量的增加、户主受教育程度的提高和家庭拥有机动车都会增加家庭的间接碳足迹，假设 1 至假设 4 成立。此外的其他结论包括：第一，家庭碳足迹随户主年龄呈倒 U 形曲线，先增长后下降，在户主 40～50 岁达到家庭碳足迹高峰；第二，家庭房屋特征如房屋的豪华程度、建筑面积会影响家庭碳足迹，居住在平房的居民碳足迹显著低于其他居民；第三，家庭消费习惯会影响家庭碳足迹，倾向于服务型消费、一次性消费的家庭排放了更多的碳，宣传更加节能的生活方式有助于从居民角度节能减排；第四，城乡二元分化对居民碳足迹的影响较大，基于不同数据库的估计在其他条件不变的情况下，农村居民较城镇居民的碳足迹普遍低 20%～50%。

总之，城乡、收入、教育、交通、居住条件的不平等在碳足迹不平等领域延伸、传递，居民家庭碳足迹的不平等相当程度上源于以上几个因素。

7.5　家庭人均碳足迹不平等的驱动因素

7.4 节将家庭作为整体讨论了微观层面的碳排放驱动因素及碳不平等成因,但事实上碳足迹多的家庭可能是由于常住人口多造成,每个家庭成员平均的碳足迹有可能因为家庭内部共享耐用消费品、共享食物和暖气等原因而产生"规模效应",从而在人均的角度更为节能。因此,本节将从家庭人均碳足迹的角度出发,重新回溯 7.4 节的问题,研究人际碳排放的驱动因素及碳不平等的成因。

与上文的模型类型,本节以家庭常住人口人均消费碳足迹的对数为因变量,考察家庭人均消费碳足迹的影响因素和人际碳不平等的主要驱动因素。模型设定如下:

$$lncarboncap = \alpha + \beta_1 ln\_deincome + \beta_2 ln\_deincome2 + \beta_3 ln\_headage +$$
$$\beta_4 ln\_headage2 + \beta_5 ln\_family\_age + \beta_6 male +$$
$$\beta_7 education + \beta_8 male + \beta_9 family\_size + \beta_{10} ODR +$$
$$\beta_{11} CDR + \beta_{12} male\_ratio + \beta_{13} rural + \mu_i + \nu_t + \varepsilon_{it}$$

其中:

$lncarboncap$——家庭常住人口人均碳足迹的对数,为因变量;

$ln\_deincome$——家庭人均收入的对数,通过当年家庭总收入、家庭成员数计算得到当年家庭人均收入,再分别基于城乡各自的 CPI 指数进行平减,统一为 2000 年不变价收入后再取对数,$ln\_deincome2$ 为其平方;

$ln\_headage$、$ln\_headage2$——户主年龄和年龄平方的对数;

$male$——户主性别的虚拟变量,男性记为 1,女性记为 0;

$education$——户主受教育程度的虚拟变量,接受过大专及以上教育记为 1,否则为 0;

$family\_size$——家庭常住的成员数目;

$lnfamily\_age$——家庭成员平均年龄的对数;

ODR——家庭老年人口比例,65 岁及以上记为老年人口;

CDR——家庭少年儿童比例,14 岁及以下记为少年儿童;

$male\_ratio$——家庭成员中男性的比例;

$rural$——城镇、农村居民的虚拟变量,农村居民记为 1,城镇居民记为 0;如果数据中同时包含了城镇、农村和流动人口,则加入新的虚拟变量 $migration$,流动人口记为 1,否则记为 0。

　　此外,回归方程中还包含了分别代表家庭房屋特征、家庭消费特征、家庭机动车和有无房产的变量以进行细致的探讨。最后,μ_i 为地区虚拟变量,ν_t 为年份虚拟变量,ε_{it} 为误差项,在后续的所有回归中均控制省份、年份的虚拟变量,但限于篇幅不在正文中进行汇报。

　　首先,基于 UHS2002—2009 年城镇居民的数据进行家庭人均碳足迹的分析,回归结果见表 7.10。

表 7.10　基于 UHS 的家庭人均碳足迹回归结果

变　量	模型(1)	模型(2)	模型(3)	模型(4)	模型(5)
de_lnincome	0.679***	0.679***	0.293***	0.393***	0.350***
	(139.86)	(139.19)	(3.46)	(4.76)	(4.21)
ln_headage	0.0470***	0.0493***	0.600*	−0.363	−0.483
	(4.75)	(3.50)	(1.98)	(−1.23)	(−1.64)
male	−0.0193***	−0.0169***	−0.0170***	−0.009 66	−0.009 57
	(−3.84)	(−3.32)	(−3.35)	(−1.93)	(−1.92)
education	0.0342***	0.0360***	0.0264***	0.0121*	0.004 12
	(6.29)	(6.60)	(4.79)	(2.24)	(0.76)
family_size	−0.0697***	−0.0678***	−0.0807***	−0.0906***	−0.0976***
	(−23.30)	(−21.65)	(−24.56)	(−28.48)	(−30.06)
ODR		−0.0224*	0.0166	0.0257	0.0234
		(−2.42)	(1.24)	(1.96)	(1.78)
CDR		−0.0595***	−0.112***	0.0241	0.0226
		(−3.43)	(−5.12)	(1.12)	(1.05)
male_ratio		−0.0420**	−0.0437**	−0.0290*	−0.0308*
		(−3.10)	(−3.23)	(−2.19)	(−2.32)
ln_deincome2			0.0197***	0.0112*	0.0128**
			(4.24)	(2.45)	(2.81)
ln_headage2			−0.0667	0.0581	0.0738
			(−1.68)	(1.50)	(1.91)
ln_family_age			−0.0743***	0.0816***	0.0795***
			(−3.80)	(4.20)	(4.09)
auto_dummy			0.149***	0.165***	0.155***
			(12.87)	(14.23)	(13.34)
house_luxury			0.0130		0.0115
			(0.67)		(0.60)
house_ordinary			0.0712***		0.0615***
			(6.13)		(5.46)
floor_square			0.000 555***		0.000 683***
			(7.83)		(9.77)
house_age			−0.000 088 7		−0.000 117
			(−0.39)		(−0.53)
service%				1.333***	1.340***
				(57.54)	(57.75)
eat_out%				−0.0101	−0.0120
				(−0.53)	(−0.63)

变　　量	模型（1）	模型（2）	模型（3）	模型（4）	模型（5）
_cons	−5.354***	−5.339***	−4.386***	−3.570***	−3.139***
	（−88.15）	（−73.43）	（−6.42）	（−5.37）	（−4.72）
N	127 198	127 198	127 198	127 198	127 198
adj. R^2	0.333	0.333	0.335	0.358	0.359

注：* 表示 $p<0.1$，** 表示 $p<0.05$，*** 表示 $p<0.01$；括号内为标准误。

　　表 7.10 显示，随着家庭人均实际收入的提高，家庭人均碳足迹增加，从家庭人均碳足迹的角度出发假设 1 仍然成立。模型（1）、模型（2）显示，人均收入每提高 1%，家庭人均碳足迹将提高 0.679%。同时，随着家庭规模的增加，家庭人均碳足迹呈下降趋势，假设 2 中关于人均碳足迹的部分成立。模型（1）至模型（5）均支持，家庭成员每增加 1 位，则家庭人均碳足迹将减少 7% 以上。由于家庭中能够共享耐用消费品和暖气、燃料以及各类服务性支出等商品、能源或服务，起到类似于"规模经济"的效应，能够使得大家庭内部的人均碳足迹较少。此外，户主受教育程度的提高和拥有机动车依然促进家庭人均碳足迹的增加，假设 3、假设 4 成立。模型（3）、模型（5）表明，居住在楼房的家庭比住在平房的家庭人均碳足迹高约 7.12% 或 6.15%，居住条件对碳足迹的影响较大。这主要有两方面解释：一方面，居住在平房的城镇家庭更可能由于家庭经济原因的限制无法进行过高消费，更倾向于节约用能、节约开支，从而导致较低的人均碳足迹；另一方面，由于 UHS 数据中的支出项目较为详细，在核算家庭间接碳足迹时已经完全剔除了家庭燃料导致的直接碳足迹，因此即使居住在平房的家庭消耗了更多的煤炭、液化气等进行取暖、烹饪，在这里也不会体现出来。模型（3）、模型（5）表明，房屋面积的增加将显著提高人均碳足迹，同样体现了居住条件差异所带来的碳足迹差异。模型（4）、模型（5）表明，家庭服务性支出占比每提高 1%，家庭人均碳足迹将增加 1.333% 或 1.340%，支持上文家庭整体层面得出的结论。

　　与 7.4 节类似，为了考察回归结果在不同数据库之间的稳健性，同样将样本从城镇居民扩展到农村居民和流动人口，基于 UHS、CHIP 和 CHFS 数据再次对家庭人均碳足迹的影响因素进行对比分析，回归结果见表 7.11。

表 7.11　基于 UHS、CHIP、CFHS 的家庭人均碳足迹回归结果

变　　量	UHS	CHIP（2002）	CHIP（2007）	CHIP（2013）	CHFS（2011）	CHFS（2013）
ln_deincome	0.664***	0.582***	0.697***	0.527***	0.296***	0.190***
	（132.96）	（42.01）	（45.55）	（53.29）	（12.67）	（14.50）
ln_headage	0.503*	2.262***	6.719***	3.570***	2.223	1.518**
	（1.68）	（2.67）	（12.90）	（5.77）	（1.60）	（2.33）

续表

变　　量	UHS	CHIP(2002)	CHIP(2007)	CHIP(2013)	CHFS(2011)	CHFS(2013)
ln_headage2	−0.0595	−0.286 **	−0.919 ***	−0.468 ***	−0.319 *	−0.212 **
	(−1.51)	(−2.56)	(−13.03)	(−5.80)	(−1.68)	(−2.39)
education	0.0331 ***	0.0729 ***	0.120 ***	0.202 ***	0.258 ***	0.220 ***
	(6.08)	(3.52)	(4.36)	(10.83)	(6.75)	(9.56)
family_size	−0.0733 ***	−0.0585 ***	0.0260 ***	−0.103 ***	−0.0900 ***	−0.149 ***
	(−23.25)	(−8.36)	(3.51)	(−20.34)	(−5.80)	(−18.06)
ODR	−0.006 95	0.174 ***	0.313 ***	0.198 ***	0.391 ***	0.188 ***
	(−0.62)	(3.35)	(5.66)	(5.38)	(3.55)	(3.46)
CDR	−0.0644 ***	−0.0165	0.355 ***	−0.0649	−0.409 ***	−0.412 ***
	(−3.67)	(−0.28)	(4.95)	(−1.14)	(−3.63)	(−6.06)
male_ratio	−0.0499 ***	0.0117	−0.121 ***	−0.124 ***	0.0622	−0.0823 *
	(−3.72)	(0.26)	(−3.21)	(−3.77)	(0.80)	(−1.80)
auto_dummy	0.166 ***				0.502 ***	0.428 ***
	(14.81)				(11.39)	(17.81)
ODR×*rural*		−0.376 ***	−0.187 **	−0.255 ***	−0.652 ***	−0.811 ***
		(−4.57)	(−2.56)	(−5.84)	(−4.32)	(−7.49)
CDR×*rural*		−0.156 **	−0.660 ***	0.009 18	0.156	0.0559
		(−2.03)	(−7.07)	(0.13)	(0.69)	(0.36)
_cons	−6.075 ***	−9.086 ***	−18.48 ***	−9.904 ***	−6.054 **	−3.382 ***
	(−10.60)	(−5.61)	(−19.29)	(−8.35)	(−2.40)	(−2.83)
N	127 198	17 795	17 829	16 814	3883	12 216
adj. R^2	0.334	0.426	0.298	0.561	0.390	0.300

注：* 表示 $p<0.1$，** 表示 $p<0.05$，*** 表示 $p<0.01$；括号中为标准误。

表 7.11 表明，以上回归结果在跨数据库中的表现是较为稳健的，即假设 2 至假设 4 在 UHS、CHIP、CHFS 三个数据库不同年份的回归中仍成立。六个模型均显示，家庭人均收入和户主受教育程度的提高以及家庭拥有机动车均促进家庭人均碳足迹的提高，2002—2013 年户主受教育程度提高对家庭人均碳足迹的提升作用越来越强，而家庭成员数量的增加则有助于促进家庭人均碳足迹的降低。家庭人均碳足迹随户主年龄增长的倒 U 形曲线仍存在，即家庭人均碳足迹随户主年龄的增加先上升后下降。家庭人均碳排放受城乡二元分化的影响较大，在其他条件不变的情况下，农村家庭人均碳排放比城镇家庭人均碳排放少 20%～50%。CHIP 数据和 CHFS 数据回归结果表明，家庭中老年人比重的上升对城镇、农村居民有不同的效果，城镇居民中家庭人均碳足迹随老年人比例的提高而显著增加，但对于农村居民而言，老年人口比例和农村居民虚拟变量的交互项系数为负，不仅抵消了老年人口比例的回归系数甚至还使得农村居民家庭人均碳足迹随老年

人口比例上升而下降。一方面,这是城乡碳排放不平等在老年人群体中的重要体现;另一方面,随着中国社会的老龄化问题浮出水面,碳不平等的问题将随着人口老龄化的加剧而在家庭间、人际间变得更为突出,未来微观碳不平等随老年人口比例的提高有可能呈上升趋势。

综上所述,本节使用 UHS、CHIP 和 CHFS 数据,从家庭人均角度出发对城镇、农村和流动人口的碳不平等进行了考察。本节的结论支持本章的四个基本假设,家庭人均收入和户主受教育程度的提高以及家庭拥有机动车均促进家庭人均碳足迹的提高,而家庭成员数量的增加则有助于促进家庭人均碳足迹的降低。此外,城乡人均碳排放差异较大,特别是家庭老年人口比例的上升对城镇、农村家庭人均碳排放有着相反的效果。总的来看,家庭人均层面的碳不平等广泛存在,主要由城乡差异、收入差异、教育水平差异、年龄差异、有无机动车、家庭居住环境所驱动,且有可能随着人口老龄化和城乡二元分化使得碳不平等程度上升。

7.6　收入、消费、碳足迹不平等的比较

本章的 7.4 节、7.5 节分别从家庭整体和家庭人均两个层面分析了家庭碳不平等的驱动因素,并发现城乡分化、收入、教育、年龄以及居住条件和消费习惯的差异是微观碳不平等的重要来源。由于微观的人际不平等可以根据其体现分为收入不平等、消费不平等和碳足迹不平等,为了能够对碳足迹不平等的程度有更清晰的认知,本节将基于 UHS、CHIP 和 CHFS 数据分别计算以上三类不平等的程度,并进行对比。

首先,基于 UHS 数据讨论 2002—2009 年城镇居民内部的不平等情况。其中收入和支出分别采用家庭人均收入和家庭人均支出两个指标,基于城镇和农村各自的价格指数进行平减,统一为 2000 年不变价;碳足迹采用实物量;家庭权重使用家庭成员数。表 7.12 分别从收入、消费和碳足迹角度出发衡量了城镇居民的不平等程度,汇报了泰尔熵和基尼系数两个指标。从城镇居民来看,收入和消费的不平等程度相当,2002—2009 年的平均基尼系数均为 0.35,而碳足迹的不平等程度较前两者更高,平均基尼系数为 0.59。

表 7.12　基于 UHS 的城镇居民不平等程度

年份	收入		消费		(间接)碳足迹	
	泰尔熵指数	基尼系数	泰尔熵指数	基尼系数	泰尔熵指数	基尼系数
2002	0.19	0.33	0.20	0.34	0.82	0.57

续表

年份	收　　入		消　　费		（间接）碳足迹	
	泰尔熵指数	基尼系数	泰尔熵指数	基尼系数	泰尔熵指数	基尼系数
2003	0.20	0.34	0.22	0.34	0.88	0.57
2004	0.21	0.35	0.23	0.35	0.65	0.52
2005	0.21	0.35	0.24	0.36	0.73	0.56
2006	0.21	0.35	0.24	0.36	0.74	0.55
2007	0.20	0.34	0.22	0.34	0.63	0.51
2008	0.22	0.35	0.24	0.36	0.75	0.57
2009	0.22	0.35	0.24	0.36	0.88	0.59
平均	0.21	0.35	0.23	0.35	0.76	0.55

其次，使用 CHIP 数据对城镇、农村和流动人口的三类不平等程度进行计算，同样汇报了泰尔熵指数和基尼系数两个指标。使用 CHIP 数据对不平等程度进行考察，能够弥补 UHS 中只覆盖城镇居民，无法体现居民全样本中不平等程度的不足。CHIP 数据展示的不平等程度主要有两个特征，一是碳足迹不平等的程度高于收入不平等和消费不平等，二是碳足迹不平等在城镇、农村和流动人口的组内差异有所区别，农村居民内部的碳足迹不平等大于城镇居民和流动人口。从居民整体来看，2002 年、2007 年和 2013 年全国居民的碳足迹不平等基尼系数分别为 0.64、0.64 和 0.54，大于相应年份的收入不平等基尼系数（0.45、0.56 和 0.47）以及消费不平等系数（0.48、0.47 和 0.45）。CHIP 数据所反映的碳足迹不平等程度比收入、消费不平等程度更深，这一现象符合表 7.12 中由 UHS 城镇居民数据得到的判断。从居民的三种类型来看，2002 年、2007 年和 2013 年农村居民碳足迹的不平等基尼系数分别为 0.67、0.65 和 0.48，大于相应年份城镇居民的碳足迹不平等基尼系数 0.54、0.53 和 0.46，也大于流动人口的碳足迹不平等基尼系数 0.48、0.56 和 0.47，碳足迹不平等在农村居民内部尤为严重。

表 7.13　基于 CHIP 的居民收入、消费、碳足迹不平等程度

2002 年	收　　入		消　　费		碳　足　迹	
	泰尔熵指数	基尼系数	泰尔熵指数	基尼系数	泰尔熵指数	基尼系数
城镇	0.18	0.33	0.20	0.34	0.76	0.54
农村	0.24	0.37	0.28	0.37	1.17	0.67
流动人口	0.26	0.37	0.17	0.31	0.42	0.48
整体	0.35	0.45	0.40	0.48	0.95	0.64

续表

2007 年	收　入		消　费		碳　足　迹	
	泰尔熵指数	基尼系数	泰尔熵指数	基尼系数	泰尔熵指数	基尼系数
城镇	0.24	0.36	0.21	0.34	0.81	0.53
农村	0.23	0.36	0.29	0.38	1.09	0.65
流动人口	0.19	0.31	0.21	0.33	0.58	0.56
整体	0.57	0.56	0.39	0.47	0.94	0.64
2013 年	收　入		消　费		碳　足　迹	
	泰尔熵指数	基尼系数	泰尔熵指数	基尼系数	泰尔熵指数	基尼系数
城镇	0.21	0.35	0.24	0.37	0.38	0.46
农村	0.28	0.40	0.24	0.36	0.46	0.48
流动人口	0.22	0.35	0.23	0.36	0.39	0.47
整体	0.38	0.47	0.36	0.45	0.56	0.54

　　按照城镇、农村和流动人口的分组方式，表 7.14 对碳足迹不平等的来源进行了分解，将泰尔熵指数分解为组内与组间两部分。从占比来看，组内不平等是碳足迹不平等的重要来源，2002 年、2007 年和 2012 年居民碳足迹的组内不平等泰尔熵指数分别为 0.86、0.85 和 0.41，分别占当年碳足迹不平等泰尔熵指数的 89.92%、90.81% 和 73.67%，而组间不平等则分别为 0.10、0.09 和 0.15，分别占当年碳足迹不平等泰尔熵指数的 10.08%、9.19% 和 26.33%。2013 年相比 2002 年而言，碳足迹不平等的程度有所下降，但城镇、农村及流动人口各自组内不平等程度下降的同时，组间碳足迹不平等的程度有所增加。表 7.13 中数据显示，居民碳足迹整体基尼系数从 0.64 下降到 0.54，不平等程度有所下降，同时城镇、农村、流动人口的碳足迹基尼系数也从 0.54、0.67、0.48 分别下降到 0.46、0.48 和 0.47，各类人群的碳足迹不平等程度同样均有所降低。但同时，从表 7.14 中的泰尔熵指数来看，在组内泰尔熵指数从 2002 年的 0.86 下降为 2013 年 0.41 的同时，组间泰尔熵指数从 2002 年的 0.10 上升到 2013 年 0.15，组间碳不平等为总碳不平等贡献了 26.33%。尽管经济发展、社会福利保障有可能逐渐缓和城镇、农村各自内部的不平等程度，但城乡分化却有可能成为未来碳足迹不平等的重要来源。

　　再次，基于 CHFS 数据对 2011 年和 2013 年居民收入、消费、碳足迹的不平等程度进行了估计。表 7.15 所反映的不平等程度较表 7.12 和表 7.13 略高，样本的选择和统计口径的差异是可能的原因，但整体上收入、消费、碳足迹不平等之间的关系仍支持上文的结论，即碳足迹不平等的程度要高于收入和消费不平等。

表 7.14 基于 CHIP 分解碳足迹不平等的来源

	2002 年		2007 年		2013 年	
	泰尔熵指数	占比/%	泰尔熵指数	占比/%	泰尔熵指数	占比/%
组内	0.86	89.92	0.85	90.81	0.41	73.67
组间	0.10	10.08	0.09	9.19	0.15	26.33
合计	0.95	100.00	0.94	100.00	0.56	100.00

表 7.15 基于 CHFS 的居民收入、消费、碳足迹不平等程度

2011 年	收　　入		消　　费		碳　足　迹	
	泰尔熵指数	基尼系数	泰尔熵指数	基尼系数	泰尔熵指数	基尼系数
城镇	1.02	0.68	0.47	0.48	0.85	0.61
农村	1.15	0.68	0.49	0.49	1.50	0.75
整体	1.15	0.71	0.53	0.51	1.09	0.69

2013 年	收　　入		消　　费		碳　足　迹	
	泰尔熵指数	基尼系数	泰尔熵指数	基尼系数	泰尔熵指数	基尼系数
城镇	0.84	0.62	0.44	0.46	1.13	0.66
农村	0.60	0.57	0.44	0.48	1.50	0.76
整体	0.87	0.63	0.48	0.48	1.24	0.70

最后,本研究的结论显示居民的碳足迹不平等大于消费、支出的不平等。尽管微观碳足迹不平等的研究较为有限,但均支持该结论(Xu et al., 2016),笔者将作出部分解释。一方面,碳不平等的程度高于消费不平等的程度可以用富裕阶层的边际碳排放倾向递增进行解释。从收入到消费再到碳足迹包含两个阶段。第一阶段是从收入到消费的过程,由于边际消费倾向随收入的增加而递减,高收入群体的消费增长要远少于收入增长,因此不同收入水平居民消费之间的差距被缩小,从而消费不平等的程度低于收入不平等的程度。第二阶段是居民消费购买商品和服务从而产生间接碳排放的过程,已有文献支持富裕人群的边际碳排放倾向存在递增(Golley & Meng,2012)。因此,由于高收入群体更有能力、途径去购买精细化的、多道工序的、高隐含碳的商品,也更有能力去持续消费一次性的商品和服务,因此高收入群体的边际碳排放倾向更高,从而使得碳足迹的不平等程度要高于消费的不平等程度。另一方面,我国的低电价对促进富裕阶层产生高碳排放产生了重要的作用。以 UHS 数据中的城镇居民为例,如图 7.1 所示,居民消费支出结构和碳足迹结构差异的最重要来源是居住占比。电力部门

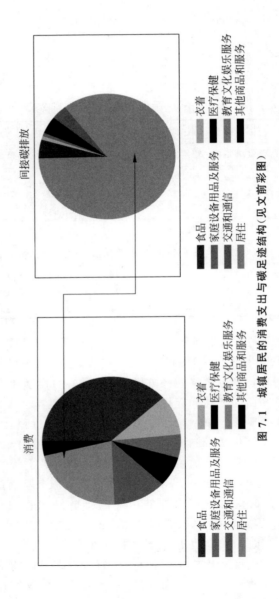

图 7.1　城镇居民的消费支出与碳足迹结构（见文前彩图）

是居住类目的主要组成部分,低电价使得居住类目在整体消费占比中的份额较小,而高碳排放强度使得居住类目成为家庭间接碳足迹的最主要组成部分。换言之,低电价使得富裕阶层能够通过付出极少的代价而消费廉价的电力能源、产生极多的碳排放,相当于对富裕阶层的变相碳补贴。这意味着未来可以通过实行更为有效的阶梯电价实现居民部门的节能减排,同时也能够大幅降低居民碳足迹的不平等程度。

综上所述,本节主要有四点结论。第一,从收入、消费和碳足迹三类不平等来看,碳足迹的不平等程度最高。第二,无论是基于城镇、农村、流动人口的人群划分,还是基于城镇、农村的人群划分,农村居民内部的碳足迹不平等均最严重。第三,2002—2013 年整体碳足迹不平等的程度有所下降,且城镇、农村及流动人口各自组内不平等程度也在下降,与此同时,组间碳足迹不平等的程度有所增加,城乡分化有可能成为未来碳足迹不平等的重要来源。第四,较高的居民碳足迹不平等程度一方面源于富裕群体的边际碳排放倾向递增,另一方面源于我国现行的低电价实际上是对富裕群体的变相碳补贴。

7.7 本 章 小 结

综上所述,本章连接了微观家庭数据与宏观投入产出、碳排放数据,基于 UHS、CHIP 和 CHFS 数据核算了家庭消费所隐含的碳足迹,定量实证分析了微观碳足迹不平等的主要驱动因素和各关键影响因素的作用,最后比较了收入不平等、消费不平等以及碳足迹不平等之间的关系,确定了碳足迹不平等的程度。本章透过微观实证回答了前文提出的研究问题二,即"哪些因素促进碳排放的平等,而哪些因素又导致不平等加剧?"具体而言,主要回答了"异质性的家庭消费碳足迹受到哪些变量的影响? 家庭的消费碳不平等主要由哪些因素驱动? 居民碳足迹不平等的程度与收入、消费的不平等程度相比究竟如何?"

对于家庭总的碳足迹,本章的结论为:第一,家庭人均实际收入的提高、家庭成员数量的增加、户主受教育程度的提高和家庭拥有机动车都会增加家庭的间接碳足迹;第二,家庭碳足迹随户主年龄呈倒 U 形曲线,先增长后下降,在户主 40~50 岁达到高峰;第三,家庭居住条件会显著影响家庭碳足迹,居住在平房的居民碳足迹显著低于其他居民,居住面积越大的家庭碳足迹越高;第四,家庭消费习惯会影响家庭碳足迹,倾向于服务型消费、一次性消费的家庭排放了更多的碳,宣传更加节能的生活方式有助于从居民角度节能减排;第五,城乡二元分化对居民碳足迹的影响较大,农村居民较城镇居民的碳足迹普遍低 20%～50%。

对于家庭人均碳足迹,本章的结论为:第一,家庭人均收入和户主受教育程度的提高以及家庭拥有机动车均促进家庭人均碳足迹的提高;第二,家庭成员数量增加、耐用消费品共享和能源共享所带来的"规模效应",有助于促进家庭人均碳足迹的降低;第三,城乡人均碳排放差异较大,特别是家庭老年人口比例的上升在城镇、农村对家庭人均碳排放有着相反的效果。

对于碳足迹的不平等程度,本章的结论为:第一,从收入、消费和碳足迹三类不平等来看,碳足迹的不平等程度最高;第二,农村居民内部的碳足迹不平等大于城镇居民和流动人口;第三,在整体碳足迹不平等的程度有所下降且城镇、农村及流动人口各自组内不平等程度下降的同时,组间碳足迹不平等的程度有所增加,城乡分化有可能成为未来碳足迹不平等的重要来源;第四,我国较高的居民碳足迹不平等程度一方面源于富裕群体的边际碳排放倾向递增,另一方面源于我国现行的低电价形成了对富裕群体的变相碳补贴。

总的来看,家庭整体和家庭人均层面的碳不平等广泛存在,其主要来源是城乡差异、收入差异、教育水平差异、年龄差异、机动车拥有情况、家庭居住环境的不平等在碳足迹不平等领域的延伸和传递,且居民碳足迹的不平等程度有可能随着人口老龄化和城乡二元分化进一步上升。碳足迹的不平等程度较收入和消费的不平等程度更高,城乡居民碳足迹的组间不平等有可能成为未来碳足迹不平等的重要来源。

第8章 减排政策、有效性与碳不平等

本研究的第6章、第7章分别从宏观和微观视角考察了碳不平等的驱动因素,解释了收入差距的缩小、高碳强度地区的环境规制是碳不平等程度下降的重要原因。但仍不能解释为什么2010年后生产侧碳排放不平等会再次上升。为此,本章从公共政策的视角出发,考察是否存在外生减排政策造成了生产侧与消费侧碳排放不平等之间的分化。本章所关注的减排政策主要包括行政与市场两类,其中行政手段以五年规划下的强制减排目标为代表,市场手段以碳排放权交易市场试点政策为代表。对于强制减排目标,本章将基于省级面板数据,考虑政策与能耗强度之间的中介效应进行分析;对于碳排放权交易市场试点政策,将其视为准自然实验,基于省级行业三维面板数据,使用双重差分模型以及三重差分模型进行分析。本研究将主要考察减排政策两个方面的作用,一是减排政策是否能够促进减排,二是减排政策是否会造成碳泄露和加剧碳不平等。本章主要回答研究问题三,即"生产侧碳排放不平等反弹的主要原因是什么? 与我国采取的减排政策是否有关? 强制减排目标和碳市场政策是否有效实现了减排,是缓解还是加剧了碳不平,是否导致了碳泄露,或者说是否存在污染天堂效应?"

8.1 文 献 综 述

当前中国面临碳排放量高、减排压力大、减排相对困难的问题,凸显了政策工具在节能减排过程中的重要作用(林伯强、刘希颖,2010; Li et al., 2017),已有文献主要围绕政策工具能否有效减排和政策是否会导致碳泄露的问题进行讨论。

常用的减排政策工具可以分为市场手段和行政手段两类(庞军,2008),其中行政手段通常通过颁布行政规章、设置排放标准的形式进行政府引导,市场手段则主要通过征收能源税或环境税的方式进行价格调控。赵鹏飞(2018)将市场手段具体到税收、交易、补贴三类,将行政手段具体为限制类。

陈健鹏(2012a)将主要政策工具归纳为国家标准和管制政策、财政政策、排放权交易、资源协议、信息工具以及研发政策等政策工具，其中最常用的是国家标准和管制政策、碳税、碳排放权交易三类（陈健鹏，2012b）。张国兴等(2017)通过对 1052 条节能减排政策措施进行总结，将我国的减排政策工具分为行政、引导、财税、人事、金融和其他经济措施五类。

近年来公共政策领域的研究着重讨论了政策工具对碳排放的影响，主要有：第一，行政手段，如五年规划及其涵盖的命令型、指令型及强制目标政策(Yuan & Zuo，2011；Tang et al.，2016；Zhu & Chertow，2016)；第二，碳排放权交易政策(Cong & Wei，2010；Li et al.，2018；Dai et al.，2018)；第三，能源税或碳税(Zheng et al.，2016；Chen & Guo，2017；Zou et al.，2018；Fan et al.，2018)；第四，其他复合型政策对减排的促进作用和对社会发展的影响。相应文献分别总结如下。

第一，行政手段主要表现为"十一五"时期之后我国在全国和省级层面分别设立了能源消费强度目标、碳排放强度目标等强制减排目标，中央负责政策的制定，而省级和市级地方政府则主要负责政策的具体执行(Dai，2015)。Schreifels et al.(2012)分析了我国节能减排政策中问责机制、排放督查、技术状况和财政支持等措施对二氧化硫控制的影响。Tang et al.(2016)对"十一五"时期和"十二五"时期强制性减排指标的效果进行了检验，发现该政策对各省份的环保表现和减排是有效的，同时基于减排目标完成情况的奖惩政策对各省份的减排表现没有显著影响。梅赐琪、刘志林(2012)对五年规划减排政策的执行情况进行了考察，发现强制性目标在各省份存在"政策行为从众"的现象，初期减排进度执行较快的省份将在后期主动弱化实施力度。汤维祺等(2016)发现五年规划政策加快了节能减排的进程、降低了经济运行的总体能源消费和碳排放水平，但该项政策在各省份的实施效果不尽相同。申萌(2016)基于企业的数据，发现"十一五"期间"千家企业节能行动"等强规制减排政策是有效的，而且能够促进企业的技术进步。唐啸等(2017)考察了强制减排目标通过正式激励与非正式激励实现减排的途径。

第二，碳排放权交易通过对碳排放资源的市场化配置，能够以较低的社会成本实现预期碳减排目标(段茂盛，2018a)。美国和欧盟等发达经济体相继建立了碳排放权交易市场(张志勋，2012)，我国于 2011 年起批准了该项政策，并于 2013 年后在北京、天津等地陆续试点运行。一方面，学者们认可碳排放权交易能够切实削减碳排放。段茂盛(2018b)认为碳排放权交易能够提高企业减排意识,促进企业积极减碳。刘晔、张训常(2017)采用三重差分模型考察了碳排放交易试点政策对微观企业的作用,发现政策能够提高处理组企业的研发投资强度、提高企业净收益率、激励企业创新行为。齐绍洲等(2017)通过跨国海运碳交易进行分析,发现碳交易机制能够抑制碳排放、有效提升环境质量。另一方面,学者也同时指出了目前我国碳排放权交易制度仍不够完善。熊灵等(2016)比较了中国、欧盟和加州的碳交易体系,发现中国碳交易试点形成了总量刚性与结构弹性结合、历史法与基准法切分结合、免费配发与有偿拍卖结合、事前分配与事后调节结合的独特配额分配机制,但也存在总量过剩、鞭打快牛、双重计算、基准随意、拍卖过少、规则不透明等问题。刘海英等(2017)认为碳排放权交易政策能够有效降低碳排放强度和碳排放总量,且相比命令型政策更为有效,但该政策在不同省份的执行效果差异较大,特别是在湖北、湖南、四川和青海等省份碳排放强度不降反升。

第三,碳税政策通过对企业生产中涉及的化石燃料产品按照含碳量进行征税,实现节能减排(况丹,2014),通过对碳排放污染赋予成本来将碳排放的负外部性内部化,其本质相当于一种庇古税(Herber & Raga,1995)。大量发达国家的经济学家主张通过碳税将碳排放的负外部性加以纠正(潘家华,2018),Herber & Raga(1995)和 Nordhaus(1977)均认为碳税是一种有效的减排工具。中国气候变化国别研究组(2000)基于可计算一般均衡模型,认为征收碳税能够降低能源消费增长、改善能源消费结构,有效削减温室气体排放。王淑芳(2005)认为碳税是碳减排的一种重要经济手段,对能源节约和环境保护具有积极的作用,而且能够提振财政收入。金艳鸣等(2007)发现要素禀赋和经济结构使得我国环境税收的实施效果存在地区性差异。潘文卿(2015)基于我国 2007 年的投入产出模型,分别从生产者责任与消费者责任两个视角考察了征收碳税的作用,发现从消费者责任方征收碳税,能够大幅度减轻对西北、东北等欠发达地区产业竞争力的负面影响,既满足责任分担的公平性,也能够达到最佳减排效果。

第四,复合型政策结合了以上不同类型减排政策的优势,减排政策工具的拓展和各类工具的协同作用为综合实现减排目标提供了更多可能。石敏俊等(2013)分别模拟了单一碳税、单一碳排放交易以及碳税与碳交易相结合等政策情景下的不同减排效果、经济影响与减排成本,发现碳税政策的减排政策最低、碳排放交易政策的减排冲击较大,建议采用碳排放交易与碳税相结合的复合政策。

8.2   中国减排政策梳理

为了实现节能减排的目标,我国从行政手段和市场手段两个角度出发,分别制定出台了相应的减排政策。其中,行政手段的代表为五年规划下的强制减排目标;市场手段的代表为碳排放权交易市场试点政策;碳税作为一项重要的减排政策工具目前还在政策模拟阶段,尚未出台。本研究主要对强制减排目标和碳排放权交易市场试点政策进行考察。

8.2.1   五年规划中的减排政策

五年规划是国家发展的具体抓手,为了适应不同的发展阶段,解决特定期间内最主要的问题,达成当期最主要的目标,不同时期内的五年规划均有其不同的特点。从节能减排的角度出发,五年规划中关于能源、环境、碳排放的目标伴随国家发展阶段不断发生变化,五年规划中与节能减排相关的内容在数量、确切程度上均在不断地提升。

具体来看,"一五"到"十五"期间有煤炭生产计划目标,"六五"到"九五"期间有总能源生产计划目标。"十五"时期成为一个重要的转折点,"十五"以后不再设置能源生产目标,预示着政府不再简单地鼓励扩大能源生产。"十一五"期间,我国提出了单位 GDP 能耗降低 20% 左右、主要污染物排放总量减少 10% 的约束性指标,并将单位 GDP 能耗下降的目标均逐级分解到各级政府和企业,设立了"千家企业"节能目标,将节能目标完成情况纳入各级政府和国有企业的绩效考核中来。针对碳排放领域,"十一五"期间宽泛地提出了针对温室气体减排的目标,即"控制温室气体排放取得成效"。"十二五"期间,我国提出了"十二五"期间单位 GDP 能源消耗降低 16%、单位 GDP 二氧化碳排放降低 17%、化学需氧量和二氧化硫排放分别减少 8%、氨氮和氮氧化物排放分别减少 10%、森林覆盖率提高到 21.66%、森林蓄积量增加 6 亿立方米的指标,并于 2012 年 1 月印发了《"十二五"控制温室气体排放工作方案》。针对碳排放领域,"十二五"规划的目标设定更为详细,专门设立一章来关注碳排放和气候变化问题,提出了减少碳排放的措施和途径,例如调整产业和能源结构、促进节能和提高能源使用效率、提高森林碳吸收等手段来降低能源消费强度和碳排放强度。"十一五"期间到"十三五"期间资源环境指标数量统计见表 8.1,"十一五"期间、"十二五"期间各省份减排目标见附录 D。

表 8.1　"十一五"期间到"十三五"期间资源环境指标数量统计

时　期	约　束　性	预　期　性	合　计
"十一五"时期	6	2	8
"十二五"时期	11	1	12
"十三五"时期	12	1	13

8.2.2　碳排放权交易市场试点政策

碳排放权交易(Emission Trading,ET)的思想源于之前在公共政策领域曾经过广泛讨论的排污权交易。通过权威机构的评估确定各区域内合理的碳排放量并将其分成若干份额,碳排放份额可以在生产进行中使用,通过节约而盈余碳排放份额的主体可以将其投入碳排放权交易市场进行招标和拍卖,而用完排放额度且需要继续进行碳排放的主体则可以在市场上购买所需份额,实现排放权的有偿出让。目前主流的碳排放权交易体系主要有三种:清洁发展机制(Clean Development Mechanism,CDM)、强制减排体系、自愿减排体系(Voluntary Emission Reduction,VER)。

如图 8.1 所示:2011 年 10 月,国家发展改革委印发了《关于开展碳排

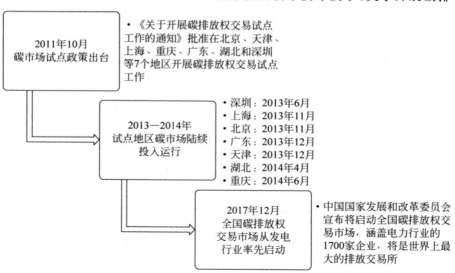

图 8.1　我国碳排放权交易市场政策时间轴[①]

---

①　时间轴数据资料源于《低碳经济蓝皮书:中国低碳经济发展报告(2017)》对我国碳市场试点政策的梳理。

放权交易试点工作的通知》，批准在北京、天津、上海、重庆、广东、湖北和深
圳等 7 个地区开展碳排放权交易试点工作，以积累经验、发现和解决问题，
为建设和实施全国碳排放权交易体系奠定基础。2013 年，各试点地区的碳
交易市场先后投入运行。2017 年 12 月，全国碳排放权交易市场从发电行
业率先启动，涵盖电力行业的 1700 家企业，并计划分阶段推进全国碳排放
权交易市场的建设。

8.3   指令型政策、减排效果与碳不平等

8.3.1   研究假设

在梳理和量化中国减排政策的基础上，本研究意图使用中国省级宏观
数据来分析指令型政策和市场型政策在中国减排尝试中的实际效果。本节
将从定量的角度来分析强制减排目标即指令型政策的减排效果，对碳转移
的影响，并分析减排政策执行强度的变化。假设研究如下。

假设 1：强制减排目标能够促进减排，减排政策的执行强度越高，减排
效果越好。

假设 2：减排政策促进碳转移，减排政策执行强度越高的省份，向外部
的净碳转移增加。

假设 3：五年规划中的强制减排目标一旦实现，即完成进度达到 100%
以后，执行强度会减弱，即单位 GDP 能耗的降低会变慢。因此在五年规划
期间内，反映减排政策执行情况的指标在完成总目标前力度大、完成总目标
后力度小，随时间应呈倒 U 形。

8.3.2   计量模型和数据

本研究使用除西藏外 30 个省份 2005—2015 年的省级面板数据进行回
归分析，样本量为 330。使用省级面板数据主要考虑到两点：其一，我们更
希望看到省级的碳不平衡与减排效果，而不是深入到分省份的行业层面；
其二，在数据覆盖的 11 年内各省份的产业结构可能发生了众多结构变化，
从省级加总层面来分析能够抹平行业间结构变动所引起的碳排放变化。

本节所使用的数据主要包括三个部分。第一类是因变量，即上文碳排
放核算得到的省级各口径碳排放数据，由笔者计算得到；第二类是省级控制
变量，如人均 GDP、人口、城市化率、少年儿童和老年抚养比、产业结构数据、

贸易结构数据、能源结构数据等,来自《中国统计年鉴》和国家统计局网站;第三类是政策类数据,来自对五年规划的整理,包括五年规划的有无类指标、五年规划期间每年能耗降低率、五年规划当年完成情况与完成进度类指标等。

　　本研究使用单位 GDP 能耗降低率($energyrate_t$)和五年规划减排目标的各类完成情况作为政策执行强度的代理变量,其合理性在于单位 GDP 能耗降低率这一指标是五年规划中上级政府最为关注、用于考核下级政府绩效的指标[①],下级越希望获得较好的评价结果,政策执行强度越强,则越有动力降低单位 GDP 能耗。同理,下级政府越是希望及早完成指标,则完成进度越快,五年规划指标完成比例越高。几个指标的计算方法如下:

$$energyrate_t = E_t = \left(1 - \frac{\dfrac{erergyconsumption_t}{GDP_t}}{\dfrac{erergyconsumption_{t-1}}{GDP_{t-1}}}\right) \times 100\%$$

$$COMPLETE\_year_t = \frac{\log[(1+E_1)(1+E_2)\cdots(1+E_t)]}{\log(1+E_0)}$$

$$COMPLETE\_\%_t = \frac{COMPLETE\_year_{\frac{11}{12}}}{5} \times 100\%$$

$$COMPLETE_t = \begin{cases} 0, & COMPLETE\_\%_t < 100\% \\ 1, & COMPLETE\_\%_t \geqslant 100\% \end{cases}$$

$$completeness\_\%_t = COMPLETE\_\%_t - COMPLETE\_\%_{t-1}$$

$$completeness\_d_t = \begin{cases} 0, & E_t < E_0 \\ 1, & E_t \geqslant E_0 \end{cases}$$

其中,t 为当年在所在五年规划序列中的年份序数,$erergyconsumption_t$ 是该省份第 t 年以标准煤计的能源消耗量(单位取‰),GDP_t 是该省份第 t 年统一平减为 2000 年计价的实际 GDP,$energyrate_t$ 即 E_t 是该省份第 t 年万元 GDP 能耗降低率,E_0 是所在五年规划期间内按照目标应保持的年均 GDP 能耗降低率。三个表示总进度的变量分别为 $COMPLETE\_year_t$ 是该省份第 t 年在"十一五"时期或"十二五"时期相当于按五年规划目标已经完成的年数,$COMPLETE\_\%_t$ 是截至当年其目标完成进度(单位取‰),

[①]　上级政府会根据下级政府的单位 GDP 能耗降低率来进行考核,将完成情况分为超额完成、完成、基本完成和未完成四个等级。同时,也会根据统一公式计算各省份的完成进度。

$COMPLETE_t$ 是截至第 t 年所处五年规划是否完成的虚拟变量。两个表示当年进度的变量分别为 $completeness\_\%_t$ 表示第 t 年内完成的五年规划进度，为第 t 年末总进度与第 $t-1$ 年末总进度之差，$completeness\_d_t$ 表示该省份第 t 年是否完成所处五年规划目标 20% 及以上的虚拟变量，同时也相当于该省份第 t 年完成进度是否达到实现五年规划总体目标应保持的年均 GDP 能耗降低率的虚拟变量。以上模型中，所使用到的主要政策变量的统计描述如表 8.2 所示。

表 8.2　主要政策变量统计性描述

变量名	变量涵义	样本量	均值	标准差	最小值	最大值
PRE PLAN11	是否处于"十一五"之前	330	0.0900	0.290	0	1
POST PLAN11	是否处于"十一五"或之后	330	0.910	0.290	0	1
PLAN_11	是否处于"十一五"期间	330	0.450	0.500	0	1
PLAN_12	是否处于"十二五"期间	330	0.450	0.500	0	1
energy rate	单位 GDP 能耗降低率	330	1.690	3.910	−20.80	22.75
group 1	人均 GDP 分组一(高)	330	0.330	0.470	0	1
group 2	人均 GDP 分组二(中)	330	0.330	0.470	0	1
group 3	人均 GDP 分组三(低)	330	0.330	0.470	0	1
group ci1	碳排放强度分组一(低)	330	0.330	0.470	0	1
group ci2	碳排放强度分组二(中)	330	0.330	0.470	0	1
group ci3	碳排放强度分组三(高)	330	0.330	0.470	0	1
east	地理边界分组一(东)	330	0.330	0.470	0	1
middle	地理边界分组二(中)	330	0.330	0.470	0	1
west	地理边界分组三(西)	330	0.330	0.470	0	1
completeness11	截至当年"十一五"指标是否完成	150	0.190	0.390	0	1
completeness12	截至当年"十二五"指标是否完成	150	0.480	0.500	0	1
COMPLETE%11	截至当年"十一五"指标完成比例	150	55.72	33.66	−8.320	134.6
COMPLETE%12	截至当年"十二五"指标完成比例	150	91.94	84.93	−157.9	272.2
completeness_%	当年完成的五年规划进度%	300	26.68	23.17	−85.37	148.03
completeness_dummy	当年是否完成五年规划20%+	300	0.670	0.470	0	1

8.3.3　减排政策有效性检验

1. 计量模型

由于五年规划中的各省份减排的规定主要是控制"单位 GDP 能耗降低率"这一指标,于是五年规划能够起到减排效果有两条路径:一是直接给各省份带来强制减排的信号,二是通过单位 GDP 能耗这一变量的传导。因此,本节的模型需要考虑"单位 GDP 能耗"变量作为中介变量对政策变量的传导作用(见图 8.2)。

图 8.2　强制减排目标、单位能耗与碳排放的中介效应

参考第 6 章的控制变量,本章进一步加入强制减排目标执行情况变量。由于中介效应的存在,参考中介效应的模型(Baron & Kenny,1986;温忠麟、叶宝娟,2014)给出如下实证模型。

净效应模型:
$$y_{it} = \alpha + \beta X_{it} + \rho lnei_{it} + \theta Z_{it} + \gamma_i + \delta_t + \varepsilon_{it}$$
中介效应模型:
$$lnei_{it} = \alpha' + \beta' X_{it} + \theta' Z_{it} + \gamma_i + \delta_t + \varepsilon_{it}$$
$$y_{it} = \alpha'' + \beta'' X_{it} + \rho'' lnei_{it} + \gamma_i + \delta_t + \varepsilon_{it}$$

其中:

y_{it}——我们关注的 i 省份在 t 年的各口径碳排放变量的对数,包括基于生产的碳排放、基于消费的碳排放、碳排放顺差等;

X_{it}——控制变量,包括人均 GDP 对数、人口对数、城市化率、少年儿童和老年抚养比、第三产业占 GDP 的比例、进口和出口各自占 GDP 的比例以及煤炭能源使用占总能源使用的比例等一系列控制变量;

Z_{it}——我们所关注的政策变量,分别为代表减排政策执行强度的三个变量,实际能耗降低率、当年内完成五年规划总指标的比例(完成 20% 为正常)和当年是否完成年内五年规划指标(完成 20%

及以上记为 1，否则记为 0），即 $energyrate$、$completeness\_\%$、$completeness\_dummy$；

γ_i、δ_t——时间、省份的固定效应；

ε_{it}——随机误差项。

由于所使用的因变量、自变量均为对数形式或百分比形式，回归结果将体现碳排放与减排政策之间的弹性关系。

2. 强制减排目标与生产侧、消费侧碳排放

本节通过实证分析考察减排政策执行情况对当年碳排放的影响，净效应和考虑中介效应后的总体效应分别见表 8.3 和表 8.4。

表 8.3　政策执行强度的减排效果（净效应）

变　　量	模型（1）消费侧碳排放	模型（2）消费侧碳排放	模型（3）消费侧碳排放	模型（4）生产侧碳排放	模型（5）生产侧碳排放	模型（6）生产侧碳排放
$lnGDP$	1.637***	1.529***	1.557***	1.056***	1.055***	1.046***
	(8.49)	(7.12)	(7.34)	(12.09)	(10.80)	(10.83)
$lnPopulation$	0.909***	0.951***	1.046***	0.739***	0.659***	0.669***
	(3.04)	(2.90)	(3.17)	(5.45)	(4.43)	(4.46)
$lnei$	1.080***	1.059***	1.026***	1.063***	1.029***	1.042***
	(7.67)	(7.27)	(7.38)	(16.69)	(15.54)	(16.48)
$urbanrate$	0.00239	0.00781	0.00772	0.00753***	0.00615**	0.00630**
	(0.40)	(1.19)	(1.18)	(2.75)	(2.07)	(2.13)
$old\&young$	0.00206	0.00294	0.00271	−0.000728	0.000914	0.000885
	(0.55)	(0.72)	(0.66)	(−0.43)	(0.49)	(0.47)
$industry\_3rd$	0.00870**	0.00933**	0.00953**	−0.00296*	−0.00167	−0.00178
	(2.46)	(2.44)	(2.50)	(−1.85)	(−0.96)	(−1.03)
$coalrate$	0.00377	0.00386	0.00389	0.00823***	0.00867***	0.00864***
	(1.53)	(1.49)	(1.50)	(7.35)	(7.36)	(7.34)
$energy\ rate$	0.00198			−0.000686		
	(0.82)			(−0.63)		
$completeness\_\%$		0.000621			−0.0000992	
		(1.26)			(−0.44)	
$completeness\_dummy$			0.0346			0.00662
			(1.56)			(0.66)
$Constant$	−19.28***	−18.96***	−19.99***	−12.29***	−11.66***	−11.67***
	(−5.22)	(−4.72)	(−5.00)	(−7.35)	(−6.39)	(−6.41)
模型	FE	FE	FE	FE	FE	FE
Observations	330	300	300	330	300	300
Adjusted R^2	0.824	0.797	0.798	0.947	0.931	0.931

注：* 表示 $p<0.1$，** 表示 $p<0.05$，*** 表示 $p<0.01$；括号中为标准误；FE 为省份年份固定效应。

表 8.4　减排政策执行情况的直接、中介、总减排效应

变　　量	模型(1) 能耗降低率	模型(2) 消费碳当年完成进度	模型(3) 当年完成(=1)	模型(4) 能耗降低率	模型(5) 生产碳当年完成进度	模型(6) 当年完成(=1)
直接效应	0.0020	0.0006	−0.0320	−0.0007	−0.0001	−0.0081
	(0.82)	(1.26)	(−0.89)	(−0.63)	(−0.44)	(−0.50)
中介效应	−0.0049***	−0.0011***	−0.0977***	−0.0048***	−0.0011***	−0.1062***
	(−3.95)	(−4.23)	(−4.82)	(−4.44)	(−4.94)	(−6.99)
总效应	−0.0029	−0.000 49	−0.1296***	−0.0055***	−0.0012***	−0.1143***
	(−1.14)	(−0.96)	(−3.78)	(−3.71)	(−3.98)	(−5.79)
Sobel 检验 z 值	−3.946	−4.233	−4.822	−4.435	−4.937	−6.986

注：* 表示 $p<0.1$，** 表示 $p<0.05$，*** 表示 $p<0.01$；括号内为标准误。

表 8.4 的结果表明，随着减排政策执行强度的增加，基于消费和基于生产的碳排放都会相应减少，其中生产侧碳排放的减排效果显著，消费侧碳排放的系数为负但并非所有的回归结果均显著。将总体效应分解为直接效应和中介效应来看，中介效应均显著为负，表明强制减排目标通过控制单位GDP 能耗来实现减排的机制是存在的。同时，中介效应回归系数的绝对值比直接效应更大、更为显著，验证了五年规划政策能够有效促进减排主要是通过中介效应来实现的。

具体的，模型(1)至模型(3)为基于消费的碳排放与政策执行情况之间的关系，当年能耗降低率、当年完成五年规划进度每提高 1% 分别促进各省份基于消费的碳排放降低 0.29%、0.05%。模型(4)至模型(6)为基于生产的碳排放与政策执行情况之间的关系，由于减排政策执行的主要落实对象是当地的企业和居民，因此我们预期减排政策的执行强度应当会对降低生产侧碳排放有更为积极的影响。与预期相符，回归结果显示单位 GDP 能耗降低率每增加 1% 则生产侧碳排放降低 0.55%，当年内完成五年规划目标的比例每增加 1% 则生产碳排放降低 0.12%，当年若如期完成减排目标则生产侧碳排放降低 1.14%。

本节认为，五年规划中的强制减排目标政策能够有效降低各省份的碳排放水平，尤其是生产侧碳排放。能耗降低率越高、当年内完成该年目标的比例越高以及截至当年完成相应五年规划总目标的比例越高，碳排放则越低，验证了假设 1 成立。

8.3.4　减排政策的碳不平等效应检验

1. 实证模型

在上文确认强制减排目标能够有效促进减排后，接下来将进一步检验

行政手段类减排政策的出现及其执行,是否会影响各省份向外部的净碳转移情况。换言之,本节意图考察减排政策执行更强的地方,是否会更多地向外部转移碳排放,发生从政策更强地区向政策更弱地区的碳泄露。因变量包括两类:一类是各省份碳排放净转移的变化量,即 $d.balance_{it}$,使用随机效应或固定效应模型来进行回归;另一类是碳排放净转移的变化方向,即 $dummy.balance_{it}$(向外转嫁量增加记为 1,否则记为 0),使用 Probit 模型进和随机效应进行回归。两组回归的因变量分别为

$$d.balance_{it} = balance_{it} - balance_{it-1}$$

$$dummy.balance_{it} = \begin{cases} 0, & d.balance_{it} < 0 \\ 1, & d.balance_{it} \geqslant 0 \end{cases}$$

　　值得注意的是,本节的因变量选择了当年净碳转移量与上一年净碳转移量之差,而不是净碳转移量本身,主要是考虑到两点。第一,各省份的净碳转移量本身具有较强的省份特征,净碳转移的多少更多与其他基本经济变量有关,而环境规制可能更多地对净碳转移的变化产生作用。比如北京、天津、东部沿海地区常年呈现碳排放顺差,向外转移碳排放,而山西、内蒙古常年呈现碳排放逆差,被转入碳排放,但是这部分差异主要是由经济、资源禀赋、产业结构的差异所驱动的。第二,各省份的碳转移是隐含于贸易的,因此即使环境规制水平发生了变化,但由于跨地区的贸易涉及了厂商之间的合同,规制水平对净碳转移整体可能产生巨大的影响。因此,使用净碳转移的变化量可以更好地排除其他不变因素,更好地观察到环境规制的作用。

　　因此,实证模型为

$$y_{it} = \alpha + \beta X_{it} + \theta Z_{it} + \gamma_i + \delta_t + \varepsilon_{it}$$

其中:

y_{it}——反映净转移碳排放变化情况的因变量;

X_{it}——控制变量,包括人均 GDP 及其平方、人口数量、城市化率、少年儿童和老年抚养比、第三产业占 GDP 的比例、进口和出口各自占 GDP 的比例以及煤炭能源使用占总能源使用的比等一系列变量;

Z_{it}——我们所关注的政策变量,这里仍然考察了三种政策变量,分别是实际能耗降低率、当年内完成五年规划总指标的比例(完成 20% 为正常)和当年是否完成年内五年规划指标(完成 20% 及以上记为 1,否则记为 0),即 $energy\ rate$、$completeness\_\%$、$completeness\_dummy$,同时在模型中还加入了上一期政策执行情况;

γ_i、δ_t——时间和省份的控制变量;

ε_{it}——随机误差项。

2. 强制减排目标与净转移碳排放变化

首先,以净转移碳排放变化量为因变量,考察其是否受到政策执行情况的影响,即政策目标的完成情况越好、完成比例越高,是否会使得该省份向外转移的碳排放量增加。根据 Hausman 检验,此处应选择随机效应模型,表 8.5 为回归结果。

表 8.5 净转移碳排放变化量与减排政策执行情况

变 量	模型(1)	模型(2)	模型(3)	模型(4)	模型(5)	模型(6)
GDP	−0.731	−0.706	−0.968	−0.357	0.934	2.612
	(−0.09)	(−0.08)	(−0.12)	(−0.04)	(0.11)	(0.29)
sqGDP	−0.060	−0.070	−0.000	−0.040	−0.141	−0.255
	(−0.08)	(−0.09)	(−0.00)	(−0.05)	(−0.19)	(−0.31)
Population	0.000	0.000	0.001	0.001	0.001	0.001
	(0.58)	(0.45)	(0.79)	(0.79)	(0.83)	(0.88)
urbanrate	−0.175	−0.215	−0.138	−0.315	−0.211	−0.411
	(−0.35)	(−0.43)	(−0.28)	(−0.56)	(−0.42)	(−0.72)
old&young	−0.086	−0.098	−0.105	−0.225	−0.089	−0.169
	(−0.21)	(−0.23)	(−0.25)	(−0.48)	(−0.21)	(−0.37)
industry_3rd	0.175	0.166	0.176	0.176	0.208	0.245
	(0.57)	(0.54)	(0.58)	(0.52)	(0.68)	(0.73)
IM_%	0.078	0.081	0.065	0.135	0.026	0.078
	(0.26)	(0.27)	(0.22)	(0.40)	(0.09)	(0.23)
EX_%	−0.068	−0.053	−0.077	−0.062	−0.045	−0.027
	(−0.33)	(−0.25)	(−0.37)	(−0.27)	(−0.21)	(−0.12)
coalrate	−0.088	−0.103	−0.068	−0.056	−0.061	−0.041
	(−0.60)	(−0.69)	(−0.47)	(−0.34)	(−0.42)	(−0.25)
energy rate	1.450**	1.380**				
	(2.19)	(2.07)				
L.energy rate		0.404				
		(0.82)				
completeness_%			0.201**	0.180*		
			(2.10)	(1.76)		
L.completeness_%				0.108		
				(1.02)		
completeness_ dummy					9.832**	9.749*
					(2.08)	(1.95)

续表

变　量	模型（1）	模型（2）	模型（3）	模型（4）	模型（5）	模型（6）
$L.completeness\_dummy$						3.520
						(0.67)
Constant	−3.444	0.575	−4.470	3.537	−3.909	−0.591
	(−0.12)	(0.02)	(−0.15)	(0.11)	(−0.13)	(−0.02)
Observations	300	300	300	270	300	270
chi2	88.950	89.510	88.459	77.682	88.339	77.042
p	0.000	0.000	0.000	0.000	0.000	0.000

注：* 表示 $p<0.1$，** 表示 $p<0.05$，*** 表示 $p<0.01$；括号内为标准误；变量 $sqGDP$ 为变量 GDP 的平方项，变量 $L.X$ 为变量 X 的一阶滞后项。

表8.5结果表明，一个省份减排政策目标的完成情况越好、完成比例越高，该省份相比上一年而言向外部的碳排放净转移增加量越多，即减排政策越严格、执行越好，则该省份向其他地区的碳转移将变多。从全国层面来看，相当于从减排政策执行更严格的地区向减排政策执行更弱地区的碳泄露会相应增加，证实了假设2污染天堂效应的存在。具体而言，三个政策变量都显示了相近的结果。模型（1）和模型（2）显示，实际执行中的能耗降低率每增加 1%，则该省份将比上一年多向外转移 1.450Mt CO_2 和 1.380Mt CO_2。模型（3）和模型（4）显示，当年完成进度每增加 1%，则该省份比上一年多向外转移 0.201Mt CO_2 和 0.180Mt CO_2。例如，某省份刚好完成了 20% 的五年规划总减排指标，则当年净转移到外部的碳排放将增加约4Mt CO_2。模型（5）和模型（6）显示，当年若如期完成减排计划，则将比上一年多向外转移 9.832Mt CO_2 和 9.749Mt CO_2。之所以模型（5）和模型（6）的估计结果比模型（3）和模型（4）的结果要多，主要是因为有相当多如期完成的省份其当年完成率超过了 20%，如北京、天津等地区在"十二五"期间内有大量年份的完成率都远超 20%。

进而，使用净转移碳排放的变动方向作为因变量，考察强制减排目标执行较强的地区是否会使得当年净转移碳排放较上一年有所增加。这一组回归中使用面板数据 Probit 方法，因此选择随机效应模型，表8.6为回归结果。

表8.6　净转移碳排放是否增加与减排政策执行情况

变　量	模型（1）	模型（2）	模型（3）	模型（4）	模型（5）	模型（6）
GDP	5.269	4.688	5.459	1.982	8.706	8.259
	(0.29)	(0.26)	(0.30)	(0.09)	(0.49)	(0.37)

续表

变　　量	模型（1）	模型（2）	模型（3）	模型（4）	模型（5）	模型（6）
$sqGDP$	-1.068	-1.121	-1.041	-0.882	-1.162	-1.063
	(-0.71)	(-0.75)	(-0.69)	(-0.49)	(-0.78)	(-0.59)
$population$	0.016	0.014	0.017	0.013	0.020	0.017
	(0.87)	(0.73)	(0.93)	(0.59)	(1.06)	(0.75)
$urbanrate$	1.083	0.934	1.092	1.065	0.985	0.931
	(0.73)	(0.62)	(0.73)	(0.60)	(0.66)	(0.52)
$old\&young$	0.111	0.042	0.106	-0.279	0.004	-0.298
	(0.11)	(0.04)	(0.11)	(-0.25)	(0.00)	(-0.26)
$industry\_3rd$	0.965	0.989	0.931	0.529	0.947	0.561
	(1.12)	(1.15)	(1.08)	(0.52)	(1.10)	(0.55)
$IM\_\%$	-0.220	-0.186	-0.192	0.018	-0.286	-0.138
	(-0.30)	(-0.25)	(-0.26)	(0.02)	(-0.39)	(-0.16)
$EX\_\%$	-0.257	-0.375	-0.259	-0.608	-0.016	-0.141
	(-0.37)	(-0.52)	(-0.37)	(-0.74)	(-0.02)	(-0.18)
$coalrate$	-0.286	-0.251	-0.332	-0.241	-0.419	-0.402
	(-0.50)	(-0.43)	(-0.58)	(-0.37)	(-0.74)	(-0.62)
$energy\ rate$	1.389^*	1.443^*				
	(1.78)	(1.84)				
$L.energy\ rate$		0.433				
		(0.75)				
$completeness\_\%$			0.185^*	0.199^*		
			(1.67)	(1.67)		
$L.completeness\_\%$				0.145		
				(1.15)		
$completeness\_$ $dummy$					8.919^*	9.646^*
					(1.70)	(1.69)
$L.completeness\_$ $dummy$						3.960
						(0.65)
$Constant$	-153.986	-134.131	-155.014	-107.818	-158.400	-124.991
	(-1.18)	(-1.01)	(-1.19)	(-0.69)	(-1.21)	(-0.80)
Observations	300	300	300	270	300	270
Adjusted R^2	0.114	0.112	0.112	0.082	0.113	0.078
F	4.543	4.336	4.517	3.784	4.525	3.732

注：* 表示 $p<0.1$，** 表示 $p<0.05$，*** 表示 $p<0.01$；括号内为标准误。

　　表 8.6 的结果同样表明,一个省份减排政策目标的完成情况越好、完成比例越高,该省份相比上一年而言向外部的碳排放净转移有所增加的概率相应提高。这体现了对于强制减排目标这类环境规制手段而言,强制减排目标执行强度越高的地区,引起的贸易隐含碳向外部净转移碳排放也会相应增加,相当于引起了"碳泄露",验证了假设 2 成立。

8.3.5　减排政策强度倒 U 形检验

　　强制减排目标能够在短期内呈现减排效果,但从长期来看这一类目标的潜在缺陷是目标一旦达成,则有可能会缺乏督促各级政府继续执行相应政策的内在动力。比如在五年规划中,减排目标实现前各省份为了如期达成目标、避免行政问责会强化政策实施力度,而若中间某一年某省份提前完成了目标,那么在剩下的时间段里将没有动力继续维持高强度减排,既能够防止继续减排给经济发展、居民生活带来负面压力,又能够为下一期五年规划中更易于实现目标留有余地,从而该省份将弱化减排政策的实施力度。

　　为了验证一旦短期减排政策目标达成则后续减排力度是否会有所下降,笔者分别考察了"十一五"期间和"十二五"期间的减排政策执行情况。模型中使用 $energy\ rate$ 、$completeness\_d$ 、$completeness\_\%$ 三个政策执行强度指标作为因变量,引入上一年五年规划总目标达成与否的虚拟变量 $l.completeness11$ 和 $l.completeness12$,将当年在所处五年规划序列中的位置 $t11$ 和 $t12$ 作为时间变量以及时间变量的二次方项 $sqt11$ 和 $sqt12$ 作为主要关注的自变量,并加入其他控制变量,来讨论是否存在指令型计划先有效、后效果降低的现象,具体回归方程如下。

$$y_{it} = \alpha + \beta X_{it} + \beta_1 l.completeness11_{it} + \beta_2 t11_{it} +$$
$$\beta_3 sqt11_{it} + \gamma_i + \varepsilon_{it}$$
$$y_{it} = \alpha + \beta X_{it} + \beta_1 l.completeness12_{it} + \beta_2 t12_{it} +$$
$$\beta_3 sqt12_{it} + \gamma_i + \varepsilon_{it}$$

模型(1)至模型(4)、模型(5)至模型(8)分别对"十一五"期间和"十二五"期间减排政策的有效性进行了考察,其中模型(1)、模型(2)、模型(4)、模型(5)、模型(6)、模型(8)使用面板数据固定效应模型,模型(3)、模型(7)使用面板数据 Probit 回归随机效应模型,结果见表 8.7。

表 8.7　五年规划在达成整体目标后的减排有效性

变　量	"十一五"期间				"十二五"期间			
	模型(1) 单位GDP能耗降低率	模型(2) 单位GDP能耗降低率	模型(3) 当年是否完成超过20%	模型(4) 年内完成五年规划比例	模型(5) 单位GDP能耗降低率	模型(6) 单位GDP能耗降低率	模型(7) 当年是否完成超过20%	模型(8) 年内完成五年规划比例
$lnGDP$	-2.275*	-0.423	-0.589	-1.409	3.520	2.744	0.0783	19.97
	(-1.85)	(-0.37)	(-0.63)	(-0.18)	(1.17)	(0.89)	(0.05)	(0.93)
$population$	0.000 248***	0.000 150**	0.000 012 0	0.000 924**	0.000 322*	0.000 332*	0.000 093 7	0.001 35
	(3.25)	(2.30)	(0.22)	(2.04)	(1.88)	(1.92)	(1.06)	(1.11)
$urbanrate$	0.0907*	0.0164	0.0295	0.0553	-0.0509	-0.0221	-0.0160	-0.485
	(1.85)	(0.37)	(0.80)	(0.18)	(-0.41)	(-0.18)	(-0.23)	(-0.55)
$old\&young$	-0.0644	-0.0470	0.0258	-0.006 29	0.0559	0.0555	-0.0117	0.408
	(-1.50)	(-1.35)	(0.89)	(-0.03)	(0.55)	(0.55)	(-0.21)	(0.58)
$industry\_3rd$	0.0604*	0.0636**	-0.003 37	0.373*	0.106	0.0927	0.0768	0.690
	(1.82)	(2.30)	(-0.15)	(1.95)	(1.34)	(1.16)	(1.41)	(1.24)
$coalrate$	0.0515***	0.0457***	0.008 19	0.174**	0.0714**	0.0688**	0.0309	0.371*
	(3.80)	(4.12)	(0.87)	(2.26)	(2.14)	(2.15)	(1.60)	(1.66)
$l.completeness11$	-1.046**	3.356***	1.867***	28.75***				
	(-2.28)	(5.28)	(3.46)	(6.51)				
$t11$		5.710***	3.493***	37.82***				
		(7.00)	(4.85)	(6.68)				
$sqt11$		-0.853***	-0.477***	-5.652***				
		(-7.76)	(-4.86)	(-7.41)				

续表

变　　量	"十一五"期间				"十二五"期间			
	模型(1) 单位GDP 能耗 降低率	模型(2) 单位GDP 能耗 降低率	模型(3) 当年是 否完成 超过20%	模型(4) 年内完 成五年 规划比例	模型(5) 单位GDP 能耗 降低率	模型(6) 单位GDP 能耗 降低率	模型(7) 当年是 否完成 超过20%	模型(8) 年内完 成五年 规划比例
l.completeness12					-2.766*** (-2.98)	-2.520** (-2.06)	0.270 (0.45)	-21.34*** (-2.66)
t12						9.025*** (3.46)	0.0492 (0.04)	58.64*** (3.48)
sqt12						-1.279*** (-3.42)	-0.0732 (-0.40)	-8.031*** (-3.33)
Constant	-2.799 (-1.07)	-8.567*** (-3.29)	-7.803*** (-3.41)	-65.46*** (-3.62)	-5.259 (-0.75)	-19.77** (-2.48)	-1.887 (-0.44)	-114.3** (-2.10)
Observations	150	150	150	150	120	120	120	120
Adjusted R^2								

注：* 表示 $p<0.1$，** 表示 $p<0.05$，*** $p<0.01$；括号内为标准误。

　　如表 8.7 所示,减排目标的达成确实会影响后续政策执行的强度,减排强度在两个五年规划期间随时间均呈现倒 U 形分布。模型(1)和模型(5)显示,如果上一年已经提前完成了五年规划的总体减排目标,那么该年的单位 GDP 能耗降低率在"十一五"期间内和"十二五"期间内将会分别少降低 1.046% 和 2.766%。模型(2)和模型(6)中加入时间变量后,发现单位 GDP 能耗降低率随时间呈现倒 U 形分布,减排政策执行强度先上升后下降,倒 U 形顶部所对应的年数分别为 3.35 年和 3.53 年。模型(3)和模型(7)中,使用当年是否完成总目标 20% 及以上的虚拟变量作为因变量,进行面板数据 probit 回归,结果表明当年完成目标的概率同样随时间呈现倒 U 形分布,即前期往往超额完成目标,而达到总目标后缺乏动力去持续强有力地执行政策,因此后期年度完成比例往往不到 20%。模型(4)和模型(8)中,使用年内完成五年规划的比例作为因变量,同样符合之前回归中所观察到的现象,年内完成五年规划的比例随时间呈现倒 U 形分布,如图 8.3 和图 8.4 所示。

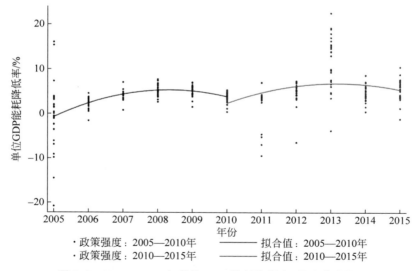

图 8.3　2005—2015 年单位 GDP 能耗降低率(见文前彩图)

　　因此,各省份确实存在五年规划减排目标达成后降低减排力度的现象,一旦指令型政策的强制目标达成,各级政府将缺乏继续执行相应政策的内在动力,后续减排强度会降低,验证了假设 3 成立。

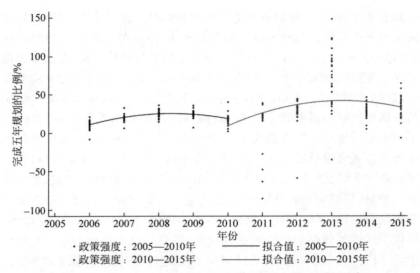

图 8.4   2005—2015 年年内完成五年规划的比例（见文前彩图）

8.3.6   强制减排目标与碳不平等程度

本节已经得到了两个重要结论，一是强制减排目标能够有效降低碳排放，特别是生产侧碳排放，二是强制减排目标同时造成了规制较强地区对规制较弱地区净碳转移的增加。但是目前仍需要进一步讨论，为什么生产侧碳排放的不平等程度会上升，并分析强制减排目标是否为省际碳不平等程度反弹的原因。

由于环境规制能够在能耗强度较高的地区促进碳排放的下降，推测：2005—2010 年生产侧碳排放省际不平等的下降是由于能耗强度较高的地区执行了更为严格的环境规制；而 2010—2015 年生产侧碳排放省际不平等的上升或许是由于能耗大省、碳排放大省反而执行了相对较弱的环境规制，使得碳排放大省进一步承担了其他省份的"碳泄露"，导致生产侧碳排放增长，从而整体碳不平等程度上升。为了检验强制减排目标的规制水平是否在 2010 年前后发生了反转，本研究从设定目标和执行情况两个方面对"十一五"期间和"十二五"期间的环境规制水平进行对比。

图 8.5 上图为"十一五"时期、"十二五"时期各省份强制减排目标的设定情况，从强制减排目标的设定情况对环境规制水平进行考察。为了便于对比，在两个五年规划期内分别将减排目标最小值和最大值记为 0 和 100，对强制减排目标的设定强度进行了标准化。结果表明，山西、内蒙古、辽宁、

青海、宁夏、新疆等碳排放大省（自治区）的目标设定强度在"十一五"期间和"十二五"期间产生了反转。"十一五"期间，这些碳排放大省（自治区）的减排目标设定在全国处于较高水平，因此减排较多，促进了全国碳不平等程度的下降；但"十二五"期间，减排目标的强度发生反转，这些碳排放大省（自治区）目标设定相对较低，减排效果较其他省份弱，同时还会受到来自其他省份的"碳泄露"，因此它们在"十二五"期间的碳排放增长，碳不平等程度上升。图 8.5 下图为 2005—2015 年山西、内蒙古、青海、宁夏和新疆的单位 GDP 能耗降低率，从强制减排目标的执行情况对环境规制水平进行考察。

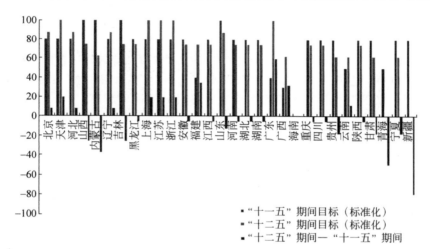

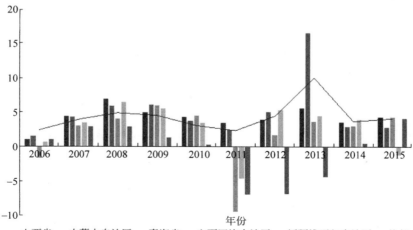

图 8.5　2005—2015 年各省份强制减排目标强度变化

"十一五"期间,碳排放大省的能耗降低率明显高于全国平均水平,碳排放受到环境规制的影响明显降低,全国生产侧碳排放的不平等程度下降;而"十二五"期间,这些省份的能耗强度降低率明显下降,普遍低于全国平均水平,甚至青海、宁夏、新疆还出现了能耗强度上升的情况,相较其他省份而言碳排放增加,全国生产侧碳排放的不平等程度再次回升。

8.3.7　小结

本节通过使用中国省级宏观面板数据,从定量的角度分析了五年规划下的指令型减排政策在中国减排尝试中的实际效果,包括指令性减排政策对碳排放不同组成部分的影响、对碳转移的影响,以及对碳不平等的影响。主要结论如下:

第一,五年规划中的强制减排目标政策能够有效降低各省份的碳排放水平,尤其是生产侧碳排放。能耗降低率越高、当年内完成该年目标的比例越高,以及截至当年完成相应五年规划总目标的比例越高,碳排放则越低,验证了假设 1 成立。

第二,对于强制减排目标这类环境规制手段而言,强制减排目标执行强度越高的地区,引起的贸易隐含碳向外部净转移碳排放也会相应增加,相当于引起了"碳泄露",验证了假设 2 成立。

第三,强制性减排政策的目标一旦达成,后续减排政策的执行强度会降低,政策执行强度随时间呈现倒 U 形分布。

第四,在"十一五"期间和"十二五"期间,山西、内蒙古、新疆、宁夏等碳排放量大的省份强制减排目标的设定和执行强度均发生了反转,由全国规制更严格的地区变成相对更弱的地区。这使得"十一五"期间碳排放大省份减排效果更强,全国碳不平等程度下降;但"十二五"期间,碳排放大省份减排效果更弱,承担了来自其他省份的碳泄露,碳排放较多的地区进一步增加,导致全国碳不平等程度再次上升。

总的而言,五年规划下的指令型减排政策有效地控制了碳排放,是一套高效的减排政策工具,但具体的目标设定、碳转移与碳泄露的处理还有待后续的精细化设计。

8.4　市场型政策、减排效果与碳不平等

8.4.1　研究假设

中国在减排领域的政策工具主要包括两类,其一是上文分析的强制减

排目标等行政政策,其二是碳市场、碳排放权交易试点等市场型政策。本节主要讨论市场型政策的效果,即以碳排放权交易试点政策为准自然实验,讨论碳排放权交易制度对减排的作用。本节将从市场性政策的角度出发,继续尝试回答研究问题三。

本研究使用双重差分模型(Difference in Differences,DID)和三重差分模型(Difference in Difference in Differences,DDD),分别从省级层面和省级各行业两个层面考察市场型政策在中国减排尝试中对试点地区、试点行业是否起到了减排作用,是否引起了试点和非试点地区之间的碳泄露,以及市场型减排工具在不同阶段的效果是否有变化。本研究的假设如下:

假设 1:碳排放权交易市场的出现能够促使企业节能减排,因此该政策从两个方面对减排是有效的,一是在试点地区能够促进减排,二是在试点行业能够促进减排。

假设 2:碳排放权交易市场试点政策影响企业未来的碳排放预期,因此应在政策出台年份即 2011 年开始产生减排效果。

假设 3:在我国目前几个试点的碳排放权交易市场内,企业已经使用的碳排放额度包括全部的直接碳排放和来自电力部门的间接碳排放,相当于覆盖了全部的基于生产的碳排放,但只覆盖了部分基于消费的碳排放。因此,企业更有动力缩减基于生产口径的碳排放,政策出台后对生产侧碳排放的减排效果更强。

假设 4:在碳排放权交易市场中,碳排放主体可以在二级市场出售盈余碳排放份额获得经济利益,也需要为额外使用的碳排放份额付出代价。各排放主体有动力通过购买高碳排放强度的中间品(电力行业以外)来节约碳排放额度,从而将碳排放更多地转移到其他没有开始碳排放权交易试点的省份。因此,政策出台可能导致试点省份向非试点省份的碳泄露,存在引发"排污避难所"效应的可能,加剧碳不平等。

8.4.2　计量模型和数据

由于中国的碳排放权交易率先在 7 个试点地区陆续展开,本研究将其视为准自然实验,使用双重差分模型和三重差分模型来考察碳排放权交易制度在中国减排进程中的作用。双重差分模型和三重差分模型是常用的政策评估方法,依据是否实施政策将样本分为处理组(treatment group)和控制组(control group)。其中,控制组相当于处理组的反事实(counterfactual)参照系,控制组在政策前后的变化可以视为纯粹的时间效应。通过对控制组与处理组在政策前后各自的差分结果再进行组间差分,可以得到真正的政策处理效应,从而了解政策是否有效。

　　本研究所用的回归模型参考 Kaya 恒等式、IPAT 模型、STRIPAT 模型等文献(Ehrlich & Holdren,1971;Dietz & Rosa,1994;Yoichi Kaya,1989),因变量为碳排放量,自变量为影响碳排放的主要因素。具体的,省级碳排放双重差分模型中的因变量为 2005—2015 年中国 30 个省份的生产侧碳排放和消费侧碳排放量;省级各行业碳排放双重差分模型中的因变量为 2005—2015 年中国 30 个省份 28 个行业的生产侧碳排放和消费侧碳排放量;在三重差分模型中又加入了各省份各行业转移到其他地区的碳排放、被转移进来的碳排放、二者之差即转移碳排放的净额,以及在区域内部生产且在区域内部消费的碳排放。其中,基于生产的碳排放数据来自 CEADs 中国省级分行业碳排放清单(Shan et al.,2018),其他口径的碳排放数据来自笔者基于投入产出模型的计算。控制变量为人均 GDP、人口规模、城市化率、少年儿童和老年抚养比、进口和出口各自占 GDP 的比例以及煤炭能源使用占总能源使用的比例等变量。本研究所关注的处理变量分别是代表政策通过前后的时间变量 Post、代表试点地区的政策变量 Treat、代表试点行业的政策变量 TreatSector 以及 3 个虚拟变量的交叉项。首先,值得注意的是,尽管各地的碳排放权交易市场在 2013 年才开始陆续运行,但政策的正式批准时间为 2011 年 10 月。假定各试点省份的企业是理性的,其行为决策应当存在一定的前瞻性(刘晔、张训常,2017),从 2011 年政策出台开始试点区域的企业将产生减排预期。因此,本研究取 2011 年年末为时间节点,将 2011 年及以后年份作为试点后时期,即 Post 变量在 2011 年及以后记为 1,在 2011 年之前记为 0。其次,我国的碳排放权交易试点地区为北京、天津、上海、重庆、广东、湖北和深圳等 7 个地区,因此 Treat 变量将位于试点地区记为 1,在其他地区记为 0。此外,由于碳交易试点政策主要涉及试点地区的石化、化工、建材、钢铁、有色金属、造纸、电力和航空 8 类试点行业,对应于本研究中的行业分类,TreatSector 变量将属于煤炭开采和洗选业,石油和天然气开采业,石油加工、炼焦及核燃料加工业,化学工业,非金属矿物制品业,金属冶炼及压延加工业,电力和热力的生产和供应业等 7 个行业记为 1,在其他行业记为 0。最后,在实证中使用了涵盖 2005—2015 年 30 个省份 28 个行业的三维面板数据,样本共计 9240 个,其中:试点地区的试点行业样本 462 个、试点地区的非试点行业样本 1386 个、非试点地区的试点行业样本 1848 个、非试点地区的非试点行业样本 5544 个,数据的描述性统计见表 8.8。

表 8.8　描述性统计

变量名	含　义	试点地区的试点行业（处理组 A）样本量 462 平均值	标准差	试点地区的非试点行业（处理组 B）样本量 1386 平均值	标准差
carbon_p	producion-based emission 生产侧碳排放	21.71	42.34	2.37	6.40
carbon_c	consumption-based emission 消费侧碳排放	24.44	42.31	1.79	4.36
carbon_b	emission balance 净转移碳排放	2.73	11.87	−0.58	2.66
carbon_e	emission embedded in export 出口隐含碳排放	50.19	105.69	3.01	8.54
carbon_i	emission embedded in import 进口隐含碳排放	43.91	94.11	1.85	6.41
carbon_s	self-produced&-consumed emission 自我生产、消费碳排放	13.50	28.28	1.23	3.38
lngdpcapita	ln(real GDP per capita) 人均 GDP 对数	10.47	0.55	10.47	0.55
pop	population 人口规模（万人）	4044.20	3107.80	4044.20	3105.55
old&young	rate of old & young in population 老人与少年人口比重	31.22	6.79	31.22	6.79
coalrate	rate of coal in energy 煤炭占总能源比重	42.65	13.41	42.65	13.40
urbanrate	rate of urbanization 城市化率	70.26	15.66	70.26	15.65
im	rate of import in GDP 进口占 GDP 比重	36.79	26.05	36.79	26.03
ex	rate of export in GDP 出口占 GDP 比重	34.51	28.56	34.51	28.54
ci	carbon intensity 碳排放强度	2.10	3.08	0.17	0.49

变量名	含　义	非试点地区的试点行业（控制组 A）样本量 1848 平均值	标准差	非试点地区的非试点行业（控制组 B）样本量 5544 平均值	标准差
carbon_p	producion-based emission 生产侧碳排放	33.79	63.23	1.76	4.23

续表

变量名	含　　义	非试点地区的试点行业（控制组 A）样本量 1848		非试点地区的非试点行业（控制组 B）样本量 5544	
		平均值	标准差	平均值	标准差
carbon_c	consumption-based emission 消费侧碳排放	29.99	50.03	1.58	3.79
carbon_b	emission balance 净转移碳排放	−3.80	24.19	−0.19	1.87
carbon_e	emission embedded in export 出口隐含碳排放	21.16	43.88	0.94	2.88
carbon_i	emission embedded in import 进口隐含碳排放	1.04	104.49	0.12	6.09
carbon_s	self-produced&consumed emission 自我生产、消费碳排放	19.88	38.20	1.12	3.01
lngdpcapita	ln(real GDP per capita) 人均 GDP 对数	9.82	0.51	9.82	0.51
pop	population 人口规模（万人）	4519.85	2517.86	4519.85	2517.40
old&young	rate of old & young in population 老人与少年人口比重	37.25	6.39	37.25	6.39
coalrate	rate of coal in energy 煤炭占总能源比重	57.38	13.99	57.38	13.98
urbanrate	rate of urbanization 城市化率	47.19	8.97	47.19	8.97
im	rate of import in GDP GDP 进口占 GDP 比重	10.04	8.91	10.04	8.91
ex	rate of export in GDP GDP 出口占 GDP 比重	11.64	12.93	11.64	12.93
ci	carbon intensity 碳排放强度	3.38	5.10	0.76	32.28

　　接下来将从 3 个层面出发，考察市场型减排政策的实际效果，第一是基于省级面板数据层面进行双重差分，第二是基于省级行业三维面板数据进行双重差分，第三是基于省级行业三维面板数据进行三重差分。

8.4.3　基于 DID 和省级面板数据的估计

　　基于双重差分法（DID）和省级面板数据估计碳市场试点政策的效果，使用除西藏外的 30 个省份 2005—2015 年的省级面板数据进行回归分析，除人均 GDP、人口、城市化率、少年儿童和老年抚养比、进口和出口各自占 GDP 的比例以及煤炭能源使用占总能源使用的比例等控制变量外,考虑了政策前后(Post)、试点地区(Treat)两个处理变量,以及两个处理变量的交互项。基于以上变量设定,模型具体如下:

$$y_{it} = \alpha + \beta X_{it} + \beta_1 Treat_{it} + \beta_2 Post_{it} + \beta_3 Treat_{it} \times Post_{it} + \gamma_i + \delta_t + \varepsilon_{it}$$

其中:

　　y_{it}——i 省份在 t 年的碳排放变量;

　　X_{it}——人均 GDP、人口、城市化率等一系列控制变量;

　　$Post_{it}$、$Treat_{it}$——与碳交易市场试点政策有关的处理变量,$Post_{it}$ 取 0 是政策未实施、取 1 是政策实施后,$Treat_{it}$ 取 0 是控制组、取 1 是处理组即试点地区;

　　交互项 $Treat_{it} \times Post_{it}$ 度量了政策效应,其系数的估计结果为双重差分估计量(Difference-in-Differences estimator)。

由于双重差分法的核心在于用控制组在政策前后的时间效应来估计处理组的时间效应,其基本前提是处理组和控制组的时间效应或趋势应当相同,即满足"平行趋势"(parallel trend)。一般而言,检验平行趋势主要有绘制时间趋势图和线性回归方程时间趋势检验两种方法,笔者同时进行了两种检验,并以基于生产的碳排放为例展示了检验过程和结果。图 8.6(a)为处理组和控制组生产侧碳排放均值随时间的变化趋势,根据图像判断 2005—2011 年处理组与控制组时间趋势没有显著差别,政策执行后从 2012 年开始至 2015 年处理组与控制组的时间趋势产生了差异,基本可以认为平行趋势假设成立。

进一步,基于线性回归方程进行了更为严谨的平行趋势假设检验。考察了覆盖 2005—2015 年的时间窗口,相当于涵盖了碳试点政策出台前 6 年到政策出台 4 年后的全部时间,将每年的年份虚拟变量乘以实验组虚拟变量,利用交互项来捕捉两组地区在每一年份的差异。在模型中,我们将 2011 年作为基准组,加入其他各年份的交互项,检验是否满足平行趋势。

$$y_{it} = \alpha + \beta X_{it} + \sum_{k=-6}^{4} \beta_k D_{it}^k + \gamma_i + \delta_t + \varepsilon_{it}, \quad k \neq 0$$

其中:

　　y_{it}——i 省份在 t 年的碳排放量;

　　X_{it}——人均 GDP、人口、城市化率等一系列控制变量;

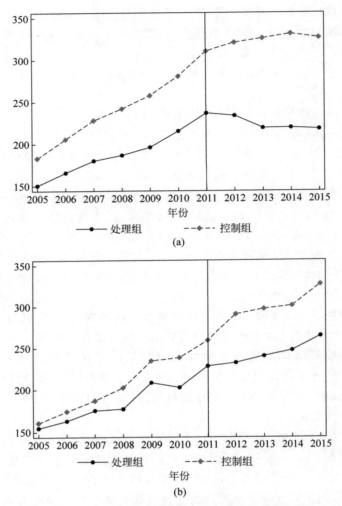

图 8.6　2005—2015 年处理组、控制组均值变动的时间趋势

（a）生产侧碳排放的时间趋势图；（b）消费侧碳排放的时间趋势图

D_{it}^{k}——年份虚拟变量与实验组虚拟变量的交互项，k 小于 0 时 D_{it}^{k} 在
　　试点地区的政策执行前第 k 年取值为 1，k 大于 0 时 D_{it}^{k} 在试
　　点地区的政策执行后第 k 年取值为 1，其他情况 D_{it}^{k} 均取值
　　为 0。

若平行趋势满足，则以政策出台时间 2011 年为节点，2011 年之前各交

互项的回归结果应不显著,而 2011 年后各交互项的回归结果应显著。根据以上线性回归的结果,图 8.7 显示 2011 年之前的各交互项系数与零值无显著差异,而 2011 年后各交互项系数显著不为 0,即平行趋势假设成立。

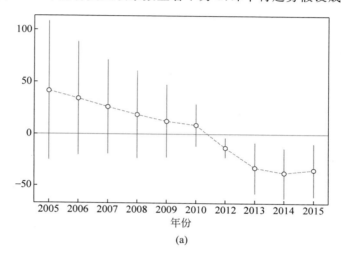

(a)

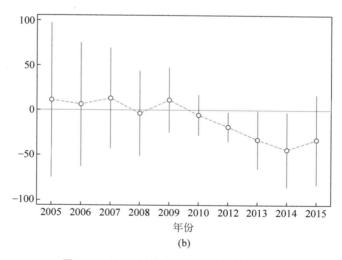

(b)

图 8.7　处理组、控制组平行趋势检验结果

(a)产生侧碳排放的交互项系数;(b)消费侧碳排放的交互项系数

注:垂直线条表示估计值±1.96×标准误。

确认满足平行趋势假设后,本研究利用双重差分模型分析了碳排放权交易试点政策的效果,表 8.9 和表 8.10 分别为利用双重差分模型对基于生

表 8.9　碳排放权交易试点政策对生产侧碳排放的影响

变量	模型(1) OLS 生产	模型(2) OLS 生产	模型(3) AREG 生产	模型(4) AREG 生产	模型(5) RE 生产	模型(6) RE 生产	模型(7) FE 生产	模型(8) FE 生产
Treat	-90.89*** (-5.07)	-423.0*** (-7.99)			-90.89*** (-6.21)	-423.0*** (-7.18)		
Post	137.5*** (11.27)	-64.08 (-1.42)	137.5*** (15.82)	-64.08 (-1.61)	137.5*** (15.82)	-64.08 (-1.61)	137.5*** (15.82)	-64.08 (-1.61)
Treat_Post	-47.30*** (-6.22)	-37.27*** (-5.03)	-47.30*** (-5.20)	-37.27*** (-4.44)	-47.30*** (-5.20)	-37.27*** (-4.44)	-47.30*** (-5.20)	-37.27*** (-4.44)
lnGDP		113.9** (2.28)		113.9*** (2.83)		113.9*** (2.83)		113.9* (2.83)
population		0.0805*** (4.79)		0.0805*** (4.50)		0.0805*** (4.50)		0.0805*** (4.50)
urbanrate		8.234*** (6.73)		8.234*** (6.07)		8.234*** (6.07)		8.234*** (6.07)
old&young		5.742*** (6.60)		5.742*** (6.80)		5.742*** (6.80)		5.742*** (6.80)
IM_%		0.915 (1.55)		0.915 (1.47)		0.915 (1.47)		0.915 (1.47)
EX_%		-1.948*** (-4.08)		-1.948*** (-3.48)		-1.948*** (-3.48)		-1.948*** (-3.48)
coalrate		3.126*** (6.42)		3.126*** (6.38)		3.126*** (6.38)		3.126*** (6.38)
Constant	108.6*** (6.67)	-1775.2*** (-3.86)	176.5*** (29.37)	-2003.7*** (-5.13)	108.6*** (9.45)	-1775.2*** (-4.90)	176.5*** (29.37)	-2003.7* (-5.13)
Observations	330	330	330	330	330	330	330	330
Adjusted R^2	0.965	0.977	0.965	0.977	0.656		0.656	0.777

注：* 表示 $p<0.1$，** 表示 $p<0.05$，*** 表示 $p<0.01$；括号内为标准误。

表 8.10　碳排放权交易试点政策对消费侧碳排放的影响

变量	模型(1) OLS消费	模型(2) OLS消费	模型(3) AREG消费	模型(4) AREG消费	模型(5) RE消费	模型(6) RE消费	模型(7) FE消费	模型(8) FE消费
Treat	-63.65*** (-3.59)	-427.2*** (-7.41)			-63.65*** (-3.56)	-427.2*** (-5.83)		
Post	161.0*** (12.23)	-111.0*** (-2.91)	161.0*** (15.14)	-111.0** (-2.24)	161.0*** (15.14)	-111.0** (-2.24)	161.0*** (15.14)	-111.0** (-2.24)
Treat_Post	-33.11*** (-3.23)	-26.73** (-2.36)	-33.11*** (-2.98)	-26.73** (-2.56)	-33.11*** (-2.98)	-26.73** (-2.56)	-33.11*** (-2.98)	-26.73** (-2.56)
lnGDP		200.8*** (5.27)		200.8*** (4.00)		200.8*** (4.00)		200.8*** (4.00)
population		0.107*** (3.99)		0.107*** (4.81)		0.107*** (4.81)		0.107*** (4.81)
urbanrate		6.493*** (5.57)		6.493*** (3.85)		6.493*** (3.85)		6.493*** (3.85)
old&young		8.794*** (7.27)		8.794*** (8.37)		8.794*** (8.37)		8.794*** (8.37)
IM_%		1.908*** (2.93)		1.908** (2.46)		1.908** (2.46)		1.908** (2.46)
EX_%		-2.075*** (-3.89)		-2.075*** (-2.98)		-2.075*** (-2.98)		-2.075*** (-2.98)
coalrate		0.884* (1.72)		0.884 (1.45)		0.884 (1.45)		0.884 (1.45)
Constant	99.10*** (8.53)	-2607.2*** (-6.91)	159.7*** (21.72)	-2882.4*** (-5.93)	99.10*** (7.05)	-2607.2*** (-5.79)	159.7*** (21.72)	-2882.4*** (-5.93)
Observations	330	330	330	330	330	330	330	330
Adjusted R^2	0.928	0.952	0.928	0.952	0.595		0.595	0.728

注:*表示 p<0.1,**表示 p<0.05,***表示 p<0.01;括号内为标准误。

产的碳排放和基于消费的碳排放进行政策有效性分析的结果。

首先，表 8.9 和表 8.10 所载数据表明碳排放权交易试点政策显著减少了试点地区的生产侧碳排放和消费侧碳排放，在不考虑经济、人口等其他控制变量时，碳试点政策使得各地区生产侧碳排放和消费侧碳排放分别减少 47.30Mt CO_2 和 33.11Mt CO_2，在考虑各类控制变量时，碳试点政策使得各地区消费侧碳排放和生产侧碳排放分别减少 37.27Mt CO_2 和 26.73Mt CO_2，假设 1 成立。

其次，2011 年试点政策出台后即显现了政策效果，早于 2013 年各试点地区实际进行碳排放权交易的起始时间，假设 2 成立。

最后，数据反映了碳排放权交易试点政策在试点地区所带来的生产侧碳排放减少效应强于消费侧碳排放减少效应。这是由于目前碳排放权试点政策中考虑的是生产过程中的碳排放，而暂时没有纳入所使用的来自其他地区的中间品所隐含的碳排放，因此各试点地区均致力于减少各自基于生产的碳排放，从而节约碳排放份额，使得更多的碳排放指标可以在市场上进行交易获取经济利益。因此政策带来的生产侧碳排放减少要多于消费侧碳排放减少，假设 3 成立。同理，由于碳市场政策使得试点地区的生产侧碳排放降低多于消费侧碳排放降低，因此试点地区净转移出去的碳排放将增加，假设 4 成立。

8.4.4　基于 DID 和省级行业三维面板数据的估计

1. 实证分析

上文中使用省级面板数据来进行分析，主要是希望抹平省份内产业结构变迁所引起的行业层面碳排放变动，从而看到政策在省级层面所起到的综合减排效果。但由于碳市场政策与微观的企业行为紧密相关，各行业的弹性有所不同，因而深入到行业层面进行分析也是有必要的，并且有以下好处：第一是丰富了样本量，实证所用的数据从涵盖 330 个样本的省级面板数据增加为涵盖 2005—2015 年 30 个省份 28 个行业共计 9240 个样本的三维面板数据；第二是回归模型中可以进一步固定各省份、各行业，增加估计的准确性；第三是深入到行业层面，能够观察每个行业所受到政策的影响。与 8.4.3 节中的模型类似，本节的回归模型如下：

$$y_{ijt} = \alpha + \beta X_{ijt} + \beta_1 Treat_{ijt} + \beta_2 Post_{ijt} + \beta_3 Treat_{ijt} \times$$
$$Post_{ijt} + \gamma_i + \eta_j + \delta_t + \varepsilon_{ijt}$$

其中：

y_{ijt}——我们关注的 i 省份 j 行业在 t 年的碳排放变量；

X_{ijt}——人均 GDP、人口、城市化率等一系列控制变量；

$Post_{ijt}$、$Treat_{ijt}$——与碳交易市场试点政策有关的处理变量，$Post_{ijt}$ 取
0 是政策未实施、取 1 是政策实施后，$Treat_{ijt}$ 取 0
是控制组、取 1 是处理组即试点地区；

交互项 $Treat_{ijt} \times Post_{ijt}$ 度量了政策效应，其系数的估计结果为双重
差分估计量（Difference-in-Differences estimator）。

同样，本节依然利用时间趋势图和线性回归方程两种方法进行了双重
差分法所必须满足的平行趋势假设检验，其中线性回归方程仍以 2011 年为
基准线，回归方程如下。

$$y_{ijt} = \alpha + \beta X_{ijt} + \sum_{k=-6}^{4} \beta_k D_{ijt}^k + \gamma_i + \eta_j + \delta_t + \varepsilon_{ijt}, \quad k \neq 0$$

其中：

y_{ijt}——i 省份 j 行业在 t 年的碳排放变量；

X_{ijt}——人均 GDP、人口、城市化率等一系列控制变量；

D_{ijt}^k——年份虚拟变量与实验组虚拟变量的交互项，k 小于 0 时 D_{ijt}^k 在试
点地区的政策执行前第 k 年取值为 1，k 大于 0 时 D_{ijt}^k 在试点地
区的政策执行后第 k 年取值为 1，其他情况 D_{ijt}^k 均取值为 0。

本节同样进行了时间趋势图和线性回归方程两种平行趋势检验，图 8.7
和图 8.8 展示了因变量分别为基于生产的碳排放和基于消费的碳排放时的
检验结果。

根据图 8.8，处理组与控制组在政策出台前可以基本判断满足平行趋
势。根据回归结果，图 8.9 显示以政策出台时间 2011 年为节点，2011 年之
前各交互项的回归结果均不显著，而 2011 年后各交互项的回归系数先是逐
渐远离 0、后重新回归 0 值，即平行趋势假设成立。在此基础上，本研究利
用双重差分模型和省级行业三维面板数据分析了碳排放权交易试点政策的
效果，表 8.11 和表 8.12 分别为针对基于消费的碳排放和基于生产的碳排
放的估计结果。

与省级面板的结果相符，表 8.11 和表 8.12 同样表明碳排放权交易试
点政策显著减少了试点地区的生产侧碳排放和消费侧碳排放。在模型中不
考虑经济、人口等控制变量时，碳试点政策使各省份各行业的生产侧碳排放
和消费侧碳排放分别减少 1.689Mt CO_2 和 1.183Mt CO_2。在考虑各控制
变量后，碳试点政策使得各省份各行业的生产侧碳排放和消费侧碳排放分
别减少 1.331Mt CO_2 和 0.955Mt CO_2。以上为碳排放权交易政策对单个
行业的效果估计，对行业加总后可以观察政策在省级层面的减排效果。在

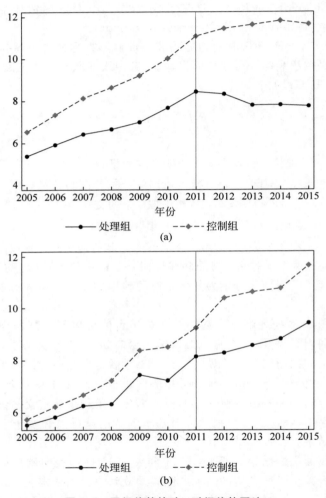

图 8.8　平行趋势检验：时间趋势图法

（a）生产侧碳排放的时间趋势图；（b）消费侧碳排放的时间趋势图

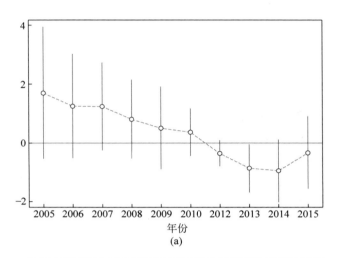

(a)

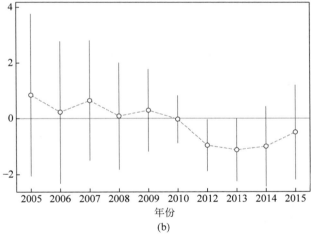

(b)

图 8.9　平行趋势检验：线性回归方程法

（a）生产侧碳排放的交互项系数；（b）消费侧碳排放的交互项系数

注：垂直线条表示估计值±1.96×标准误。

表 8.11　碳排放权交易试点政策对生产侧碳排放的影响

变　量	模型(1) OLS 生产	模型(2) OLS 生产	模型(3) AREG 生产	模型(4) AREG 生产	模型(5) RE 生产	模型(6) RE 生产	模型(7) FE 生产	模型(8) FE 生产
Treat	-3.246**	-15.11**	0.00	0.00	-3.246	-15.11**	0.00	0.00
	(-2.38)	(-2.15)	(0.00)	(0.00)	(-0.60)	(-2.47)	(0.00)	(0.00)
post	4.910***	-2.288	4.910***	-2.288	4.910***	-2.288	4.910***	-2.288
	(4.67)	(-0.42)	(4.76)	(-0.39)	(14.02)	(-1.16)	(14.02)	(-1.16)
treat_post	-1.689*	-1.331	-1.689	-1.331	-1.689***	-1.331***	-1.689***	-1.331***
	(-1.80)	(-1.27)	(-1.57)	(-1.08)	(-4.61)	(-3.19)	(-4.61)	(-3.19)
Constant	-1.501	-68.78	0.925	-76.94	-1.501	-68.78***	6.303***	-71.56***
	(-1.51)	(-1.41)	(0.70)	(-1.34)	(-0.29)	(-3.66)	(26.03)	(-3.68)
Observations	9240	9240	9240	9240	9240	9240	9240	9240
Adjusted R^2	0.603	0.603	0.603	0.603			-0.037	-0.027

注: * 表示 $p<0.1$, ** 表示 $p<0.05$, *** 表示 $p<0.01$; 括号内为标准误。

表 8.12 碳排放权交易试点政策对消费侧碳排放的影响

变量	模型(1) OLS 消费	模型(2) OLS 消费	模型(3) AREG 消费	模型(4) AREG 消费	模型(5) RE 消费	模型(6) RE 消费	模型(7) FE 消费	模型(8) FE 消费
Treat	-2.273^{**}	-15.26^{***}	0.00	0.00	-2.273	-15.26^{***}	0.00	0.00
	(-2.16)	(-2.95)	(0.00)	(0.00)	(-0.59)	(-3.12)	(0.00)	(0.00)
post	5.750^{***}	-3.964	5.750^{***}	-3.964	5.750^{***}	-3.964^{*}	5.750^{***}	-3.964^{*}
	(6.87)	(-0.98)	(7.37)	(-0.89)	(15.66)	(-1.91)	(15.66)	(-1.91)
treat_post	-1.183	-0.955	-1.183	-0.955	-1.183^{***}	-0.955^{**}	-1.183^{***}	-0.955^{**}
	(-1.52)	(-1.09)	(-1.45)	(-1.02)	(-3.08)	(-2.18)	(-3.08)	(-2.18)
Observations	9240	9240	9240	9240	9240	9240	9240	9240
Adjusted R^2	0.670	0.671	0.670	0.671			-0.032	-0.020

注: * 表示 $p<0.1$,** 表示 $p<0.05$,*** 表示 $p<0.01$;括号内为标准误。

对各省份的 28 个行业进行加总后，回归结果表明，在加入其他各控制变量的情况下，碳排放权交易试点地区的生产侧碳排放和消费侧碳排放分别减少 37.268Mt CO_2 和 26.740Mt CO_2，与 8.4.3 节中使用省级数据得出试点政策时的生产侧碳排放和消费侧碳排放分别减少 37.27Mt CO_2 和 26.73Mt CO_2 的结论高度相符。

2. 稳健性检验

为了确保上文双重差分法模型中估计结果的可靠性，本节将从预期效应、安慰剂效应两方面对双重差分模型设定的有效性进行检验。

首先，对碳市场试点政策是否存在预期效应进行检验。为此，在基准模型中依次加入 $Treat$ 变量与 $OneYearBefore$ 和 $TwoYearBefore$ 的交互项，得到模型如下：

$$y_{ijt} = \alpha + \beta X_{ijt} + \beta_1 Treat_{ijt} + \beta_2 Post_{ijt} + \beta_3 Treat_{ijt} \times Post_{ijt} + \beta_3 Treat_{ijt} \times OneYearBefore_{ijt} + \gamma_i + \eta_j + \delta_t + \varepsilon_{ijt}$$

$$y_{ijt} = \alpha + \beta X_{ijt} + \beta_1 Treat_{ijt} + \beta_2 Post_{ijt} + \beta_3 Treat_{ijt} \times Post_{ijt} + \beta_4 Treat_{ijt} \times OneYearBefore_{ijt} + \beta_5 Treat_{ijt} \times TwoYearBefore_{ijt} + \gamma_i + \eta_j + \delta_t + \varepsilon_{ijt}$$

其中，$OneYearBefore$ 和 $TwoYearBefore$ 分别是表示碳市场试点政策出台前 1 年和前 2 年的虚拟变量。若交互项的估计系数显著不为 0，意味着在政策冲击发生前各地区就已经形成了减排预期，使得处理组与控制组失去可比性，导致双重差分估计量存在偏误。表 8.13 为基于上述模型，分别以生产侧碳排放和消费侧碳排放为因变量进行回归的结果。结果表明，无论是对于生产侧碳排放还是消费侧碳排放，碳市场政策出台前 1 年虚拟变量、出台前 2 年虚拟变量与试点地区交互项的估计系数均不显著，因此碳市场政策出台前各地区并没有形成减排预期，排除了预期效应，碳市场试点政策具有较强的外生性。

表 8.13　预期效应检验结果

变　　量	模型（1）生产侧碳排放	模型（2）生产侧碳排放	模型（3）生产侧碳排放	模型（4）消费侧碳排放	模型（5）消费侧碳排放	模型（6）消费侧碳排放
$Treat$	-3.246^{**}	-3.140^{**}	-3.013^{**}	-2.273^{**}	-2.154^{**}	-2.062^{*}
	(-2.38)	(-2.26)	(-2.12)	(-2.16)	(-2.01)	(-1.89)
$post$	4.910^{***}	4.931^{***}	4.957^{***}	5.750^{***}	5.773^{***}	5.792^{***}
	(4.67)	(4.68)	(4.70)	(6.87)	(6.90)	(6.91)

续表

变　　量	模型（1）	模型（2）	模型（3）	模型（4）	模型（5）	模型（6）
	生产侧碳排放	生产侧碳排放	生产侧碳排放	消费侧碳排放	消费侧碳排放	消费侧碳排放
treat_post	−1.689*	−1.796*	−1.923*	−1.183	−1.302	−1.394*
	(−1.80)	(−1.86)	(−1.90)	(−1.52)	(−1.61)	(−1.65)
OneYearBefore		−0.639	−0.766		−0.715	−0.807
		(−0.40)	(−0.47)		(−0.57)	(−0.63)
TwoYearBefore			−0.635			−0.461
			(−0.40)			(−0.34)
Constant	−1.501	−1.522	−1.547	−2.101***	−2.125***	−2.143***
	(−1.51)	(−1.53)	(−1.55)	(−2.71)	(−2.73)	(−2.75)
Observations	9240	9240	9240	9240	9240	9240
Adjusted R^2	0.603	0.603	0.603	0.670	0.670	0.670

注：* 表示 $p<0.1$，** 表示 $p<0.05$，*** 表示 $p<0.01$；括号内为标准误。

接下来，基于随机化思想，分别针对试点地区和政策出台时间的虚拟变量进行了安慰剂效应的费舍尔组合检验（Fisher's Permutation Test），观察随机抽取的变量与真实回归的结果是否有明显差异。由于随机抽取出的试点地区和政策出台时间与真实的并不相符，并没有进行真正的碳市场试点政策，因此理论上随机抽取样本得到的估计量分布应当与上文双重差分估计得到的结果有所不同；否则，若二者分布相同，则说明试点地区、政策出台变量与随机抽取得到的结果相同，双重差分估计的结果实际上是安慰剂效应。在检验试点地区变量的有效性时，以 *Treat* 为检验变量，使用蒙特卡罗方法随机重复抽取 10 000 次，使用生产侧碳排放作为因变量进行混合截面双重差分模型的 OLS 回归，得到 10 000 个双重差分估计量，其核密度分布如图 8.10(a)所示。在检验政策出台时间变量的有效性时，以 *Post* 为检验变量，具体操作方法同上，再次得到 10 000 个双重差分估计量，其核密度分布如图 8.10(b)所示。根据表 8.13 的回归结果，以基于生产的碳排放为因变量进行不包含其他控制变量的混合截面 OLS 回归，双重差分估计量的系数为−1.689，与图 8.10 中试点地区、政策出台变量进行安慰剂检验得到的核密度分布均有显著差异，因此可以排除安慰剂效应，双重差分估计的结果是可靠的。

综合以上，本节的研究主要有三点结论。第一，碳市场试点政策确实显著减少了试点地区的消费侧碳排放和生产侧碳排放。第二，碳市场政策对生产侧碳排放的减少效果强于对消费侧碳排放的效果，这印证了上文对政

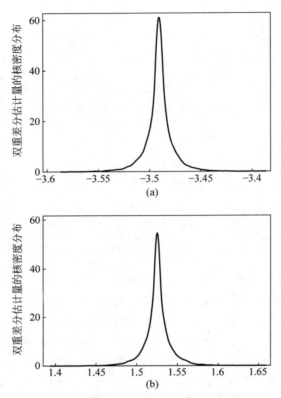

图 8.10 试点地区、政策出台变量的安慰剂检验
(a) 试点地区；(b) 政策出台

策更能激励企业节约生产侧碳排放的推测。同时，生产侧碳排放减少量比
消费侧碳排放减少量更多，意味着净转移到外部的碳排放（即消费侧碳排放
减去生产侧碳排放的差值）有所增加，相当于政策促进试点地区将碳排放转
移到非试点地区。第三，图 8.8 表明政策自 2011 年出台至 2015 年，历年政
策效果经历了从显著到不再显著的变化，即处理组和控制组的差异经历了
先扩大再逐渐缩小的过程。这表明在政策出台较长一段时间后，试点地区
实行的政策给其他非试点地区提供了减排信号和减排号召，存在政策效果
的扩散。总的而言，行业层面数据证实了假设 1、假设 2、假设 3、假设 4 是
成立的。在 2011 年政策出台后，碳排放权交易政策有效降低了试点地区
的碳排放。该政策对生产侧碳排放的减排效果强于对消费侧碳排放，也
推动了由试点地区向非试点地区的碳转移，相当于引起了"碳泄露"，并存
在引发"排污避难所"的可能。

8.4.5　基于 DDD 和省级行业三维面板数据的估计

尽管 8.3.3 节和 8.3.4 节所使用的双重差分模型通过了平行趋势假设检验、预期效益检验和安慰剂效应检验,但仍有潜在因素可能导致本研究中平行趋势假设出现不成立的情况。本研究中可能导致平行趋势假设不成立的潜在因素主要有两点。第一,碳市场试点区域和其他区域的碳排放水平趋势可能不一样,碳市场试点区域往往是经济更发达、服务业占比更高、技术更先进的区域,这意味着潜在的更强的减排能力和更高的技术。第二,我国在碳市场试点政策之外,还有指令型目标等其他减排政策,这些政策的执行强度和执行结果会因为地区的要素禀赋、技术水平、发展阶段差异而有所不同,潜在导致平行趋势假设不成立。为此,本节引入了三重差分模型来解决平行趋势假设不成立时的问题,为分析碳市场试点政策的有效性提供更为稳健的结论。

为了更好地满足平行趋势假设,本节引入了试点行业($TreatSector$)这一处理变量,用来表示碳排放权交易政策主要涉及的行业,包括石化、化工、建材、钢铁、有色金属、造纸、电力以及航空业,这些行业覆盖了 90% 以上的生产侧碳排放。具体地,$TreatSector$ 变量在煤炭开采和洗选业,石油和天然气开采业,石油加工、炼焦及核燃料加工业,化学工业,非金属矿物制品业,金属冶炼及压延加工业,电力和热力的生产和供应业等 7 个行业记为 1,在其他行业记为 0。引入试点行业变量能够克服导致平行趋势假设不成立的两点因素,原因在于:其一,引入试点行业变量后能够分离高碳排放的试点行业和其他行业,使得试点区域的试点行业和非试点区域的试点行业、试点区域的非试点行业和非试点区域的非试点行业作为处理组和控制组能够拥有更接近的技术和行业特征,处理组与控制组在趋势上可以实现基本同步。其二,尽管各地区可能有其他差异化的减排政策,但各行业本身具有较为稳定的碳排放强度、技术水平等内在特征。因此不同地区针对同一个行业制定的减排方案和减排力度应该是较为稳定的,基本不会出现过大的差异,引入试点行业变量能够一定程度上解决各省份其他减排政策力度差异的影响。试点地区的试点行业、试点地区的非试点行业、非试点地区的试点行业、非试点地区的非试点行业四个分组的生产侧碳排放、消费侧碳排放均值随时间的变化趋势见图 8.11。这组时间趋势图表明,引入试点行业的虚拟变量能够很好地区分不同分组,控制各组更好地满足平行趋势假设。

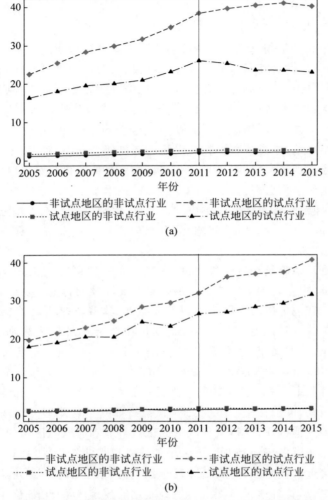

图 8.11　平行趋势假设检验：2005—2015 年时间趋势图

（a）生产侧碳排放的时间趋势图；（b）消费侧碳排放的时间趋势图

　　参考上文基本模型，并加入试点行业变量和处理变量的交互项，实证模型如下：

$$y_{ijt} = \alpha + \beta X_{ijt} + \beta_1 Treat_{ijt} + \beta_2 Post_{ijt} + \beta_3 TreatSector_{ijt} +$$
$$\beta_4 Treat_{ijt} \times Post_{ijt} + \beta_5 Treat_{ijt} \times TreatSector_{ijt} +$$
$$\beta_6 TreatSector_{ijt} \times Post_{ijt} + \beta_7 Treat_{ijt} \times TreatSector_{ijt} \times$$
$$Post_{ijt} + \gamma_i + \eta_j + \delta_t + \varepsilon_{ijt}$$

其中：

y_{ijt}——我们关注的 i 省份 j 行业在 t 年的碳排放变量；

X_{ijt}——人均 GDP、人口、城市化率等一系列控制变量；

$Post_{ijt}$、$Treat_{ijt}$、$TreatSector_{ijt}$——与碳交易市场试点政策有关的处理变量，$Post_{ijt}$ 取 0 是政策未实施、取 1 是政策实施后，$Treat_{ijt}$ 取 0 是控制组、取 1 是处理组即试点地区，$TreatSector_{ijt}$ 取 0 是控制组、取 1 是处理组即试点行业；

三者的交互项 $Treat_{ijt} \times TreatSector_{ijt} \times Post_{ijt}$ 度量了政策效应，其系数的估计结果为三重差分估计量（Difference-in-Difference-in-Differences estimator）。

将基于生产的排放碳、基于消费的碳排放、净转嫁出去的碳排放、被转嫁进来的碳排放、转嫁出去的碳排放以及区域内部生产用于区域内部消费的碳排放作为因变量，使用三重差分法进行分析，得到结果如表 8.14 所示。

表 8.14   碳排放权交易试点政策对各口径碳排放的影响

变 量	模型(1) 生产	模型(2) 消费	模型(3) 顺差	模型(4) 被转嫁	模型(5) 转嫁	模型(6) 自产自用
Post	−3.622***	−3.238***	0.385	−1.205**	−0.820***	−2.417***
	(−3.41)	(−3.76)	(0.95)	(−2.28)	(−2.90)	(−3.73)
Treat	0.118	0.322	0.204	−0.557	−0.354	0.676
	(0.08)	(0.26)	(0.35)	(−0.74)	(−0.87)	(0.73)
TreatSector	27.25***	23.10***	−4.156***	12.08***	7.928***	15.17***
	(25.37)	(26.53)	(−10.18)	(22.58)	(27.72)	(23.14)
Treat × TreatSector	−9.739***	−3.688*	6.051***	−4.759***	1.292**	−4.980***
	(−4.05)	(−1.89)	(6.63)	(−3.98)	(2.02)	(−3.40)
Treat × Post	0.563	0.238	−0.325	0.515	0.190	0.0478
	(0.31)	(0.16)	(−0.48)	(0.58)	(0.40)	(0.04)
TreatSector × Post	10.50***	11.69***	1.187*	2.610***	3.797***	7.894***
	(6.59)	(9.05)	(1.96)	(3.29)	(8.95)	(8.12)
DDD	−6.490*	−4.558	1.932	−3.179*	−1.247	−3.311
	(−1.82)	(−1.58)	(1.43)	(−1.79)	(−1.31)	(−1.52)
lngdpcapita	10.19***	8.693***	−1.495*	3.946***	2.451***	6.241***
	(5.02)	(5.28)	(−1.94)	(3.90)	(4.54)	(5.04)
POP	0.00135***	0.00132***	−0.0000338	0.000385***	0.000351***	0.000970***
	(8.55)	(10.28)	(−0.56)	(4.87)	(8.32)	(10.03)

续表

变　量	模型(1) 生产	模型(2) 消费	模型(3) 顺差	模型(4) 被转嫁	模型(5) 转嫁	模型(6) 自产自用
urbanrate	−0.252**	−0.198**	0.0534	−0.122**	−0.0683***	−0.130**
	(−2.56)	(−2.49)	(1.43)	(−2.49)	(−2.61)	(−2.17)
old&young	−0.105	−0.0175	0.0873***	−0.121***	−0.0335	0.0160
	(−1.35)	(−0.28)	(2.95)	(−3.11)	(−1.62)	(0.34)
im	0.118**	0.0929**	−0.0250	0.0953***	0.0703***	0.0226
	(2.18)	(2.12)	(−1.22)	(3.54)	(4.89)	(0.69)
ex	−0.0662*	−0.0798**	−0.0136	−0.0264	−0.0400***	−0.0398*
	(−1.72)	(−2.56)	(−0.93)	(−1.38)	(−3.90)	(−1.69)
coalrate_nbs	0.150***	0.0968***	−0.0530***	0.0971***	0.0442***	0.0527***
	(5.36)	(4.28)	(−4.99)	(6.98)	(5.94)	(3.09)
Constant	−96.02***	−83.87***	12.15*	−35.30***	−23.14***	−60.73***
	(−5.44)	(−5.86)	(1.81)	(−4.01)	(−4.93)	(−5.64)
Observations	9240	9240	9240	9240	9240	9240
Adjusted R^2	0.188	0.227	0.029	0.135	0.250	0.183

注：* 表示 $p<0.1$，** 表示 $p<0.05$，*** 表示 $p<0.01$；括号内为标准误。

三重差分模型的结果表明：(1)在 8.4.3 节和 8.4.4 节中原本显著为负的双重差分估计量变得不再显著。但是,新加入的试点行业变量与试点地区变量的交互项、试点行业变量与政策出台变量的交互项以及三重差分估计量均显著,说明之前显著的试点地区与政策出台交互项能够被新的变量所解释,新加入试点行业的虚拟变量是合理的。(2)试点行业比非试点行业显著多 27.25Mt CO_2 生产侧碳排放和 23.10Mt CO_2 消费侧碳排放,符合试点行业本身均为高碳排放行业的出发点。控制试点地区、试点行业虚拟变量各自的影响后,试点地区与试点行业的交互项能够减少 9.739Mt CO_2 生产侧碳排放和 3.688Mt CO_2 消费侧碳排放,政策出台虚拟变量在各回归中估计结果显著为负,表明碳排放权交易试点政策的出台能够降低碳排放。(3)三重差分估计量表明,碳市场试点政策出台后试点地区的试点行业分别减少了 6.490Mt CO_2 生产侧碳排放和 4.558Mt CO_2 消费侧碳排放,碳市场政策在试点地区的试点行业确实促进了减排,且对生产侧碳排放的减排效果更强。(4)无论是从表 8.14 模型 1、模型 2 中消费侧碳排放与生产侧碳排放受政策影响差额来看,还是从模型 3、模型 4 中净转嫁出去的碳排放增加、被转嫁进来的碳排放减少来看,碳市场政策均使得试点地区发生碳排放外溢的现象。

　　综合以上,三重差分模型的估计结果同样证实了假设 1、假设 2、假设 3、假设 4 成立,表明碳市场政策有效减少了试点地区、试点行业的碳排放,且导致了碳排放向非试点区域的外溢。

8.4.6　小结

　　本研究使用省级行业三维面板数据,分别基于双重差分模型和三重差分模型分析了碳排放权交易市场试点政策在中国减排尝试中的效果,并进行了预期效应和安慰剂效应检验,确保回归结果的稳健性。

　　主要结论如下。第一,碳排放权交易制度能够促进减排。基于 DID 模型和 DDD 模型的实证结果表明,碳排放权交易制度能够起到很好的减排效果,对试点地区、试点行业基于生产的碳排放和基于消费的碳排放均有减排作用。第二,碳排放权交易市场试点政策起作用能够影响企业、省份未来的碳排放预期。一方面,这体现为 2011 年政策出台后立即在试点地区产生减排效果,早于试点地区碳排放市场实际投入运行的 2013 年。另一方面,这体现为政策效果在试点和非试点地区的差距经历了先扩大再逐渐缩小的过程。这表明尽管其他非试点地区尚未执行该政策,但由于预期未来会继续推进该政策、建立全国性的碳交易市场,非试点地区的企业也陆续收到了减排信号,开始主动减排。第三,目前我国的几个试点碳排放权交易市场中,企业已经使用的排放额度包括了全部直接碳排放和来自电力行业的间接碳排放,即包含了全部基于生产的碳排放和大部分基于消费的碳排放,因此政策出台后对生产侧碳的减排效果强于消费侧。第四,碳排放权交易政策促使试点地区将更多碳排放转移到其他没有开始该项政策的地区,使得试点地区的碳排放外溢,存在潜在导致“排污避难所”效应的可能,一定程度上加剧了我国省份间碳不平等的状态。总的而言,碳市场政策在出台后生效,降低了试点地区的碳排放,针对生产侧碳排放减排效果更好,并且导致了试点地区碳排放向其他区域的外溢。

　　基于以上结论,提出如下政策建议:(1)积极发挥碳排放权交易这一市场手段的减排作用,在完善机制设计的基础上,推广碳排放权交易制度。结合碳排放权交易的市场手段和强制减排目标的行政手段,能够更好地发挥减排效果,实现减排承诺。(2)完善碳排放权交易机制中对企业已使用碳排放额度的核算机制,通过区域间的投入产出模型更好地追溯企业基于生产、基于消费的碳排放。尽管中国的碳市场在设计过程中已经作出了创新,同时考虑了直接碳排放和来自电力部门的间接碳排放,但隐含在中间品贸易中的其他行业的间接碳排放尚未被考虑进来。精确的碳排放计量能够更好地解决通过外包高碳排放强度生产环节和产品所带来的碳泄露问题，确保减排效果是"真实的"而不是碳转移的结果。（3）推进全国统一碳市场的建立，减少因政策实施差异导致的碳泄露，避免"排污避难所"效应。政策实施与否的差异、执行强度的差异可能导致区域之间的碳泄露，使得执行政策地区的企业将高污染、高碳排放的环节转移到尚未实施政策或实施力度较弱的部门。目前我国的碳排放权交易试点区域属于经济、科技相对较发达的地区，而尚未开展政策的区域则是经济略微落后的中西部地区和东北地区。为了避免因试点政策而人为导致区域之间的碳泄露，中国在机制完善的基础上应尽快建成全国的碳排放权交易市场，推动全国碳市场的健康、有效运行。

8.5　本章小结

综上所述，本章从实证分析的角度出发，考察了目前我国最主要的两类减排政策的减排效果和对碳不平等的作用，其一是行政手段的代表强制减排目标，其二是市场手段的代表碳排放权交易市场试点政策。本章主要回答前文提出的问题三，即"生产侧碳排放不平等反弹的主要原因是什么？与我国采取的减排政策是否有关？强制减排目标和碳市场政策是否有效实现了减排，是缓解还是加剧了碳不平等，是否导致了碳泄露，或者说是否存在污染天堂效应？"

对于五年规划中的指令型政策，得到四点结论。第一，五年规划中的强制减排目标政策能够有效降低各省份的碳排放水平，尤其是生产侧碳排放。能耗降低率越高、当年内完成该年目标的比例越高，截至当年完成相应五年规划总目标的比例越高，则碳排放越低，验证了假设 1 成立。第二，对于强制减排目标这类环境规制手段而言，强制减排目标执行强度越高的地区，引起的贸易隐含碳向外部净转移碳排放也会相应增加，相当于引起了"碳泄露"，验证了假设 2 成立。第三，强制性减排政策的目标一旦达成，后续减排政策的执行强度会降低，政策执行强度随时间呈现倒 U 形分布。第四，在"十一五"期间和"十二五"期间，山西、内蒙古、新疆、宁夏等碳排放大省份强制减排目标的设定和执行强度均发生了反转，从规制更严格的地区变成相对更弱的地区。这使得"十一五"期间碳排放大省减排效果更强，全国碳不平等程度下降；但"十二五"期间，碳排放大省减排效果更弱、承担了来自其他省份的碳泄露,碳排放较多的地区进一步增加,导致全国碳不平等程度再次上升。

对于碳排放权交易市场试点政策,得到三点结论。第一,碳排放权交易制度能够促进试点地区、试点行业节能减排,且对生产侧碳的减排效果强于消费侧。第二,碳排放权交易中,试点区域会将碳排放更多地转移到其他没有开始碳排放权交易试点的地区,因此政策出台将导致试点地区的碳排放泄露。第三,碳排放权交易市场试点政策起作用是通过影响企业、省份未来的碳排放预期来实现的,在政策出台后即 2011 年就产生了减排效果,且对减排的促进作用可持续。

因此,本章的结论总结如下。首先,两种政策都能够有效促进减排,特别是促进生产侧碳排放的降低,二者都是有效的减排政策。其次,两种政策也都一定程度上导致了碳泄露的问题。强制减排目标使得减排目标设定更强、执行更严格地区的碳排放向减排目标更弱的地区发生碳泄露,碳排放权交易市场试点政策使得试点地区和试点行业的碳排放向非试点地区、非试点行业发生碳泄露。再次,二者对于碳不平等的作用还需要更仔细的考察,特别是强制减排目标对于碳不平等的影响是较为复杂的。一方面,在山西、内蒙古等碳排放大省份执行更严格的减排目标可以降低当地的碳排放,从基尼系数所反映的表面省间差距看来似乎缩小了省间碳不平等程度;另一方面,在碳排放大省执行更严格的环境规制实际上只考虑到生产侧碳排放,而忽略了消费侧碳排放的责任,使得当地面临不合理的减排压力,导致"拉闸限电、停水停气"。因此,尽管"十二五"期间的目标反转看似提高了生产侧碳不平等的程度,但实际上消费侧碳不平等的程度依然在下降。

综上所述,强制减排目标和碳排放权交易市场试点政策都是有效的减排政策工具,同时两种政策也都会造成碳泄露。特别是强制减排目标政策对于碳不平等的影响是较为复杂的,需要结合具体的目标和执行情况才能得到结果。因此,后续的减排政策执行中,还需要进一步平衡生产侧与消费侧的碳排放责任,重视减排效果并防范碳泄露,结合多种政策工具实现有效且尽量公平的减排,加强政策工具的精细化设计。

第9章 结论与政策建议

本章对全书进行回顾和总结,并在现有结论的基础上给出政策建议。9.1 节将综述第 4 章到第 8 章的主要结论,回应前文提出的 3 个研究问题。9.2 节总结研究创新和主要贡献。9.3 节指明本书的关键不足,并展望了未来的研究方向。9.4 节基于现有的结论,给出对应的政策建议。

9.1 主 要 结 论

本书从事实维度、实证维度和政策维度分别提出了 3 个研究问题,第 4 章和第 5 章分别对地区间生产侧和消费侧碳排放不平等和省间碳转移的不平等进行事实认定,回答研究问题一;第 6 章和第 7 章分别从宏观和微观的角度进行了实证分析,考察碳不平等的驱动因素,回答研究问题二;第 8 章对我国现有的两类主要的减排政策进行了分析,回答研究问题三。以下为本研究的主要结论。

问题 1 各地区(省份)生产侧、消费侧和转移的碳排放有多少?**我国是否存在地区间(省际)碳不平等和碳转移不平等现象,其变化趋势与现状如何?**

假设 1 我国存在生产、消费的碳不平等。

结论 1 通过与 GDP、居民可支配收入和居民消费支出的不平等程度进行对比,可以认为我国存在着较为明显的碳不平等现象。目前存在着三种格局:第一,社会总碳排放方面存在着"生产侧碳不平等>GDP 不平等>消费侧碳不平等>居民可支配收入不平等>居民消费支出不平等"的格局;第二,居民碳排放方面存在着"直接碳足迹不平等>间接碳足迹不平等≈总碳足迹不平等>可支配收入不平等>消费支出不平等"的格局;第三,从城乡对比来看,存在着"农村碳足迹不平等>城镇居民碳足迹不平等"的格局。

假设 2 我国存在地区间碳转移的不平等。

结论 2 我国存在碳转移不平等现象。主要表现为碳转移流量不平衡、碳排放责任与负担不对等和不同地区碳转移渠道差异大。碳转移不平等主要发生在经济发达地区与经济落后地区之间，以重工业、加工业、能源行业为主的地区与以轻工业、高技术产业、服务业为主的地区之间，京津、沿海地区与内陆、中西部地区之间。

问题 2　哪些因素促进碳排放的平等，而哪些因素又导致不平等加剧? 宏观层面，收入水平与环境规制分别对碳排放和碳转移产生了怎样的影响，哪些因素驱动了碳排放? 在微观层面，异质性的家户消费碳足迹受到哪些变量的影响，家庭消费碳不平等主要由哪些因素驱动?

假设 3　经济发展、环境规制以及能源结构、产业结构的差异均是宏观碳不平等的主要原因。

结论 3　省间碳不平等在总量和人均层面都存在。其中，人均 GDP、能源强度、城市化率以及原煤在能源中比例等变量的增加均导致生产侧碳排放和消费侧碳排放同时增加，而老年人和少年儿童抚养比、服务业占比的增加则促使消费侧碳排放增加而生产侧碳排放减少。一个省份越是人均GDP 高、人口数量大、老年人与少年儿童抚养比高、服务业占比高，越可能通过贸易将碳排放转移到其他区域；而一个省份越是能源强度高、煤炭占比高，越可能承担其他区域的碳排放。即，越是经济发达、服务业发达的区域越容易向外转嫁碳排放负担，而越是能源依赖型、经济发展落后的地区越容易被迫承担其他区域的碳转移。经济发展水平、城市化率、能源强度、能源结构、产业结构和人口年龄结构的差异都是我国省间碳不平等的驱动因素。

归纳起来重要的结论主要有三点。第一，收入提高促进碳排放增长，省间收入差距的缩小是省间碳不平等下降的重要原因。第二，高收入和强环境规制促进净转移碳排放增加，促进一个地区成为碳排放的净转嫁方。第三，高能耗强度、高煤炭能源占比导致净转移碳排放减少，导致一个地区成为碳排放的净承担者。

假设 4　收入、教育、户籍差异等是微观碳不平等的主要原因。

结论 4　家庭整体和家庭人均层面的碳不平等广泛存在，其主要来源是城乡差异、收入差异、教育水平差异、年龄差异、有无机动车、家庭居住环境不平等在碳足迹不平等领域的延伸和传递。

未来，随着人口老龄化和城乡二元分化，居民碳足迹的不平等程度有可能上升。碳足迹的不平等程度较收入和消费的不平等程度更高，城乡居民碳足迹的组间不平等有可能成为未来碳足迹不平等的重要来源。

问题 3　生产侧碳排放不平等反弹的主要原因是什么？强制减排目标和碳市场政策是否促进了减排，是缓解还是加剧了碳不平等，是否导致了碳泄露，或者说是否存在污染天堂效应？减排政策是否与 2010 年生产侧碳排放不平等的拐点有关？

假设 5　减排政策一方面促进减排，另一方面会造成碳泄露；减排政策可能是 2010 年后生产侧碳排放不平等重新上升的原因。

结论 5　首先，作为行政手段的强制减排目标和作为市场手段的碳排放权交易市场试点政策都能够有效促进减排，特别是促进生产侧碳排放的降低。其次，两种政策也都一定程度上导致了碳泄露，强制减排目标使得减排目标设定更强、执行更严格地区的碳排放向减排目标设定更弱的地区产生碳泄露，碳排放权交易市场试点政策使得试点地区和试点行业的碳排放向非试点地区、非试点行业发生碳泄露。再次，减排目标在各省份设定强度和执行强度的变化是碳不平等程度变化的原因。"十一五"期间碳排放大省减排相对更严格，而"十二五"期间碳排放大省的减排目前设定相对更宽松，是 2010 年后生产侧碳不平等出现回升的原因，但消费侧碳不平等受到收入差距缩小的影响仍在下降。

总的来看，我国同时存在着地区间的碳转移不平等和宏观、微观的碳不平等。碳转移不平等主要发生在发达地区与落后地区之间，以重工业、加工业、能源行业为主的地区与以轻工业、高技术产业、服务业为主的地区之间，京津、沿海地区与内陆、中西部地区之间。微观碳不平等则广泛发生在高收入与低收入群体之间、高教育水平与低教育水平之间、城镇居民与农村居民之间、高档楼房住户与平房住户之间以及有车与没有车的居民之间。对比居民碳足迹不平等与收入、支出的不平等程度，发现"直接碳足迹不平等＞间接碳足迹不平等≈总碳足迹不平等＞可支配收入不平等＞消费支出不平等"，且"农村碳足迹不平等＞城镇居民碳足迹不平等"。居民碳不平等程度高，城乡差异大，农村居民内部碳不平等严重。

宏观碳不平等的原因既包括环境库兹涅茨曲线所指出的收入差距，也包括污染天堂效应所关注的环境规制水平。此外，能源强度、能源结构和产业结构的差异同样导致省间碳不平等。微观碳不平等的主驱动因素是收入、教育水平、城乡户籍、居住条件等方面的差异。

目前主要采用的两类减排政策，一是五年规划强制减排目标，二是碳排放权交易市场试点政策。两类减排政策都能够有效促进减排。同时，两类政策也都导致碳泄露：五年规划政策使得发达地区和东部沿海地区的碳排放向欠发达地区和中西部发生碳泄露,碳排放权交易市场试点政策使得试点地区的碳排放向非试点地区发生碳泄露。

9.2　研究重点、难点、创新、贡献与意义

9.2.1　重点

本研究的重点主要有四点:一是还原与核算全国各省份分行业的"真实"碳排放;二是刻画我国区域间碳转移不平等的状态与程度;三是通过实证分析考察宏观、微观层面碳不平等的驱动因素;四是梳理我国各级政府的减排政策并进行政策及其执行强度的量化,并考察减排政策的作用效果,特别是对碳转移不平等的影响。

9.2.2　难点

本研究的难点主要在于研究过程需要收集大量数据,不仅各区域真实碳排放的核算需要大量数据和运算,仅用于输入的数据就包括连续时间的区域间投入产出表、各区域各行业各年份的各类能源使用量、各区域各行业的居民消费量及其细分的来源,而且碳排放的分解也需要大量包含政策变量在内的面板数据来支持。

9.2.3　创新

本研究的创新之处有四点。

第一,将贸易隐含碳与环境库兹涅茨曲线、排污避难所理论进行结合,实现了不同领域研究的对话。通常的,环境库兹涅茨曲线和排污避难所理论主要关注生产侧碳排放不平等的影响机制,而贸易隐含碳理论关注生产侧、消费侧、隐含碳排放的核算。将核算领域与环境经济学领域的理论进行结合,能够更好地解释为什么会存在碳排放不平等,解释为什么有些地区会产生更多的净转移,以及解释生产侧碳排放和消费侧碳排放之间出现分化的原因。

第二,开发了包含所讨论区域和"全国其他地区"的二区域环境拓展投入产出模型,从而将碳排放核算从普遍的全国 8 地区划分深入到了省级,为提供省级政策分析提供了可能。明晰了碳排放核算的各类口径,将区域碳排放按照不同准则分为基于消费的碳排放、基于生产的碳排放、自产自销的

碳排放、转移到其他区域的碳排放、为其他地区承担的碳排放以及碳排放顺/逆差等各类口径，并在宏观层面对碳排放差异、区域碳不平等的驱动因素进行了分析。

第三，匹配了宏观与微观数据，集合自上而下的投入产出分析与自下而上的生活方式分析，拓展了家庭碳足迹的追溯方法。基于"投入产出—能源—消费分析"模型，利用家庭调查数据核算了微观层面以家庭为单位的微观消费碳足迹，并分析了人际碳消费不平等的成因。

第四，在实证上作出了一定创新。其一，实证研究数据为省级行业三维面板和微观家庭调查数据。以往不仅少有研究深入到省级对消费侧碳排放进行实证，而且对居民间接碳足迹的追溯也极少有研究使用大样本的微观数据，本研究进行实证分析的数据是一个较大的创新。其二，将对减排政策的分析从先验模拟拓展为后验实证研究。将政策及其作用纳入分析框架，引入了反映我国各地区减排政策强度和执行水平的变量，研究碳排放不同组成部分受政策影响的差异，以及政策是否带来碳泄露和加剧碳排放不平等。政策实证分析使我们能够更好地评估当前减排政策的合理性和有效性，为制定和改进政策工具提供实证依据和数据支撑。其三，对于碳泄露的研究通常使用 FDI、总产出等间接指标，缺少对碳排放直接指标本身的研究，本研究通过对各省份、各行业碳排放的核算获得了直接指标，能够为碳泄露的研究提供新的视角。

9.2.4　贡献与意义

基于以上创新，本研究的贡献和意义可以归纳如下。

理论方面，主要有三点贡献。第一，建立了贸易隐含碳理论与环境库兹涅茨曲线、污染天堂理论之间的联系，拓展了碳不平等的内涵，更好地解释了收入与环境规制通过贸易隐含碳影响碳不平等的机制，分析了碳不平等的宏观、微观成因。第二，拓展了现有的碳排放核算方法。宏观层面，开发了二区域环境拓展投入产出模型，有助于完善碳排放核算框架和实现省级分行业碳排放核算。已有文献大多集中于研究大区域之间的碳转移，本研究在省级层面对核算方法进行了有效补充；微观层面，改进了微观家庭碳排放的核算方法，延伸了"投入产出—能源—消费"模型，连接了宏观碳排放和微观家庭消费支出。第三，建立了包含政策在内的碳排放驱动因素框架，分析了减排政策对碳排放的影响机制与效果，检验了政策引起的碳泄露效应和"排污避难所"理论是否成立。

现实方面,主要有三点贡献。第一,明确了各省份的真实碳排放,基于不同原则划分了各省份应当承担的碳排放和减排责任,有助于各省份更好地分担在减排方面的责任。第二,通过实证分析检验了宏观、微观碳不平等的驱动因素,有助于有的放矢地应对和解决碳不平等问题。第三,通过后验研究考察了政策对减排的作用和不同政策工具对碳不平等的影响,有助于更好地设计减排政策工具,提高减排效率,促进环境公平。

9.3　不足与展望

尽管本书在数据核算、实证分析方面做了大量的工作,但受限于笔者水平和数据可获得性、数据误差,研究中的不足之处还有很多,其中主要有三点。

第一,省级分行业碳排放的核算不够精准,误差主要有四个来源。其一,使用投入产出表年的直接消耗系数作为邻近年份的直接消耗系数,而由于技术进步、垂直分工的深化等原因,直接消耗系数可能产生变化。其二,使用全国投入产出表的直接消耗系数和碳排放强度系数矩阵作为各省份"中国其他地区"的直接消耗系数和碳排放强度系数矩阵,相当于认为流入(调入和进口)产品的直接消耗系数矩阵和碳排放强度系数矩阵与全国范围内产品和服务的这两个矩阵是相同的,有可能过度简化了问题。其三,在将各省份竞争型投入产出表转为非竞争型投入产出表的过程中,可能产生误差。其四,投入产出表中最终使用的结构拆分来自年鉴的总数,得到其他年份各省份各行业的城乡居民最终消费、政府最终消费、资本形成最终使用详细数据,拆分过程中可能产生误差。

第二,微观居民碳足迹核算的部分存在统计口径差异。为了得到稳健的实证结果并覆盖城乡群体,微观数据选择了 UHS、CHIP 和 CHFS 三个样本量较大的微观调查数据库,基于分行业家庭消费支出核算家庭碳足迹。主要问题在于:UHS 中对消费支出分类十分详细,可以厘清家庭直接碳足迹和家庭间接碳足迹;CHIP 和 CHFS 中没有单独列出家庭用于烹饪或取暖的直接能源消费,因此无法将直接碳足迹与间接碳足迹完全分开。因此数据处理的结果是,UHS 中的家庭碳足迹是间接碳足迹,但 CHIP 和 CHFS 中主要是间接碳足迹,但也可能包含少量直接碳足迹。尽管统计口径的差异不影响对碳不平等原因分析的大趋势,但这会影响对边际碳排放倾向的估计。

　　第三，环境规制水平和减排政策执行强度变量的内生性。环境规制强度采用工业治污投资占工业总值的比例，政策执行强度变量主要包括单位GDP 的能耗降低率、当年完成减排目标的比例、当年完成减排目标与否。直观上，这几个变量确实可以反映当地政府环境规制强度与减排政策执行强度和执行决心，但同时以上政策变量也受到内生性的影响，原因如下：一是碳排放量越多的省份，越有危机感并通过激励加大环境规制的力度，从而碳排放量与政策执行强度呈正相关；二是碳排放量越多的省份，本质上越难以摆脱"资源诅咒"，更难以完成减排目标，因此碳排放量与环境规制强度呈负相关。为此，研究中做了如下处理。一方面，用系统广义矩估计来部分减轻工业治污投资占比这一环境规制水平的内生性。另一方面，本研究假定政府在制定环境规制目标和减排目标时已经考虑到了各省份的资源禀赋、产业结构和减排能力的差异，从而当年完成减排目标的比例、当年完成减排目标与否这两个变量可以认为是外生的。但这个假定也许过强，未必能够成立。

　　为了应对上述局限，本研究也进行了较多的尝试。比如，为了应对核算不够精准的问题，研究过程中曾尝试在全国投入产出表中减去某一省份投入产出表获得"中国其他地区"的直接消耗系数，但比较而言现有估计是误差较小的。又如，为了应对政策变量的内生性，尝试引入新增绿地面积等变量作为政策执行强度的工具变量，但经过尝试引入的工具变量都为弱工具变量。因此，受限于现阶段的数据支持和研究方法，本研究不得不存在以上三点主要缺陷，相信随着数据可获得性的提高，省际区域间投入产出表的获得可以解决核算问题的不足，家庭调查数据的类目更详细能够解决直接、间接碳足迹无法彻底分离的不足，同时也会有富有创意的研究者提出更合适的工具变量解决可能存在的内生性问题。现阶段，本书对未来的研究主要有以下设想。

　　第一，增进碳排放核算部分的准确性，详细呈现地区间的碳转移。如果未来能够获得中国 30 个省份的省际区域间投入产出表，笔者将使用多区域投入产出模型再次估计各省份的生产侧碳排放、消费侧碳排放以及省间碳转移。这样的好处主要有两点。第一，目前使用的简化模型是在没有省际区域间投入产出数据时对多区域投入产出模型的简化和折中。使用详细的省间投入产出数据可以将假定放松至"从每个地区到每个地区的直接投入系数都是不同的"，从而提供更精确的碳排放数据。第二，现有的碳转移不平等根据"8 地区 17 部门"版本的区域间投入产出表计算得到，基于 30 个省份的省际区域间投入产出表能够更完整、更细致地展示我国地区间碳转移、碳承担、碳不平等的状态。

第二,细致和深入对碳不平等的研究,特别是从基尼系数、洛伦兹曲线的角度。尽管基尼系数已经被学界所熟知,但有关基尼系数的研究依然保持着热度,原因在于:一是基尼系数是能够直接反映不平等程度最重要的指标;二是因为估计方法可以不断改进,缩小残差,使获得的基尼系数也可以不断逼近真实值;三是基尼系数等不平等指标受极端值的影响较大,数据库的抽样方法、样本覆盖、异常值剔除等都会影响基尼系数的最终结果。尽管目前 UHS、CHIP 和 CHFS 数据库样本量分别达到 12.7 万、5.5 万和3.7 万,但距离普查数据的样本量还有一定距离。未来研究中,可以基于更大的样本量、更准确地控制样本分布与全国人口的实际分布一致,来获得更准确的碳不平等基尼系数。

第三,以本研究建立的省级分行业碳排放三维面板数据为基础,展开更多的拓展研究。比如,以碳排放数据为因变量,可以研究各省份的领导人教育是否影响了减排。又如,以碳排放数据为自变量,可以考察被转嫁较多碳排放的地区、生产侧碳排放较多的地区,以及气候状况是否会变差、大气污染物和极端天气数量是否增加。引申的研究能够更好地帮助分析各省份碳排放的影响因素,也可以通过验证碳排放、碳转嫁与气候变化之间的关系确认碳排放公平和减排的重要性。

9.4 政策建议

综合全书的研究结论,提出如下政策建议。

第一,平衡经济发展与减排压力。当前中国一方面需要解决碳排放量居世界首位,减排责任重、压力大的问题,另一方面也面临着经济下行压力较大、中美贸易摩擦为未来经济发展带来一定不确定性的问题。中国需要在控制碳排放量尽快达峰的同时,保障经济健康发展。因此,尽管经济、城市化率、能源结构等都是碳排放的影响因素,但相对而言,在当前经济背景下,通过改善能源结构实现控制碳排放是相对更合理的选择。因此,在既要保证经济发展也要实现减排目标的条件下,目前最合理的选择是:(1)在企业生产过程中提倡节能,以技术研发、技术进步同时带动经济发展和节能减排;(2)大力发展清洁能源和可再生能源,改善能源结构,通过清洁能源比例的提高降低能源整体碳排放强度。

第二，解决城市化进程与减排之间的矛盾。作为发展中大国，我国城市化率不断提高，截至 2023 年，我国城镇和乡村常住人口分别为 93267 万人和 47700 万人，城镇常住人口比重达到 66.2%。然而，城市化率的提高将大幅增加碳排放量，带来减排压力：一方面，居民从农村迁移到城市后本身碳排放量将增加，2015 年城镇居民人均直接、间接和总碳足迹分别是农村居民的 1.10 倍、2.35 倍和 1.86 倍；另一方面，快速的城市化进程意味着大量新增基础设施建设，对水泥、钢铁等高耗能、高排放行业的需求增加，碳排放量会相应快速增长。因此，在城市化率不断上升、城乡不平等问题严重、减排压力较大的情况下，我国在减排进程中应当：(1)以户籍管理制度改革打破城乡二元分化，增进人口自由流动，而不是盲目地扩张城市规模；(2)适当控制城市化进程，即便未来预计城市化率以每年一个百分点的速度增长，到 2030 年我国城市化率将达到约 70%，未来城市化率进程与产业结构、居民福利之间的匹配应当成为政府关注的重点；(3)在城市建设中，提倡低碳发展方式，以新能源、新技术、低碳建筑取代高污染、高排放的粗放式基础设施建设。

第三，调和各省份碳排放责任、权利与义务之间的关系。由于现有碳排放量往往采取基于生产的碳排放进行核算，而没有采取基于消费的碳排放，或者生产、消费责任共担的碳排放。这导致目前对欠发达地区、能源提供地区和加工业地区的碳排放存在高估，而对发达地区、以服务业为主地区的碳排放存在低估。这使得各省份实际的"真实"碳排放与需要承担的减排义务不匹配，催生了如"十一五"期间山西、河北等省份一方面向全国输出能源和生产资料，一方面自身却需要"拉闸限电"的局面。因此，为增进省份之间的碳排放公平，保障欠发达地区能够健康发展，建议可以采取：(1)考虑到目前实际减排责任与义务之间的不匹配，在减排责任分配和减排目标划定时应综合考虑各地区的生产碳排放和消费碳排放，使减排目标更为合理、可行；(2)考虑到地区发展水平和居民生活福利的差异，结合目前的居民收入、消费、碳不平等问题，减排过程中应当遵循"共同而有区别"的责任，基于人均 GDP、人类发展指数(HDI)、或其他指标划分减排责任，发达地区应率先承担起责任；(3)考虑到中部、西部地区为京津和东部沿海地区承担了大量的碳转移，可以根据碳泄露的数量进行适度的生态补贴或技术支持。

第四，关注微观碳不平等，一方面降低碳不平等的程度、提高居民福利，另一方面提倡节能减排的生活方式。碳排放是人类的发展权与享受权，保障居民碳足迹的公平能够提升社会稳定，增进人民福利。因此，建议：

（1）重视城乡差异、收入差异和教育水平差异在碳不平等方面的延伸,从根源上解决问题,一是要改革户籍制度、促进人口自由流动,二是要保障低收入群体的生活水平、改善收入不平等问题,三是要增进教育公平、确保基础教育的可获得性、提高高等教育的覆盖率；（2）提倡更节能的生活方式,如提倡共享经济、鼓励非一次性消费,这样可以降低高碳排放人群的碳排放,在增进公平的同时实现减排；（3）加强阶梯电价,取消低电价对富裕阶层的变相补贴。

　　第五,综合运用多种减排政策工具,实现低成本减排。目前我国主要使用强制减排目标和碳排放权交易市场试点两种减排政策工具,同时学者也对未来不同情景下的碳税进行了模拟。对政府未来在减排政策工具方面的建议包括：（1）适度调整五年规划中强制减排目标使其更为科学合理,避免出现为实现政策目标而集中追赶进度"拉闸限电"的局面,也避免一旦政策目标达成各地区就缺乏内在动力继续发展清洁能源、改善能源结构的局面；（2）尽快完善和推广全国碳排放权交易市场,一方面碳排放权交易被证实是有效的减排工具,另一方面碳排放权交易市场的全国覆盖可以避免地区之间的碳泄露；（3）广泛开展国际合作,积极推动与发达经济体通过清洁发展机制的合作,获得资金和技术支持,实现减排的"双赢"；（4）结合多种政策工具,通过多种情景模拟确认综合成本最低的组合方式,在保障经济发展和居民福利的基础上,实现技术进步、能源升级和产业升级,实现节能减排的目标,为全球气候变化应对作出贡献。

参 考 文 献

Abadie A, 2008. Difference-in-difference estimators[J]. The New Palgrave Dictionary of Economics, Volume 1-8: 1386-1388.

Acemoglu D, Aghion P, Bursztyn, Leonardo, et al., 2012. The Environment and Directed Technical Change[J]. American Economic Review, 102(1): 131-166.

Anderson J E, Van Wincoop E, 2003. Gravity with gravitas: a solution to the border puzzle[J]. American economic review, 93(1): 170-192.

Ang B W, 1995. Decomposition methodology in industrial energy demand analysis[J]. Energy, 20(11): 1081-1095.

Ang B W, Zhang F Q, 2000. A survey of index decomposition analysis in energy and environmental studies[J]. Energy, 25(12): 1149-1176.

Ang B W, 2004. Decomposition analysis for policymaking in energy: which is the preferred method? [J]. Energy policy, 32(9): 1131-1139.

Ang B W, 2005. The LMDI approach to decomposition analysis: a practical guide[J]. Energy policy, 33(7): 867-871.

Apergis N, Li J, 2016. Population and lifestyle trend changes in China: implications for environmental quality[J]. Applied Economics, 48(54): 5246-5256.

Arndt S W, Kierzkowski H, 2001. Fragmentation: New production patterns in the world economy[M]. Oxford: Oxford University Press.

Atkinson G, Hamilton K, Ruta G, et al., 2011. Trade in "virtual carbon": empirical results and implications for policy. Global Environmental Change, 21: 563-574.

Babiker M H, 2005. Climate change policy, market structure, and carbon leakage[J]. Journal of international Economics, 65(2): 421-445.

Baer P, Harte J, Haya B, et al., 2000. Equity and Greenhouse Gas Responsibility[J]. Science, 289(5488): 2287.

Bastianoni S, Pulselli F M, Tiezzi E, 2004. The problem of assigning responsibility for greenhouse gas emissions[J]. Ecological economics, 49(3): 253-257.

Baumert K A, Herzog T, Pershing J, 2005. Navigating the numbers: Greenhouse gases and international climate change agreements [J]. Greenhouse Gas Data & International Climate Policy.

Baylis K, Fullerton D, Karney D H, 2013. Leakage, welfare, and cost-effectiveness of carbon policy[J]. American Economic Review,103(3): 332-337.

Becker L J,Seligman C,Fazio R H,et al.,1981. Relating attitudes to residential energy use[J]. Environment and Behavior,13(5): 590-609.

Becker R,Henderson V,2000. Effects of Air Quality Regulations on Polluting Industries [J]. Journal of Political Economy,108(2): 379-421.

Beckerman W, 1992. Economic growth and the environment: Whose growth? Whose environment? [J]. World development,20(4): 481-496.

Berthe A, Elie L, 2015. Mechanisms explaining the impact of economic inequality on environmental deterioration[J]. Ecological Economics,116: 191-200.

Bin S, Dowlatabadi H, 2005. Consumer lifestyle approach to US energy use and the related CO_2 emissions[J]. Energy policy,33(2): 197-208.

Boden T A, Andres R J, Marland G. Global, Regional, and National Fossil-Fuel CO_2 Emissions (1751-2010)(V. 2013)[R]. Carbon Dioxide Information Analysis Center (CDIAC), Oak Ridge National Laboratory (ORNL), Oak Ridge, TN (United States),2013-01-01.

Böhringer C, Carbone J C, Rutherford T F, 2012. Unilateral climate policy design: Efficiency and equity implications of alternative instruments to reduce carbon leakage[J]. Energy Economics,34: S208-S217.

Böhringer C, Carbone J C, Rutherford T F, 2018. Embodied carbon tariffs [J]. The Scandinavian Journal of Economics,120(1): 183-210.

Boyce J K, 1994. Inequality as a cause of environmental degradation [J]. Ecological Economics,11(3): 169-178.

Brand C,Preston J M,2010. "60-20 emission"—The unequal distribution of greenhouse gas emissions from personal,non-business travel in the UK[J]. Transport Policy, 17(1): 9-19.

British Petroleum Company, 2018. BP statistical review of world energy[R]. British Petroleum Company.

Brizga J,Feng K,Hubacek K,2014. Drivers of greenhouse gas emissions in the Baltic States: A structural decomposition analysis [J]. Ecological Economics, 98 (2): 22-28.

Brizga J,Feng K,Hubacek K,2017. Household carbon footprints in the Baltic States: A global multi-regional input-output analysis from 1995 to 2011[J]. Applied Energy, 189: 780-788.

Bruce J P, Lee H, Haites E F, 1996. Climate change 1995 [J]. Economic and social dimensions of climate change.

Brunnermeier S B, Levinson A, 2004. Examining the evidence on environmental regulations and industry location[J]. The Journal of Environment & Development, 13(1): 6-41.

Bullard III C W, Herendeen R A, 1975. The energy cost of goods and services[J]. Energy policy, 3(4): 268-278.

Cantore N, Padilla E, 2010. Equality and CO_2 emissions distribution in climate change integrated assessment modelling[J]. Energy, 35(1): 298-313.

Cantore N, 2011. Distributional aspects of emissions in climate change integrated assessment models[J]. Energy Policy, 39(5): 2919-2924.

Carbone J C, Helm C, Rutherford T F, 2009. The case for international emission trade in the absence of cooperative climate policy[J]. Journal of Environmental Economics and Management, 58(3): 266-280.

Caron J, Rausch S, Winchester N, 2015. Leakage from sub-national climate policy: The case of California's cap-and-trade program[J]. Energy Journal, 36(2): 167-190.

Chen W, Guo Q, 2017. Assessing the Effect of Carbon Tariffs on International Trade and Emission Reduction of China's Industrial Products under the Background of Global Climate Governance[J]. Sustainability, 9(6): 1028.

Clarke-Sather A, Qu J, Wang Q, et al., 2011. Carbon inequality at the sub-national scale: A case study of provincial-level inequality in CO_2 emissions in China 1997-2007[J]. Energy Policy, 39(9): 5420-5428.

Coase R H, 1960. The Problem of Social Cost[J]. The Journal of Law and Economics, 56(4): 817-837.

Cole M A, Rayner A J, Bates J M, 1997. The environmental Kuznets curve: an empirical analysis[J]. Environment and development economics, 2(4): 401-416.

Cole M A, 2003. Development, trade, and the environment: how robust is the Environmental Kuznets Curve? [J]. Environment and Development Economics, 8(4): 557-580.

Cong R G, Wei Y M, 2010. Potential impact of (CET) carbon emissions trading on China's power sector: A perspective from different allowance allocation options[J]. Energy, 35(9): 3921-3931.

Cooper R N, Cramton P, Dion S, et al., 2017. Why Paris did not solve the climate dilemma[M]//In Cramtom P, Mackay D, Ockenfels A, et al. (eds.). Global carbon pricing: The path to climate cooperation. Cambridge, MA: MIT Press.

Copeland B R, Taylor M S, 1994. North-South trade and the environment[J]. The quarterly journal of Economics, 109(3): 755-787.

Copeland B R, Taylor M S, 1997. A simple model of trade, capital mobility and environment [R]. Cambridge: National Bureau of Economic Research.

Copeland B R, Taylor M S, 2004. Trade, growth, and the environment[J]. Journal of Economic literature, 42(1): 7-71.

Copeland B R, Taylor M S, 2005. Free trade and global warming: a trade theory view of the Kyoto protocol[J]. Journal of Environmental Economics and Management,

49(2): 205-234.

Cramton P, Ockenfels A, Stoft S, 2017. Global Carbon Pricing[M]. Cambridge, MA: MIT Press.

Dai Y, 2015. Who drives climate-relevant policy implementation in China? [R]. IDS.

Dai Y, Li N, Gu R, et al., 2018. Can China's Carbon Emissions Trading Rights Mechanism Transform its Manufacturing Industry? Based on the Perspective of Enterprise Behavior[J]. Sustainability, 10(7): 2421.

Dasgupta S, Laplante B, Wang H, et al., 2002. Confronting the environmental Kuznets curve[J]. Journal of economic perspectives, 16(1): 147-168.

Das A, Paul S K, 2014. CO_2 emissions from household consumption in India between 1993-1994 and 2006-2007: a decomposition analysis[J]. Energy Economics, 41: 90-105.

Davis S J, Caldeira K, 2010. Consumption-based accounting of CO_2 emissions[J]. Proceedings of the National Academy of Sciences, 107(12): 5687-5692.

De Bruyn S M, van den Bergh J C J M, Opschoor J B, 1998. Economic growth and emissions: reconsidering the empirical basis of environmental Kuznets curves[J]. Ecological Economics, 25(2): 161-175.

Deaton A, Paxson C, 1994. Intertemporal choice and inequality[J] Journal of political economy, 102(3): 437-467.

Dietz T, Rosa E A, 1994. Rethinking the environmental impacts of population, affluence and technology[J]. Human ecology review, 1(2): 277-300.

Dinda S, 2004. Environmental Kuznets curve hypothesis: a survey[J]. Ecological economics, 49(4): 431-455.

Droege S, 2011. Using border measures to address carbon flows[J]. Climate Policy, 11(5): 1191-1201.

Druckman A, Jackson T, 2009. The carbon footprint of UK households 1990-2004: a socio-economically disaggregated, quasi-multi-regional input-output model[J]. Ecological economics, 68(7): 2066-2077.

Duan C, Chen B, Feng K, et al., 2018. Interregional carbon flows of China[J]. Applied Energy.

Duro J A, Padilla E, 2006. International inequalities in per capita CO_2 emissions: A decomposition methodology by Kaya factors[J]. Energy Economics, 28(2): 170-187.

Duro J A, Padilla E, 2011. Inequality across countries in energy intensities: An analysis of the role of energy transformation and final energy consumption[J]. Energy Economics, 33(3): 474-479.

Duro J A, 2013. Weighting vectors and international inequality changes in environmental indicators: An analysis of CO_2 per capita emissions and Kaya factors[J]. Energy

Economics,39: 122-127.

Ederington J, Minier J, 2003. Is environmental policy a secondary trade barrier? An empirical analysis [J]. Canadian Journal of Economics/Revue canadienne d'économique,36(1): 137-154.

Ehrlich P R, Holdren J P, 1971. Impact of population growth[J]. Science, 171(3977): 1212-1217.

Ehrlich P R, Ehrlich A H, 1990. The population explosion[M]. New York, Simon & Schuster.

Ekins P,1997. The Kuznets curve for the environment and economic growth: examining the evidence[J]. Environment and planning A,29(5): 805-830.

Eder P, Narodoslawsky M,1999. What environmental pressures are a region's industries responsible for? A method of analysis with descriptive indices and input-output models1[J]. Ecological Economics,29(3): 359-374.

Fan W, Gao Z, Chen N, et al.,2018. It is Worth Pondering Whether a Carbon Tax is Suitable for China's Agricultural-Related Sectors[J]. Energies,11(9): 2296.

Felder S, Rutherford T F, 1993. Unilateral CO_2 reductions and carbon leakage: the consequences of international trade in oil and basic materials [J]. Journal of Environmental Economics and management,25(2): 162-176.

Feng K, Siu Y L, Guan D, et al., 2012. Analyzing drivers of regional carbon dioxide emissions for China: A structural decomposition analysis[J]. Journal of Industrial Ecology,16(4): 600-611.

Feng K, Davis S J, Sun L, et al.,2013. Outsourcing CO_2 within China[J]. Proceedings of the National Academy of Sciences of the United States of America,110(28): 11654-11659.

Feng K, Hubacek K, Sun L, et al.,2014. Consumption-based CO_2 accounting of China's megacities: the case of Beijing, Tianjin, Shanghai and Chongqing[J]. Ecological Indicators,47: 26-31.

Feng K, Hubacek K, 2016. Carbon implications of China's urbanization[J]. Energy, Ecology and Environment,1(1): 39-44.

Feng Z H, Zou L L, Wei Y M,2011. The impact of household consumption on energy use and CO_2 emissions in China[J]. Energy,36(1): 656-670.

Ferng J J, 2003. Allocating the responsibility of CO_2 over-emissions from the perspectives of benefit principle and ecological deficit[J]. Ecological Economics, 46(1): 121-141.

Friedl B, Getzner M,2003. Determinants of CO_2 emissions in a small open economy[J]. Ecological economics,45(1): 133-148.

Fullerton D, Karney D, Baylis K, 2011. Negative leakage [R]. National Bureau of Economic Research.

Fullerton D, Karney D H, Baylis K, 2012. Negative leakage[J]. Urbana, 51: 61801.

Girod B, van Vuuren D P, Hertwich E G, 2014. Climate policy through changing consumption choices: Options and obstacles for reducing greenhouse gas emissions [J]. Global Environmental Change, 25: 5-15.

Golley J, Meagher D, Meng X, 2008. Chinese urban household energy requirements and CO_2 emissions [J]. China's Dilemma: Economic Growth, the Environment and Climate Change, 334.

Golley J, Meng X, 2012. Income inequality and carbon dioxide emissions: The case of Chinese urban households[J]. Energy Economics, 34(6): 1864-1872.

Gore, Timothy, 2015. Extreme Carbon Inequality: Why the Paris climate deal must put the poorest, lowest emitting and most vulnerable people first[J].

Greenstone M, 2002. The impacts of environmental regulations on industrial activity: Evidence from the 1970 and 1977 clean air act amendments and the census of manufactures[J]. Journal of political economy, 110(6): 1175-1219.

Groot L, 2010. Carbon Lorenz curves [J]. Resource and Energy Economics, 32 (1): 45-64.

Grossman G M, Krueger A B, 1991. Environmental impacts of a North American free trade agreement[R]. National Bureau of Economic Research.

Grossman G M, Krueger A B, 1995. Economic growth and the environment[J]. The quarterly journal of economics, 110(2): 353-377.

Grunewald N, Klasen S, Inmaculada Martínez-Zarzoso, et al., 2017. The Trade-off Between Income Inequality and Carbon Dioxide Emissions [J]. Ecological Economics, 142: 249-256.

Guan D, Lin J, Davis S J, et al., 2014. Consumption-based accounting helps mitigate global air pollution[J]. Proceedings of the National Academy of Sciences, 111(26): E2631-E2631.

Guo J, Zhang Z, Meng L, 2012. China's provincial CO_2 emissions embodied in international and interprovincial trade[J]. Energy Policy, 42: 486-497.

Han L, Xu X, Han L, 2015. Applying quantile regression and Shapley decomposition to analyzing the determinants of household embedded carbon emissions: evidence from urban China[J]. Journal of Cleaner Production, 103: 219-230.

Hardin G, 1968. The tragedy of the commons. science, 162(3859): 1243-1248.

Hardoon D, 2015. Wealth: Having it all and wanting more[R]. New York: Oxfam International.

Hedenus F, Azar C, 2005. Estimates of trends in global income and resource inequalities [J]. Ecological Economics, 55(3): 351-364.

Heil M T, Wodon Q T, 1997. Inequality in CO_2 emissions between poor and rich countries[J]. The Journal of Environment & Development, 6(4): 426-452.

Heil M T，Wodon Q T，2000. Future inequality in CO_2 emissions and the impact of abatement proposals[J]. Environmental and Resource Economics，17(2)：163-181.

Heil M T，Selden T M，2001. Carbon emissions and economic development：future trajectories based on historical experience [J]. Environment and Development Economics，6(1)：63-83.

Heinonen J，Junnila S，2014. Residential energy consumption patterns and the overall housing energy requirements of urban and rural households in Finland[J]. Energy and Buildings，76：295-303.

Hendrickson C，Horvath A，Joshi S，et al.，1998. Peer reviewed：economic input-output models for environmental life-cycle assessment [J]. Environmental Science & Technology，32(7)：184A-191A.

Herber B P，Raga J T，1995. An international carbon tax to combat global warming：An economic and political analysis of the European Union proposal[J]. American Journal of Economics and Sociology，54(3)：257-267.

Hertwich E G，Peters G P，2009. Carbon footprint of nations：A global，trade-linked analysis[J]. Environmental Science & Technology，43(16)：6414-6420.

Hoekstra R，Jeroer C J M van den Bergh，2003. Comparing structural decomposition analysis and sector-level index number analysis[J]. Energy Economics，25：39-64.

Hoel M，1991. Efficient international agreements for reducing emissions of CO_2[J]. The Energy Journal：93-107.

Hoel M，1996. Should a carbon tax be differentiated across sectors? [J]. Journal of public economics，59(1)：17-32.

Holtz-Eakin D，Selden T M，1995. Stoking the fires? CO_2 emissions and economic growth[J]. Journal of public economics，57(1)：85-101.

Hubacek K，Baiocchi G，Feng K，et al.，2017a. Global carbon inequality[J]. Energy，Ecology and Environment，2(6)：361-369.

Hubacek K，Baiocchi G，Feng K，et al.，2017b. Global income inequality and carbon footprints. Environmental and Economic Impacts of Decarbonization：Input-Output Studies on the Consequences of the 2015 Paris Agreements：89.

Hubacek K，Baiocchi G，Feng K，et al.，2017c. Poverty eradication in a carbon constrained world[J]. Nature communications，8(1)：912.

International Energy Agency，2007. World energy outlook[R]. Paris：IEA.

International Energy Agency，2017. World energy outlook[R]. Paris：IEA.

IPCC，2014. Climate Change 2014：impacts，adaptation，and vulnerability-Part B：regional aspects-Contribution of Working Group II to the Fifth Assessment Report of the Intergovernmental Panel on Climate Change[R].

Jakob M，Steckel J C，Edenhofer O，2014. Consumption-versus production-based emission policies[J]. Annu. Rev. Resour. Econ.，6(1)：297-318.

Jorgenson A K, Schor J B, Knight K W, et al., 2016. Domestic Inequality and Carbon Emissions in Comparative Perspective[J]. Sociological Forum.

Jorgenson A K, Schor J B, Huang X, et al., 2015. Income inequality and residential carbon emissions in the United States: A preliminary analysis[J]. Human Ecology Review, 22(1): 93-106.

Jorgenson A K, Schor J B, Huang X, 2017. Income inequality and carbon emissions in the United States: a state-level analysis, 1997-2012 [J]. Ecological Economics, 134: 40-48.

Jorgenson A K, Dietz T, Kelly O, 2018. Inequality, poverty, and the carbon intensity of human well-being in thUnited States: a sex-specific analysis. Sustainability Science, 13(4): 1167-1174.

Kahrl F, Roland-Holst D, 2007. Carbon inequality[J]. Center for energy, Resources, and economic Sustainability, 29: 2008.

Kaiser F G, Wölfing S, Fuhrer U, 1999. Environmental attitude and ecological behaviour [J]. Journal of environmental psychology, 19(1): 1-19.

Kaivo-Oja J, Luukkanen J, 2004. The European Union balancing between CO_2 reduction commitments and growth policies: decomposition analyses [J]. Energy Policy, 32(13): 1511-1530.

Kaya Y, 1989. Impact of carbon dioxide emission control on GNP growth: interpretation of proposed scenarios [J]. Intergovernmental Panel on Climate Change/Response Strategies Working Group.

Kenworthy J R, 2003. Transport energy use and greenhouse gases in urban passenger transport systems: a study of 84 global cities [J]. Reports from Community Partners.

Kim J H, 2002. Changes in consumption patterns and environmental degradation in Korea[J]. Structural Change and Economic Dynamics, 13(1): 1-48.

Kok R, Benders R M J, Moll H C, 2006. Measuring the environmental load of household consumption using some methods based on input-output energy analysis: A comparison of methods and a discussion of results[J]. Energy Policy, 34(17): 2744-2761.

Kondo Y, Moriguchi Y, Shimizu H, 1998. CO_2 emissions in Japan: influences of imports and exports[J]. Applied energy, 59(2-3): 163-174.

Koopman R, Powers W, Wang Z, et al., 2010. Give credit where credit is due: Tracing value added in global production chains[J]. National Bureau of Economic Research, w16426.

Kuznets S, 1955. Economic growth and income inequality[J]. The American economic review, 45(1): 1-28.

Larsen H N, Hertwich E G, 2009. The case for consumption-based accounting ofgreenhouse gas emissions to promote local climate action[J]. Environmental Science & Policy,12(7): 791-798.

Le Quéré C,Andrew R M,Friedlingstein P,et al.,2018. Global carbon budget 2018[J]. Earth System Science Data,10: 2141-2194.

Lenzen M,1998. Primary energy and greenhouse gases embodied in Australian final consumption: an input-output analysis[J]. Energy policy,26(6): 495-506.

Lenzen M,2000. Errors in conventional and Input-Output-based Life-Cycle inventories [J]. Journal of Industrial Ecology,4(4): 127-148.

Lenzen M,Wier M,Cohen C,et al., 2006. A comparative multivariate analysis of household energy requirements in Australia,Brazil,Denmark,India and Japan[J]. Energy,31(2-3): 181-207.

Lenzen M,Murray J,Sack F,et al.,2007. Shared producer and consumer responsibility-Theory and practice[J]. Ecological economics,61(1): 27-42.

Leontief W,1970. Environmental repercussions and the economic structure: an input-output approach[J]. The review of economics and statistics,262-271.

Levinson A,Taylor M S,2008. Unmasking the pollution haven effect[J]. International economic review,49(1): 223-254.

Li J,Huang X,Yang H,et al.,2016. Situation and determinants of household carbon emissions in Northwest China[J]. Habitat international,51: 178-187.

Li X,Ma J,Chen Z,et al., 2018. Linkage Analysis among China's Seven Emissions Trading Scheme Pilots[J]. Sustainability,10(10): 3389.

Li X,Qiao Y,Zhu J,et al.,2017. The "APEC blue" endeavor: Causal effects of air pollution regulation on air quality in China[J]. Journal of Cleaner Production,168: 1381-1388.

Liang Q M,Fan Y,Wei Y M,2007. Multi-regional input-output model for regional energy requirements and CO_2 emissions in China [J]. Energy Policy, 35 (3): 1685-1700.

Lininger,Christian,2015. Consumption-based approaches in international climate policy (Springer,cham,2015)[J]. Springer climate.

Liu H,Fan X,2017. Value-Added-Based Accounting of CO_2 Emissions: A Multi-Regional Input-Output Approach[J]. Sustainability,9(12): 2220.

Liu L C,Wu G,2013. Relating five bounded environmental problems to China's household consumption in 2011-2015[J]. Energy,57: 427-433.

Liu L C,Liang Q M,Wang Q,2015. Accounting for China's regional carbon emissions in 2002 and 2007: production-based versus consumption-based principles[J]. Journal of Cleaner Production,103: 384-392.

Liu L,Qu J,Zhang Z,et al.,2018. Assessment and determinants of per capita household CO_2 emissions (PHCEs) based on capital city level in China [J]. Journal of

Geographical Sciences,28(10): 1467-1484.

Liu Y,Meng B,Hubacek K,et al.,2016. "Made in China": A reevaluation of embodied CO_2 emissions in Chinese exports using firm heterogeneity information[J]. Applied energy,184: 1106-1113.

Liu Z, Ma J, Chai Y, 2016. Neighborhood-scale urban form, travel behavior, and CO_2 emissions in Beijing: implications for low-carbon urban planning [J]. Urban Geography,38(3): 381-400.

Ma J,Liu Z,Chai Y,2015. The impact of urban form on CO_2 emission from work and non-work trips: The case of Beijing,China[J]. Habitat International,47: 1-10.

Martinez-Alier J,2003. The Environmentalism of the poor: a study of ecological conflicts and valuation[M]. Cheltenham,uk: Edward Elgar Publishing.

Meng B,Xue J,Feng K,et al.,2013. China's inter-regional spillover of carbon emissions and domestic supply chains[J]. Energy Policy,61: 1305-1321.

Meng B,Peters G P,Wang Z,2015. Tracing greenhouse gas emissions in global value chains[J]. Stanford Center for international development Wording Paper,(525).

Meng B,Peters G P,Wang Z,et al.,2018. Tracing CO_2 emissions in global value chains [J]. Energy Economics,73: 24-42.

Meyer A, 2000. Contraction & convergence: the global solution to climate change. Cambridge: Green Books.

Miller R E, Blair P D, 2009. Input-output analysis: foundations and extensions [M]. Cambridge: Cambridge university press.

Minx J C,Baiocchi G, Peters G P,et al.,2011. A "carbonizing dragon": China's fast growing CO_2 emissions revisited[J]. Environmental science & technology,45(21): 9144-9153.

Munksgaard J,Pedersen K A,Wien M,2000. Impact of household consumption on CO_2 emissions[J]. Energy economics,22(4): 423-440.

Munksgaard J, Pedersen K A, 2001. CO_2 accounts for open economies: producer or consumer responsibility? [J]. Energy policy,29(4): 327-334.

Muñoz P,Steininger K W,2010. Austria's CO_2 responsibility and the carbon content of its international trade[J]. Ecological Economics,69(10): 2003-2019.

Nakano S A, Okamura A, Sakurai N, et al., 2009. The Measurement of CO_2 Embodiments in International Trade: Evidence from the Harmonised Input-Output and Bilateral Trade Database[Z]. Paris: OECD STI Working Paper.

Nie H,Kemp R,2014. Index decomposition analysis of residential energy consumption in China: 2002-2010[J]. Applied Energy,121: 10-19.

Nordhaus W D,1977. Economic growth and climate: the carbon dioxide problem[J]. The American Economic Review,67(1): 341-346.

Nordhaus W D,1994. Managing the global commons: the economics of climate change.

　　　Vol. 31[M]. Cambridge,MA: MIT press.

OECD,2011. Divided we stand: why inequality keeps rising [M]. Paris: OECD
　　Publishing.

Pachauri S,Spreng D,2002. Direct and indirect energy requirements of households in
　　India[J]. Energy policy,30(6): 511-523.

Pachauri S,2004. An analysis of cross-sectional variations in total household energy
　　requirements in India using micro survey data [J]. Energy policy, 32 (15):
　　1723-1735.

Padilla E, Serrano A, 2006. Inequality in CO_2 emissions across countries and its
　　relationship with income inequality: a distributive approach[J]. Energy policy,
　　34(14): 1762-1772.

Paltsev S V,2001. The Kyoto Protocol: regional and sectoral contributions to the carbon
　　leakage[J]. The Energy Journal: 53-79.

Panayotou T,1993. Empirical tests and policy analysis of environmental degradation at
　　different stages of economic development[R]. International Labour Organization.

Pei J, Meng B, Wang F, et al., 2018. Production sharing, demand spillovers and CO_2
　　emissions: the case of Chinese regions in global value chains[J]. The Singapore
　　Economic Review,63(2): 275-293.

Peters G P,Weber C L,Guan D,et al.,2007. China's growing CO_2 emissions—a race
　　between increasing consumption and efficiency gains[J]. Environment Science &
　　Technology,41(17): 5939-5944.

Peters G P, 2008. From production-based to consumption-based national emission
　　inventories[J]. Ecological economics,65(1): 13-23.

Peters G P,Andrew R,Lennox J,2011. Constructing an environmentally-extended multi-
　　regional input-output table using the GTAP database [J]. Economic Systems
　　Research,23(2): 131-152.

Peters G P,Hertwich E G,2008a. CO_2 embodied in international trade with implications
　　for global climate policy [J]. Environmental Science & Technology, 42 (5):
　　1401-1407.

Peters G P, Hertwich E G, 2008b. Post-Kyoto greenhouse gas inventories: production
　　versus consumption[J]. Climatic Change,86: 51-66.

Piketty T, 2014. Capital in the Twenty-First Century[M]. Cambridge: The Belknap
　　Press of Harvard University Press.

Piketty T,Chancel L,2015. Carbon and inequality: from Kyoto to Paris[J]. Trends in
　　the Global Inequality of Carbon Emissions (1998-2013) and Prospects for An
　　Equitable Adaptation Fund. Paris: Paris School of Economics.

Posner E, Weisbach D, 2010. Climate Change Justice. Princeton, NJ: Princeton
　　University Press.

Qi Y, Li H, Wu T, 2013. Interpreting China's carbon flows[J]. Proceedings of the National Academy of Sciences, 110(28): 11221-11222.

Ravallion M, Heil M, Jalan J, 2000. Carbon emissions and income inequality[J]. Oxford Economic Papers, 52(4): 651-669.

Rees W E, 1998. Reducing the ecological footprint of consumption[J]. The Business of Consumption: 113-130.

Reinders A H M E, Vringer K, Blok K, 2003. The direct and indirect energy requirement of households in the European Union[J]. Energy Policy, 31(2): 139-153.

Rose A, Stevens B, Edmonds J, et al., 1998. International equity and differentiation in global warming policy[J]. Environmental & Resource Economics, 12(1): 25-51.

Schipper L, Bartlett S, Hawk D, et al., 1989. Linking life-styles and energy use: a matter of time? [J]. Annual review of energy, 14(1): 273-320.

Schreifels J J, Fu Y, Wilson E J, 2012. Sulfur dioxide control in China: policy evolution during the 10th and 11th Five-year Plans and lessons for the future[J]. Energy Policy, 48: 779-789.

Senbel M, McDaniels T, Dowlatabadi H, 2003. The ecological footprint: a non-monetary metric of human consumption applied to North America[J]. Global Environmental Change, 13(2): 83-100.

Shafik N, Bandyopadhyay S, 1992. Economic growth and environmental quality: time-series and cross-country evidence. Background Paper for World Development Report [R]. Washington. DC: World Bank.

Shan Y, Guan D, Zheng H, et al., 2018. China CO_2 emission accounts 1997-2015[J]. Scientific data, 5: 170201.

Shao L, Li Y, Feng K, et al., 2018. Carbon emission imbalances and the structural paths of Chinese regions[J]. Applied Energy, 215: 396-404.

Shi A Q, 2003. The impact of population pressure on global carbon dioxide emissions, 1975-1996: evidence from pooled cross-country data[J]. Ecological Economics, 44 (1): 29-42.

Steininger K, Lininger C, Droege S, et al., 2012. Towards a just and cost-effective climate policy: on the relevance and implications of deciding between a production versus consumption based approach[J]. Graz Economics Paper.

Steininger K, Lininger C, Droege S, et al., 2014. Justice and cost-effectiveness of consumption-based versus production-based approaches in the case of unilateral climate policies[J]. Global Environmental Change, 24: 75-87.

Stern D I, 1998. Progress on the environmental Kuznets curve? [J]. Environment and development economics, 3(2): 173-196.

Stern N, 2006. Stern Review: The economics of climate change[Z]. United Kingdom.

Stern N, Peters S, Bakhshi V, et al., 2006. Stern Review: The economics of climate change. London: HM treasury.

Su B, Huang H C, Ang B W, et al., 2010. Input-output analysis of CO_2 emissions embodied in trade: the effects of sector aggregation[J]. Energy Economics,32(1): 166-175.

Su B, Ang B W, 2012. Structural Decomposition Analysis Applied To Energy and Emissions: Aggregation Issues[J]. Economic Systems Research,34(1): 177-188.

Su B, Ang B W, 2014. Input-output analysis of CO_2 emissions embodied in trade: a multi-region model for China[J]. Applied Energy,114: 377-384.

Suh S, Lenzen M, Treloar G J, et al, 2004. System boundary selection in life-cycle inventories using hybrid approaches [J]. Environmental science & technology, 38(3): 657-664.

Suh S, Huppes G, 2005. Methods for life cycle inventory of a product[J]. Journal of cleaner production,13(7): 687-697.

Takahashi K,Nansai K,Tohno S,et al.,2014,Production-based emissions,consumption-based emissions and consumption-based health impacts of $PM_{2.5}$ carbonaceous aerosols in Asia[J]. Atmospheric environment,97: 406-415.

Tang X, Liu Z, Yi H, 2016. Mandatory targets and environmental performance: An analysis based on regression discontinuity design[J]. Sustainability,8(9): 931.

The White House, 2018. Remarks by President Trump at Signing of a Presidential Memorandum Targeting China's Economic Aggression.

Tian X,Chang M,Lin C,et al.,2014. China's carbon footprint: a regional perspective on the effect of transitions in consumption and production patterns[J]. Applied energy, 123: 19-28.

Torras M, Boyce J K, 1998. Income, inequality, and pollution: a reassessment of the environmental Kuznets curve[J]. Ecological economics,25(2): 147-160.

Tukker A, Jansen B, 2006. Environmental impacts of products: A detailed review of studies[J]. Journal of Industrial Ecology,10(3): 159-182.

Tukker A,Cohen M J, Hubacek K,et al.,2010. The impacts of household consumption and options for change[J]. Journal of Industrial Ecology,14(1): 13-30.

Turner R K,Fisher B,2008. Environmental Economics: To the rich man the spoils[J]. Nature,451(7182): 1067.

UNFCCC, 1992. United Nations General Assembly, United Nations Framework Convention on Climate Change[R]. New York,the United States.

Wachsmann U,Wood R,Lenzen M,et al,2009. Structural decomposition of energy use in Brazil from 1970 to 1996[J]. Applied Energy,86(4): 578-587.

Wang F,Liu B,Zhang B,2017. Embodied environmental damage in interregional trade: A MRIO-based assessment within China[J]. Journal of Cleaner Production,140: 1236-1246.

Wang Z, Wei S J, Yu X, et al., 2017. Measures of participation in global value chains and global business cycles[R]. National Bureau of Economic Research.

Wang Z, Li Y, Cai H, et al., 2018. Comparative analysis of regional carbon emissions accounting methods in China: Production-based versus consumption-based principles[J]. Journal of Cleaner Production, 194: 12-22.

Ward J, Sammon P, Dundas Guy, et al., 2015. Carbon Leakage: Theory, Evidence and Policy Design[R]. World Bank Report.

Weber C, Perrels A, 2000. Modelling lifestyle effects on energy demand and related emissions[J]. Energy Policy, 28(8): 549-566.

Weber C L, Matthews H S, 2008. Quantifying the global and distributional aspects of American household carbon footprint[J]. Ecological economics, 66(2-3): 379-391

Wei Y M, Liu L C, Fan Y, et al., 2007. The impact of lifestyle on energy use and CO_2 emission: An empirical analysis of China's residents[J]. Energy policy, 35(1): 247-257.

Wiedenhofer D, Guan D, Liu Z, et al., 2016. Unequal household carbon footprints in China [J]. Nature Climate Change, 7(1): 75-80.

Wiedmann T, Lenzen M, Turner K, et al., 2007. Examining the global environmental impact of regional consumption activities-Part 2: Review of input-output models for the assessment of environmental impacts embodied in trade [J]. Ecological economics, 61(1): 15-26.

Wiedmann T, 2009. A review of recent multi-region input-output models used for consumption-based emission and resource accounting[J]. Ecological Economics. 69, 211-222.

Wiedmann T, Wilting H C, Lenzen M, et al., 2011. Quo Vadis MRIO? Methodological, data and institutional requirements for multi-region input-output analysis [J]. Ecological Economics, 70(11): 1937-1945.

Wier M, Lenzen M, Munksgaard J, et al., 2001. Effects of household consumption patterns on CO_2 requirements[J]. Economic Systems Research, 13(3): 259-274.

Wilson J, Tyedmers P, Spinney J E L, 2013. An exploration of the relationship between socioeconomic and well - being variables and household greenhouse gas emissions [J]. Journal of Industrial Ecology, 17(6): 880-891.

Winchester N, 2011. The impact of border carbon adjustments under alternative producer responses[J]. American Journal of Agricultural Economics, 94(2): 354-359.

Winkler H, Jayaraman T, Pan J, et al., 2011. Equitable access to sustainable development: Contribution to the body of scientific knowledge a paper by experts from basic countries.

Wolde-Rufael Y, Idowu S, 2017. Income distribution and CO_2 emission: a comparative analysis for China and India[J]. Renewable & Sustainable Energy Reviews, 74:

1336-1345.

Wu S, Zheng X, Wei C, 2017. Measurement of inequality using household energy consumption data in rural China. Nature Energy,2(10)：795.

Xu X, Han L, Lv X, 2016. Household carbon inequality in urban China, its sources and determinants[J]. Ecological Economics,128：77-86.

Yang Z, Fan Y, Zheng S, 2016. Determinants of household carbon emissions：Pathway toward eco-community in Beijing[J]. Habitat International,57：175-186.

Yang T, Liu W, 2017. Inequality of household carbon emissions and its influencing factors：Case study of urban China[J]. Habitat International,70：61-71.

Yu B, Zhang J, Fujiwara A, 2011. Representing in-home and out-of-home energy consumption behavior in Beijing[J]. Energy Policy,39(7)：4168-4177.

Yu Y, Feng K, Hubacek K, 2014. China's unequal ecological exchange[J]. Ecological Indicators,47(47)：156-163.

Yuan X, Zuo J, 2011. Transition to low carbon energy policies in China-from the Five-Year Plan perspective[J]. Energy policy,39(6)：3855-3859.

Zhifu Mi, Jing Meng, Dabo Guan, et al., 2017. Chinese CO_2 emission flows have reversed since the global financial crisis [J]. Nature Communications, 8：1712. DOI：10.1038/s41467-017-01820-w.

Zhang W, Liu Y, Feng K, et al., 2018a. Revealing Environmental Inequality Hidden in China's Inter-Regional Trade. [J]. Environmental Science & Technology,52(13).

Zhang W, Wang F, Hubacek K, et al., 2018b. Unequal exchange of air pollution and economic benefits embodied in China's exports [J]. Environmental Science & Technology,52(7)：3888.

Zhang C, Zhao W, 2014. Panel estimation for income inequality and CO_2 emissions：A regional analysis in China[J]. Applied Energy,136(C)：382-392.

Zhang Y, Zhang J, Yang Z, et al, 2011. Regional differences in the factors that influence China's energy-related carbon emissions, and potential mitigation strategies[J]. Energy Policy,39(12)：7712-7718.

Zhang Y J, Bian X J, Tan W, et al., 2017. The indirect energy consumption and CO_2 emission caused by household consumption in China：an analysis based on the input-output method[J]. Journal of Cleaner Production,163：69-83

Zhao H Y, Zhang Q, Guan D B, et al., 2015. Assessment of China's virtual air pollution transport embodied in trade by using a consumption-based emission inventory[J]. Atmospheric Chemistry and Physics,15(10)：5443-5456.

Zheng Y, Zheng H, Ye X, 2016. Using Machine Learning in Environmental Tax Reform Assessment for Sustainable Development：A Case Study of Hubei Province, China [J]. Sustainability,8(11)：1124.

Zhu J, Ruth M, 2015. Relocation or reallocation：Impacts of differentiated energy saving regulation on manufacturing industries in China[J]. Ecological Economics, 110: 119-133.

Zhu J, Chertow M R, 2016. Authoritarian but responsive: Local regulation of industrial energy efficiency in Jiangsu, China[J]. Regulation & Governance.

Zhu Q, Peng X, Wu K, 2012. Calculation and decomposition of indirect carbon emissions from residential consumption in China based on the input-output model[J]. Energy Policy, 48: 618-626.

Zou L, Xue J, Fox A, et al., 2018. The Emissions Reduction Effect And Economic Impact of an Energy Tax Vs. A Carbon Tax In China: A Dynamic CGE Model Analysis [J]. The Singapore Economic Review, 63(2): 339-387.

阿玛蒂亚·森, 2001. 贫困与饥荒——论权利与剥夺[M]. 王宇, 王文玉, 译. 北京: 商务印书馆.

陈健鹏, 2012a. 温室气体减排政策: 国际经验及对中国的启示——基于政策工具演进的视角[J]. 中国人口·资源与环境, 22(9): 26-32.

陈健鹏, 2012b. 温室气体减排政策工具应用的国际经验及启示——基于政策工具演进的视角[J]. 发展研究, (1): 27-32.

陈文颖, 吴宗鑫, 何建坤, 2005. 全球未来碳排放权"两个趋同"的分配方法[J]. 清华大学学报(自然科学版), (6): 850-853, 857.

陈迎, 潘家华, 谢来辉, 2008. 中国外贸进出口商品中的内涵能源及其政策含义[J]. 经济研究, (7): 11-25.

代迪尔, 2013. 产业转移, 环境规制与碳排放[D]. 长沙: 湖南大学.

戴亦欣, 2014. 应对气候变化的技术管理风险研究[M]//薛澜, 等. 应对气候变化的风险治理. 北京: 科学出版社: 254-305.

戴嵘, 曹建华, 2015. 碳排放规制、国际产业转移与污染避难所效应——基于 45 个发达及发展中国家面板数据的经验研究[J]. 经济问题探索, (11): 145-151.

丁仲礼, 2010. 对中国 2020 年, CO_2 减排目标的粗略分析[J]. 能源与节能, (3): 1-5.

丁仲礼, 段晓男, 葛全胜, 等, 2009a. 2050 年大气 CO_2 浓度控制——各国排放权计算[J]. 中国科学(D辑: 地球科学), 39(8): 1009-1027.

丁仲礼, 段晓男, 葛全胜, 等, 2009b. 国际温室气体减排方案评估及中国长期排放权讨论[J]. 中国科学(D辑: 地球科学), 39(12): 1659-1671.

段茂盛, 2018a. 全国碳排放权交易体系与节能和可再生能源政策的协调[J]. 环境经济研究, (2): 1-10.

段茂盛, 2018b. 我国碳市场的发展现状与未来挑战[N]. 中国财经报, 2018-03-24(2).

樊纲, 苏铭, 曹静, 2010. 最终消费与碳减排责任的经济学分析[J]. 经济研究, 45(1): 4-14, 64.

樊杰, 李平星, 梁育填, 2010. 个人终端消费导向的碳足迹研究框架——支撑我国环境外交的碳排放研究新思路[J]. 地球科学进展, 25(1): 61-68.

冯蕊, 陈胜男, 2010. 居民生活消费碳排放估算方法分析比较[J]. 环境保护与循环经济,

30(9)：61-65.

国际能源署,2017.世界能源展望 2017 中国特别报告[R].

国务院发展研究中心课题组,刘世锦,张永生,2009.全球温室气体减排：理论框架和解决方案[J].经济研究,44(3)：4-13.

国务院发展研究中心课题组,张玉台,刘世锦,等,2011.二氧化碳国别排放账户：应对气候变化和实现绿色增长的治理框架[J].经济研究,46(12)：4-17,31.

郭子琪,温湖炜,2015.产业结构调整背景下的中国环境不平等[J].中国人口·资源与环境,(s1)：130-134.

何建坤,刘滨,陈文颖,2004.有关全球气候变化问题上的公平性分析[J].中国人口·资源与环境,(6)：14-17.

何建坤,2012.全球绿色低碳发展与公平的国际制度建设[J].中国人口·资源与环境,22(5)：15-21.

胡鞍钢,管清友,2008a.中国应对全球气候变化的四大可行性[J].清华大学学报：哲学社会科学版,(6)：94-95.

胡鞍钢,管清友,2008b.应对全球气候变化：中国的贡献——兼评托尼·布莱尔《打破气候变化僵局：低碳未来的全球协议》报告[J].当代亚太,(4).

胡鞍钢,管清友,2012.中国应对全球气候变化的四大可行性[C]// 国情报告(第十一卷 2008 年：上).北京：社会科学文献出版社.

黄芳,江可申,2013.我国居民生活消费碳排放的动态特征及影响因素分析[J].系统工程,(1)：52-60.

金艳鸣,雷明,黄涛,2007.环境税收对区域经济环境影响的差异性分析[J].经济科学,29(3)：104-112.

况丹,2014."碳交易-碳税"政策选择对中国经济和碳减排的影响[D].重庆：重庆大学.

李国志,李宗植,2010.中国二氧化碳排放的区域差异和影响因素研究[J].中国人口·资源与环境,20(5)：22-27.

李齐云,商凯,2009.二氧化碳排放的影响因素分析与碳税减排政策设计[J].财政研究,(10)：41-44.

李善同,齐舒畅,何建武,2016.2007 年中国地区扩展投入产出表：编制与应用[M].北京：经济科学出版社.

林伯强,蒋竺均,2009.中国二氧化碳的环境库兹涅茨曲线预测及影响因素分析[J].管理世界,187(4)：27-36.

林伯强,刘希颖,2010.中国城市化阶段的碳排放：影响因素和减排策略[J].经济研究,(8)：66-78.

刘海英,王钰,刘松灵,2017.命令控制与碳排放权可交易环境政策模拟下的减排效应[J].吉林大学社会科学学报,(2)：57-67.

刘莉娜,曲建升,邱巨龙,等,2012.1995—2010 年居民家庭生活消费碳排放轨迹[J].开发研究,161(4)：117-121.

刘卫东,2012.中国 2007 年 30 省区市区域间投入产出表编制理论与实践[M].北京：

中国统计出版社.

刘晓,2016.基于公平与发展的中国省区碳排放配额分配研究[J].系统工程,(2)：64-69.

刘晔,张训常,2017.碳排放交易制度与企业研发创新——基于三重差分模型的实证研究[J].经济科学,(3)：102-114.

刘玉萍,2010.中国地区碳排放不平等与节能减排政策选择——基于碳洛仑兹曲线的分析[C].环境污染与大众健康学术会议.

陆森菁,陈红敏,2013.碳排放不公平性研究综述[J].资源科学,35(8)：1617-1624.

马述忠,黄东升,2011.基于MRIO模型的碳足迹跨国比较研究[J].浙江大学学报：人文社会科学版,41(4)：5-15.

梅赐琪,刘志林,2012.行政问责与政策行为从众："十一五"节能目标实施进度地区间差异考察[J].中国人口·资源与环境,22(12)：127-134.

孟渤,高宇宁,2017.全球价值链、中国经济增长与碳排放[M].北京：社会科学文献出版社.

聂鑫蕊,刘晶茹,杨建新,等,2014.中国各省区城乡居民消费碳足迹格局研究[J].中国科学院大学学报,31(4)：477-483.

潘家华,朱仙丽,2006.人文发展的基本需要分析及其在国际气候制度设计中的应用——以中国能源与碳排放需要为例[J].中国人口·资源与环境,(6)：23-30.

潘家华,郑艳,2008.碳排放与发展权益[J].世界环境,(4)：68-71.

潘家华,陈迎,2009.碳预算方案：一个公平、可持续的国际气候制度框架[J].中国社会科学,(5)：83-98.

潘家华,张丽峰,2011.我国碳生产率区域差异性研究[J].中国工业经济,(5)：47-57.

潘家华,2018.从诺德豪斯获诺奖看经济学人的气候变化研究之道[N].中国社会科学网：中国社会科学报,2018-11-02.

潘文卿,2015.碳税对中国产业与地区竞争力的影响：基于CO_2排放责任的视角[J].数量经济技术经济研究,32(6)：3-20.

庞军,2008.国内外节能减排政策研究综述[J].生态经济：中文版,(9)：136-138.

齐绍洲,柯维,尹磊,2017.国际海运碳交易政策影响大宗商品国际贸易机制研究——以中国铁矿石贸易为例[J].财贸研究,28(5)：22-32.

齐晔,李惠民,徐明,2008.中国进出口贸易中的隐含碳估算[J].中国人口·资源与环境,18(3)：8-13.

齐志新,陈文颖,吴宗鑫,2007.工业轻重结构变化对能源消费的影响[J].中国工业经济,(5)：8-14.

申萌,2016.强规制节能减排政策的经济影响：来自高耗能企业的微观证据[J].经济社会体制比较,(3)：61-70.

沈晓骅,2015.消费碳排放区域不平等的测度及影响因素分解研究[D].杭州：浙江财经大学.

石敏俊,王妍,张卓颖,等,2012.中国各省区碳足迹与碳排放空间转移[J].地理学报,

67(10)：1327-1338.

石敏俊,张卓颖,2012.中国省区间投入产出模型与区际经济联系[M].北京：科学出版社.

石敏俊,袁永娜,周晟吕,等,2013.碳减排政策：碳税、碳交易还是两者兼之？[J].管理科学学报,16(9)：9-19.

汤维祺,吴力波,钱浩祺,2016.从"污染天堂"到绿色增长——区域间高耗能产业转移的调控机制研究[J].经济研究,(6)：58-70.

唐啸,周绍杰,刘源浩,等,2017.加大行政奖惩力度是中国环境绩效改善的主要原因吗？[J].中国人口·资源与环境,27(9)：83-92.

王迪,聂锐,王胜洲,2012.中国二氧化碳排放区域不平等的测度与分解——基于人际公平的视角[J].科学学研究,30(11)：1662-1670.

王佳,2012.中国地区碳不平等：测度及影响因素[D].重庆：重庆大学.

王军,2014.生产和消费共同承担原则下区域碳减排责任分配研究[D].天津：天津大学.

王倩,高翠云,2016.公平和效率维度下中国省际碳权分配原则分析[J].中国人口·资源与环境,26(7)：53-61.

王琴,曲建升,2012.1999—2009年我国不同收入水平下的碳排放差异分析[J].生态环境学报,21(4)：635-640.

王淑芳,2005.碳税对我国的影响及其政策响应[J].生态经济：中文版,(10)：66-69.

王文军,庄贵阳,2012.碳排放权分配与国际气候谈判中的气候公平诉求[J].外交评论(外交学院学报),29(1)：72-84.

王翊,黄余,2011.公平与不确定性：全球碳排放分配的关键问题[J].中国人口·资源与环境,136(s2)：271-275.

吴玉鸣,2015.中国省域碳排放异质性趋同及其决定因素研究——基于变参数面板数据计量经济模型的实证[J].商业经济与管理,(8)：66-74.

熊灵,齐绍洲,沈波,2016.中国碳交易试点配额分配的机制特征、设计问题与改进对策[J].武汉大学学报(哲学社会科学版),69(3)：56-64.

薛澜,2014.应对气候变化的风险治理[M].北京：科学出版社.

姚亮,刘晶茹,王如松,等,2013.基于多区域投入产出(MRIO)的中国区域居民消费碳足迹分析[J].环境科学学报,33(7)：2050-2058.

查冬兰,周德群,2007.地区能源效率与二氧化碳排放的差异性——基于Kaya因素分解[J].系统工程,25(11)：65-71.

张国兴,张振华,管欣,等,2017.我国节能减排政策的措施与目标协同有效吗？——基于1052条节能减排政策的研究[J].管理科学学报,20(3)：161-181.

张韧,2014.中国城镇居民嵌入式碳足迹的测算及影响因素研究[D].合肥：中国科学技术大学.

张田田,2017.城镇化进程中家庭碳排放变化趋势、驱动因素和减排对策[D].杭州：浙江大学.

张志勋,2012.论我国碳排放权交易体系的构建[J].企业经济,(6):178-181.

赵鹏飞,2018.我国低碳经济目标下政府政策工具选择研究[J].价格理论与实践,(3):55-58.

赵玉焕,白佳,2015.基于 MRIO 模型的中国区域间贸易隐含碳研究[J].中国能源,37(9):32-38.

赵忠秀,闫云凤,裴建锁,2018.生产分割、区域间贸易与 CO_2 排放:基于 IRIO 模型的研究[J].管理评论,30(5):47-57.

郑佳佳,2014.区际 CO_2 排放不平等性及与收入差距的关系研究——基于中国省际数据的分析[J].科学学研究,32(2):218-225.

中国气候变化国别研究组,2000.中国气候变化国别研究[M].北京:清华大学出版社.

周茂荣,谭秀杰,2012.国外关于贸易碳排放责任划分问题的研究评述[J].国际贸易问题,(6):104-113.

庄贵阳,陈迎,2006.国际气候制度与中国[M].北京:世界知识出版社.

附　　录

附录 A　名 词 解 释

一、投入产出模型

投入产出模型：Input-Output Model，用于分析国民经济活动中投入与产出之间数量依存关系的一种经济数学模型。

多区域投入产出模型：Multiregional Input-Output Model，能够反映多个地区之间的投入与产出关系的一种经济数学模型。

二区域投入产出模型：Two-Regional Input-Output Model，是多区域投入产出模型的一个变形，将关注地区以外的其他全部地区加总简并成为"其他地区"，反映两个区域之间投入与产出关系的一种经济数学模型。

环境拓展投入产出模型：Environmentally Extended Input-Output Model，通过结合投入产出模型和环境矩阵，如能源消耗矩阵、碳排放强度矩阵，实现讨论环境领域投入产出关系的数学模型。

生活方式分析法：Consumer Lifestyle Approach，一种消费者导向的综合核算能源消费和碳排放量的方法，通过将与生活方式相关联的居民家庭消费支出数据匹配单位支出的能源消费或碳排放，来实现能源消费和碳排放估计。

二、碳排放

碳排放：Carbon Emissions，人类的任何活动都可能造成碳排放，指二氧化碳排放量。

碳足迹：Carbon Footprint，指企业或居民通过交通运输、食品生产和消费以及各类生产生活过程等引起的碳排放总和，即"碳耗用量"。

直接碳排放：Direct Carbon Emissions，直接燃烧燃料产生的碳排放，如烹饪、取暖等过程中伴随的碳排放。直接碳排放的生产和消费在同一个地区内部。

间接碳排放：Indirect Carbon Emissions，一个地区通过消费已经生产好的产品，引起这些产品生产地区的碳排放，称为为间接碳排放。

基于地理边界的碳排放：Territorial-Based Emissions，实际发生在一个地区地理边界内部的碳排放，通常而言就是各地区基于生产的碳排放加上居民生活的直接碳排放。

基于生产的碳排放：Production-Based Emissions，从生产者的角度出发，核算一个主体在生产过程中所产生的碳排放。

基于消费的碳排放：Consumption-Based Emissions，从消费者的角度出发，核算一个主体所消费的产品所包含的全部碳排放。

净转嫁碳排放：Net Transferred Carbon Emissions，一个地区转嫁到其他地区的碳排放减去被其他地区转嫁过来的碳排放，称为净转嫁碳排放。

碳排放顺差：Carbon Emissions Surplus，碳排放顺差与净转嫁碳排放涵义相近，当净转嫁碳排放大于 0 时，称为存在碳排放顺差。

碳排放逆差：Carbon Emission Deficit，碳排放逆差与净被转嫁碳排放涵义相近，当净转嫁碳排放小于 0 时，称为存在碳排放逆差。

三、政策

强制减排目标：Mandatory Targets，中国在五年规划期间，如"十一五"期间、"十二五"期间分别针对各省份设立了单位 GDP 能源强度降低率的目标，即强制减排目标。

碳排放权交易制度：Carbon Emission Trading Scheme，碳排放权交易制度是一个基于碳排放配额的减排机制，其核心是"总量控制，配额交易"(Cap & Trade)，主要包括两个步骤。第 1 步是设立碳排放限额(Cap)，并将该限额分配给交易机制的参与者。第 2 步是配额交易(Trade)，通过节约碳排放而产生盈余配额的参与者可以将这部分配额在碳排放交易市场中出售，获得经济利益。

碳配额：Carbon Allowance，在碳排放交易制度下，企业会先取得一定时期内"合法"的温室气体排放量，这个"合法"的排放量即为配额。

碳泄露：Carbon Leakage，指由于当地严格的减排政策，企业将其生产转移到减排措施更宽松的地区，从而导致另一个地区碳排放上升的现象。

排污避难所：Pollution Haven，严格的环境法规抬高了企业的成本，而大量欠发达地区往往没有那么严格的环境法规，同时拥有廉价的劳动力和资源，使得这些地区成为高污染企业的"避难所"。

四、方法

双重差分模型：Difference-in-Differences(DID)，基于反事实分析对公共政策或项目实施效果的定量评估方法。

三重差分模型：Difference-in-Difference-in-Differences(DDD)，基于反事实分析对公共政策或项目实施效果的定量评估方法。

附录 B　全国地区划分与省份对照关系

附表 B　全国各省份与投入产出表中八地区划分对应关系

序号	省　　份	简　　写	地　区
1	北京市	BJ	京津
2	天津市	TJ	京津
3	河北省	HE	北部沿海
4	山西省	SX	中部
5	内蒙古自治区	NM	西北
6	辽宁省	LN	东北
7	吉林省	JL	东北
8	黑龙江省	HL	东北
9	上海市	SH	东部沿海
10	江苏省	JS	东部沿海
11	浙江省	ZJ	东部沿海
12	安徽省	AH	中部
13	福建省	FJ	南部沿海
14	江西省	JX	中部
15	山东省	SD	北部沿海
16	河南省	HA	中部
17	湖北省	HB	中部
18	湖南省	HN	中部
19	广东省	GD	南部沿海
20	广西壮族自治区	GX	西南
21	海南省	HI	南部沿海
22	重庆市	CQ	西南
23	四川省	SC	西南
24	贵州省	GZ	西南
25	云南省	YN	西南
26	陕西省	SN	西北
27	甘肃省	GS	西北
28	青海省	QH	西北
29	宁夏回族自治区	NX	西北
30	新疆维吾尔自治区	XJ	西北

附录 C 产业部门分类对照表

附表 C1 2012 年地区间投入产出表 30 部门归并为 17 部门对照表（MRIO）

	2012 年地区间投入产出表		17 部门归并
1	Agriculture	1	农业
2	Coal mining	2	采选业
3	Petroleum & gas	2	采选业
4	Metal mining	2	采选业
5	Nonmetal mining	2	采选业
6	Food processing & tobaccos	3	食品制造及烟草加工业
7	Textile	4	纺织服装业
8	Clothing,leather,fur,etc.	4	纺织服装业
9	Wood processing & furnishing	5	木材加工及家具制造业
10	Paper making,printing,stationery	6	造纸印刷及文教用品制造业
11	Petroleum refining,coking,etc.	7	化学工业
12	Chemical industry	7	化学工业
13	Nonmetal products	8	非金属矿物制品业
14	Metallurgy	9	金属冶炼及制品业
15	Metal products	9	金属冶炼及制品业
16	General & specialist machinery	10	机械工业
17	Transport equipment	11	交通运输设备制造业
18	Electrical equipment	12	电气机械及电子通信设备制造业
19	Electronic equipment	12	电气机械及电子通信设备制造业
20	Instrument & meter	13	其他制造业
21	Other manufacturing	13	其他制造业
22	Electricity & hot water pro & supply	14	电力热力煤气自来水生产供应业
23	Gas & water production pro & supply	14	电力热力煤气自来水生产供应业
24	Construction	15	建筑业
25	Transport & storage	16	商业、运输业
26	Wholesale & retailing	16	商业、运输业
27	Hotel & restaurant	17	其他服务业
28	Leasing & commercial services	17	其他服务业
29	Scientific research	17	其他服务业
30	Other services	17	其他服务业

附表 C2　CEADs 碳排放数据 45 部门归并为 17 部门对照表（MRIO）

	CEADs 碳排放数据		17 部门归并
1	Farming，Forestry，Animal Husb &. ry，Fishery &. Water Conservancy	1	农业
2	Coal Mining &. Dressing	2	采选业
3	Petroleum &. Natural Gas Extraction	2	采选业
4	Ferrous Metals Mining &. Dressing	2	采选业
5	Nonferrous Metals Mining &. Dressing	2	采选业
6	Nonmetal Minerals Mining &. Dressing	2	采选业
7	Other Minerals Mining &. Dressing	2	采选业
8	Logging &. Transport of Wood &. Bamboo	5	木材加工及家具制造业
9	Food Processing	3	食品制造及烟草加工业
10	Food Production	3	食品制造及烟草加工业
11	Beverage Production	3	食品制造及烟草加工业
12	Tobacco Processing	3	食品制造及烟草加工业
13	Textile Industry	4	纺织服装业
14	Garments &. Other Fiber Products	4	纺织服装业
15	Leather，Furs，Down &. Related Products	4	纺织服装业
16	Timber Processing，Bamboo，Cane，Palm Fiber &. Straw Products	5	木材加工及家具制造业
17	Furniture Manufacturing	5	木材加工及家具制造业
18	Papermaking &. Paper Products	6	造纸印刷及文教用品制造业
19	Printing &. Record Medium Reproduction	6	造纸印刷及文教用品制造业
20	Cultural，Educational &. Sports Articles	6	造纸印刷及文教用品制造业
21	Petroleum Processing &. Coking	7	化学工业
22	Raw Chemical Materials &. Chemical Products	7	化学工业
23	Medical &. Pharmaceutical Products	7	化学工业
24	Chemical Fiber	7	化学工业
25	Rubber Products	7	化学工业
26	Plastic Products	7	化学工业
27	Nonmetal Mineral Products	8	非金属矿物制品业
28	Smelting &. Pressing of Ferrous Metals	9	金属冶炼及制品业
29	Smelting &. Pressing of Nonferrous Metals	9	金属冶炼及制品业
30	Metal Products	9	金属冶炼及制品业
31	Ordinary Machinery	10	机械工业
32	Equipment for Special Purposes	10	机械工业
33	Transportation Equipment	11	交通运输设备制造业

续表

	CEADs 碳排放数据		17 部门归并
34	Electric Equipment & Machinery	12	电气机械及电子通信设备制造业
35	Electronic & Telecommunications Equipment	12	电气机械及电子通信设备制造业
36	Instruments, Meters, Cultural & Office Machinery	13	其他制造业
37	Other Manufacturing Industry	13	其他制造业
38	Scrap & waste	13	其他制造业
39	Production & Supply of Electric Power, Steam & Hot Water	14	电力热力煤气自来水生产供应业
40	Production & Supply of Gas	14	电力热力煤气自来水生产供应业
41	Production & Supply of Tap Water	14	电力热力煤气自来水生产供应业
42	Construction	15	建筑业
43	Transportation, Storage, Post & Telecommunication Services	16	商业、运输业
44	Wholesale, Retail Trade & Catering Services	16	商业、运输业
45	Others	17	其他服务业

附表 C3　2002 年投入产出表 42 部门归并为 28 部门对照表(TRIO)

	2002 年投入产出表		28 部门归并
1	农业	1	农业
2	煤炭开采和洗选业	2	煤炭开采和洗选业
3	石油和天然气开采业	3	石油和天然气开采业
4	金属矿采选业	4	金属矿采选业
5	非金属矿采选业	5	非金属矿采选业
6	食品制造及烟草加工业	6	食品制造及烟草加工业
7	纺织业	7	纺织业
8	服装皮革羽绒及其制品业	8	服装皮革羽绒及其制品业
9	木材加工及家具制造业	9	木材加工及家具制造业
10	造纸印刷及文教用品制造业	10	造纸印刷及文教用品制造业
11	石油加工、炼焦及核燃料加工业	11	石油加工、炼焦及核燃料加工业
12	化学工业	12	化学工业
13	非金属矿物制品业	13	非金属矿物制品业
14	金属冶炼及压延加工业	14	金属冶炼及压延加工业
15	金属制品业	15	金属制品业
16	通用、专用设备制造业	16	通用、专用设备制造业

续表

	2002 年投入产出表		28 部门归并
17	交通运输设备制造业	17	交通运输设备制造业
18	电气、机械及器材制造业	18	电气、机械及器材制造业
19	通信计算机其他电子设备制造业	19	通信计算机其他电子设备制造业
20	仪器仪表及文化办公用机械制造	20	仪器仪表及文化办公用机械制造
21	其他制造业	21	其他制造业、废品废料
22	废品废料	21	其他制造业、废品废料
23	电力、热力的生产和供应业	22	电力、热力的生产和供应业
24	燃气生产和供应业	23	燃气生产和供应业
25	水的生产和供应业	24	水的生产和供应业
26	建筑业	25	建筑业
27	交通运输及仓储业	26	交运储邮、信息传输计算机服务
28	邮政业	26	交运储邮、信息传输计算机服务
29	信息传输、计算机服务和软件业	26	交运储邮、信息传输计算机服务
30	批发和零售贸易业	27	批发和零售业
31	住宿和餐饮业	28	其他服务业
32	金融保险业	28	其他服务业
33	房地产业	28	其他服务业
34	租赁和商务服务业	28	其他服务业
35	旅游业	28	其他服务业
36	科学研究事业	28	其他服务业
37	综合技术服务业	28	其他服务业
38	其他社会服务业	28	其他服务业
39	教育事业	28	其他服务业
40	卫生、社会保障和社会福利业	28	其他服务业
41	文化、体育和娱乐业	28	其他服务业
42	公共管理和社会组织	28	其他服务业

附表 C4　2007 年投入产出表 42 部门归并为 28 部门对照表（TRIO）

	2007 年投入产出表		28 部门归并
1	农业	1	农业
2	煤炭开采和洗选业	2	煤炭开采和洗选业
3	石油和天然气开采业	3	石油和天然气开采业
4	金属矿采选业	4	金属矿采选业
5	非金属矿采选业	5	非金属矿采选业
6	食品制造及烟草加工业	6	食品制造及烟草加工业

续表

	2007 年投入产出表		28 部门归并
7	纺织业	7	纺织业
8	服装皮革羽绒及其制品业	8	服装皮革羽绒及其制品业
9	木材加工及家具制造业	9	木材加工及家具制造业
10	造纸印刷及文教用品制造业	10	造纸印刷及文教用品制造业
11	石油加工、炼焦及核燃料加工业	11	石油加工、炼焦及核燃料加工业
12	化学工业	12	化学工业
13	非金属矿物制品业	13	非金属矿物制品业
14	金属冶炼及压延加工业	14	金属冶炼及压延加工业
15	金属制品业	15	金属制品业
16	通用、专用设备制造业	16	通用、专用设备制造业
17	交通运输设备制造业	17	交通运输设备制造业
18	电气、机械及器材制造业	18	电气、机械及器材制造业
19	通信计算机其他电子设备制造业	19	通信计算机其他电子设备制造业
20	仪器仪表及文化办公用机械制造	20	仪器仪表及文化办公用机械制造
21	其他制造业	21	其他制造业、废品废料
22	废品废料	21	其他制造业、废品废料
23	电力、热力的生产和供应业	22	电力、热力的生产和供应业
24	燃气生产和供应业	23	燃气生产和供应业
25	水的生产和供应业	24	水的生产和供应业
26	建筑业	25	建筑业
27	交通运输及仓储业	26	交运储邮、信息传输计算机服务
28	邮政业	26	交运储邮、信息传输计算机服务
29	信息传输、计算机服务和软件业	26	交运储邮、信息传输计算机服务
30	批发和零售贸易业	27	批发和零售业
31	住宿和餐饮业	28	其他服务业
32	金融业	28	其他服务业
33	房地产业	28	其他服务业
34	租赁和商务服务业	28	其他服务业
35	研究与试验发展业	28	其他服务业
36	综合技术服务业	28	其他服务业
37	水利、环境和公共设施管理业	28	其他服务业
38	居民服务和其他服务业	28	其他服务业
39	教育	28	其他服务业
40	卫生、社会保障和社会福利业	28	其他服务业
41	文化、体育和娱乐业	28	其他服务业
42	公共管理和社会组织	28	其他服务业

附表 C5　2012 年投入产出表 42 部门归并为 28 部门对照表（TRIO）

	2012 年投入产出表		28 部门归并
1	农林牧渔产品和服务	1	农业
2	煤炭采选产品	2	煤炭开采和洗选业
3	石油和天然气开采产品	3	石油和天然气开采业
4	金属矿采选产品	4	金属矿采选业
5	非金属矿和其他矿采选产品	5	非金属矿采选业
6	食品和烟草	6	食品制造及烟草加工业
7	纺织品	7	纺织业
8	纺织服装鞋帽皮革羽绒及其制品	8	服装皮革羽绒及其制品业
9	木材加工品和家具	9	木材加工及家具制造业
10	造纸印刷和文教体育用品	10	造纸印刷及文教用品制造业
11	石油、炼焦产品和核燃料加工品	11	石油加工、炼焦及核燃料加工业
12	化学产品	12	化学工业
13	非金属矿物制品	13	非金属矿物制品业
14	金属冶炼和压延加工品	14	金属冶炼及压延加工业
15	金属制品	15	金属制品业
16	通用设备	16	通用、专用设备制造业
17	专用设备	16	通用、专用设备制造业
18	交通运输设备	17	交通运输设备制造业
19	电气机械和器材	18	电气、机械及器材制造业
20	通信设备、计算机和其他电子设备	19	通信计算机其他电子设备制造业
21	仪器仪表	20	仪器仪表及文化办公用机械制造
22	其他制造产品	21	其他制造业、废品废料
23	废品废料	21	其他制造业、废品废料
24	金属制品、机械和设备修理服务	16	通用、专用设备制造业
25	电力、热力的生产和供应	22	电力、热力的生产和供应业
26	燃气生产和供应	23	燃气生产和供应业
27	水的生产和供应	24	水的生产和供应业
28	建筑	25	建筑业
29	批发和零售	27	批发和零售业
30	交通运输、仓储和邮政	26	交运储邮、信息传输计算机服务
31	住宿和餐饮	28	其他服务业
32	信息传输、软件和信息技术服务	26	交运储邮、信息传输计算机服务

续表

	2012 年投入产出表		28 部门归并
33	金融	28	其他服务业
34	房地产	28	其他服务业
35	租赁和商务服务	28	其他服务业
36	科学研究和技术服务	28	其他服务业
37	水利、环境和公共设施管理	28	其他服务业
38	居民服务、修理和其他服务	28	其他服务业
39	教育	28	其他服务业
40	卫生和社会工作	28	其他服务业
41	文化、体育和娱乐	28	其他服务业
42	公共管理、社会保障和社会组织	28	其他服务业

附表 C6　CEADs 碳排放数据 45 部门归并为 28 部门对照表（TRIO）

	CEADs 碳排放数据		28 部门归并
1	Farming, Forestry, Animal Husb & ry, Fishery & Water Conservancy	1	农业
2	Coal Mining & Dressing	2	煤炭开采和洗选业
3	Petroleum & Natural Gas Extraction	3	石油和天然气开采业
4	Ferrous Metals Mining & Dressing	4	金属矿采选业
5	Nonferrous Metals Mining & Dressing	4	金属矿采选业
6	Nonmetal Minerals Mining & Dressing	5	非金属矿采选业
7	Other Minerals Mining & Dressing	5	非金属矿采选业
8	Logging & Transport of Wood & Bamboo	9	木材加工及家具制造业
9	Food Processing	6	食品制造及烟草加工业
10	Food Production	6	食品制造及烟草加工业
11	Beverage Production	6	食品制造及烟草加工业
12	Tobacco Processing	6	食品制造及烟草加工业
13	Textile Industry	7	纺织业
14	Garments & Other Fiber Products	8	服装皮革羽绒及其制品业
15	Leather, Furs, Down & Related Products	8	服装皮革羽绒及其制品业
16	Timber Processing, Bamboo, Cane, Palm Fiber & Straw Products	9	木材加工及家具制造业
17	Furniture Manufacturing	9	木材加工及家具制造业
18	Papermaking & Paper Products	10	造纸印刷及文教用品制造业

续表

	CEADs 碳排放数据		28 部门归并
19	Printing & Record Medium Reproduction	10	造纸印刷及文教用品制造业
20	Cultural，Educational & Sports Articles	10	造纸印刷及文教用品制造业
21	Petroleum Processing & Coking	11	石油加工、炼焦及核燃料加工业
22	Raw Chemical Materials & Chemical Products	12	化学工业
23	Medical & Pharmaceutical Products	12	化学工业
24	Chemical Fiber	12	化学工业
25	Rubber Products	12	化学工业
26	Plastic Products	12	化学工业
27	Nonmetal Mineral Products	13	非金属矿物制品业
28	Smelting & Pressing of Ferrous Metals	14	金属冶炼及压延加工业
29	Smelting & Pressing of Nonferrous Metals	14	金属冶炼及压延加工业
30	Metal Products	15	金属制品业
31	Ordinary Machinery	16	通用、专用设备制造业
32	Equipment for Special Purposes	16	通用、专用设备制造业
33	Transportation Equipment	17	交通运输设备制造业
34	Electric Equipment & Machinery	18	电气、机械及器材制造业
35	Electronic & Telecommunications Equipment	19	通信设备、计算机及其他电子设备制造业
36	Instruments，Meters，Cultural & Office Machinery	20	仪器仪表及文化办公用机械制造业
37	Other Manufacturing Industry	21	其他制造业、废品废料
38	Scrap & waste	21	其他制造业、废品废料
39	Production & Supply of Electric Power，Steam & Hot Water	22	电力、热力的生产和供应业
40	Production & Supply of Gas	23	燃气生产和供应业
41	Production & Supply of Tap Water	24	水的生产和供应业
42	Construction	25	建筑业
43	Transportation，Storage，Post & Telecommunication Services	26	交通运输仓储邮政、信息传输计算机服务
44	Wholesale，Retail Trade & Catering Services	27	批发和零售业
45	Others	28	其他服务业

附表 C7　28 行业归并到居民消费 8 部门

	28 部门分类		8 消费部门分类
1	农业	1	食品
2	煤炭开采和洗选业	0	NA
3	石油和天然气开采业	0	NA
4	金属矿采选业	0	NA
5	非金属矿采选业	0	NA
6	食品制造及烟草加工业	1	食品
7	纺织业	2	衣着
8	服装皮革羽绒及其制品业	2	衣着
9	木材加工及家具制造业	4	家庭设备用品及服务
10	造纸印刷及文教用品制造业	7	教育文化娱乐服务
11	石油加工、炼焦及核燃料加工业	0	NA
12	化学工业	5	医疗保健
13	非金属矿物制品业	3	居住
14	金属冶炼及压延加工业	3	居住
15	金属制品业	3	居住
16	通用、专用设备制造业	4	家庭设备用品及服务
17	交通运输设备制造业	6	交通和通信
18	电气、机械及器材制造业	4	家庭设备用品及服务
19	通信设备、计算机及其他电子设备制造业	6	交通和通信
20	仪器仪表及文化办公用机械制造业	6	交通和通信
21	其他制造业、废品废料	6	交通和通信
22	电力、热力的生产和供应业	3	居住
23	燃气生产和供应业	3	居住
24	水的生产和供应业	3	居住
25	建筑业	3	居住
26	交通运输仓储邮政、信息传输计算机服务	6	交通和通信
27	批发和零售业	8	其他商品和服务
28	其他服务业	8	其他商品和服务

附录 D   五年规划强制减排目标

附表 D   五年规划期间各省份单位 GDP 能耗降低率目标

序　　号	省　　份	"十一五"期间目标（%）	"十二五"期间目标（%）
1	北京市	20	17
2	天津市	20	18
3	河北省	20	17
4	山西省	22	16
5	内蒙古自治区	22	15
6	辽宁省	20	17
7	吉林省	22	16
8	黑龙江省	20	16
9	上海市	20	18
10	江苏省	20	18
11	浙江省	20	18
12	安徽省	20	16
13	福建省	16	16
14	江西省	20	16
15	山东省	22	17
16	河南省	20	16
17	湖北省	20	16
18	湖南省	20	16
19	广东省	16	18
20	广西壮族自治区	15	15
21	海南省	12	10
22	重庆市	20	16
23	四川省	20	16
24	贵州省	20	15
25	云南省	17	15
26	陕西省	20	16
27	甘肃省	20	15
28	青海省	17	10
29	宁夏回族自治区	20	15
30	新疆维吾尔自治区	20	10

后　记

感谢我的导师胡鞍钢教授。胡老师给予我学术指导，也给予我科研支持。胡老师是一位睿智的学者，总能看到长远、宏大的图景，剖析表象后的本质规律。胡老师是一位亲切的长辈，不只是我学术的导师，也是我人生的榜样，更是我认识世界、了解中国、理解新中国知识分子的窗口。胡老师是一位包容的导师，全力支持学生们的一切学术梦想和学术追求，在学生没有进展时不苛责，在学生偶有进步时给予勉励。最本质的，胡老师是一位单纯的科研工作者，能够从科研工作中获得活力、获得乐趣、获得意义，正是老师的这种以科研为乐趣、以爱好为事业的状态启发我，寻找自己愿意为之献出博士乃至之后几十年时光的研究话题，统一爱好和事业。胡老师的渊博与睿智、严谨与勤奋、对学术的热忱与对学生的包容，体现了学者风骨和君子品格，是我的人生和事业榜样。

感谢国情研究院各位老师对我研究方法、论文写作、学术生涯规划的全方位指导。感谢高宇宁老师帮助我找到研究方向，为我提供学习机会，对我的培养和指导。感谢周绍杰老师为我指点方向，答疑解惑，排忧解难，加油打气。感谢刘生龙老师帮助我不断进步，同我反复琢磨、多次探讨，打磨论文。感谢王亚华教授、杨永恒教授、过勇教授、鄢一龙副教授等各位老师的指导与帮助。每一次我提出浅薄的问题，老师们都深入浅出地认真解答；每一次我取得哪怕一点点进展，老师们都会给予热忱的鼓励，指出下一步可行的小目标；每一次我提出未来的设想，老师们都真心实意地帮助我、鼓励我努力实现梦想。各位老师不仅仅教给我方法、帮我理顺思路，也是我的学术榜样。让我萌生了想要从事这个职业、想要继续科研、想要以学术为事业的想法，因为想要成为和老师们一样的人。

感谢我在哥伦比亚大学联合培养期间的导师魏尚进教授和孟渤教授。在哥伦比亚大学求学的一年里，魏尚进教授给了我很多富有智慧的启发和学术指导，在随后的学术生涯中也对我有很多帮助，魏老师把学术思考融入生活，是我的人生榜样。孟渤教授给予我无私帮助、真挚鼓励和悉心指导，不厌其烦地与我讨论、为我答疑，帮助我为论文作出无数次修改。

感谢公共管理学院的各位老师多年来持续的指导。感谢朱俊明老师对我的帮助和指导，提升了论文的严谨性和学术性。感谢朱旭峰老师启发我从"是什么"到研究"为什么"。感谢蒙克老师帮我厘清思路，明确要研究的问题。感谢江小涓教授、薛澜教授、王有强教授、俞樵教授、于安教授、崔之元教授、齐晔教授、王庆新教授、楚树龙教授、孟庆国教授、彭宗超教授、邓国胜教授、陈玲教授等各位老师传道、受业、解惑，感谢谢矜老师、刘近文、冯叶老师、慕玲老师的帮助。

感谢其他为我的研究提供过帮助的各位师长。感谢国务院发展研究中心李善同研究员、日本名古屋大学薛进军教授、国家统计局李花菊老师、北京大学刘宇教授、对外经济贸易大学全球价值链研究院王直教授、中国人民大学祝坤福教授、中国社会科学院经济研究所倪红福研究员、美国马里兰大学冯奎双教授、挪威 Oslo 国际气候与环境研究中心 Glen Peters 教授和 Robbie Andrew 教授、CEADs 的各位老师、中国社会科学院徐奇渊研究员、中国农业大学李春顶教授。

感谢同门师兄、师姐、师弟、师妹的帮助支持。感谢小师妹靳天宇，是我论文写作、答辩期间的小太阳，也是我学术生活共同勉励、彼此鼓励的伙伴。感谢张巍师兄为我论文从框架到实证提出的建设性意见。感谢唐啸师兄、杨竺松师兄、张新师兄的帮助支持，感谢张君忆与我一起加油打气，感谢任皓、石智丹、王蔚、程文银、谢宜泽、耿瑞霞、胡明远、王英伦、刘东浩。感谢王拓师弟。感谢博士同学周兰君、程佳旭、祝哲、吕海清、古丽娜、金正虎、胡业飞、于森、何明帅、妥宏武、裴俊巍。感谢薛晴姐姐，感谢 Emily 姐姐和鱼子小朋友，感谢纽约室友 Angela。

感谢我最亲爱的同学、朋友、亲人管乐莹和李昭蔚。乐莹是我见过最聪明、最可爱、最亲切、最有活力的姑娘，让我心里充满温暖阳光。乐莹像赤木晴子也像浅仓南，让我有了迎难而上解决问题的动力，跟她一起的圣诞节和暑假让我有活力好好写论文。昭蔚是最温柔、善良、细腻的姑娘，对一切人都有着天然、真诚、无私的理解、体贴、心疼、帮助，昭蔚给我动力让我想变得更好、更温情、更努力、更上进。她们是我最坚强的依靠和恒久的支持。

感谢我的家人，爸爸、妈妈和李朝。你们是我温暖的港湾，给我去体验、去尝试、去经历、去追求的勇气。你们是我人生的偶像和榜样，是我见过最可爱、最善良、最伟大、最了不起的人。你们是我想要变得更好的动力，是我要一生全力守护的人。

自强不息,厚德载物;饮水思源,爱国荣校。感谢清华园,在这里我度过了目前为止三分之一的人生。感谢上海交通大学,感谢环境科学与工程学院和环境管理系,在这里我开启了新的事业和征程。在过去两年中,我结识了更多志同道合的前辈、朋友,一起开启了对环境经济、气候变化领域的更多探索,拓展了研究的边界,找寻到研究的志趣。

学术和生活里还有太多我想要一一致谢的人,限于篇幅无法表达对你们的感激,在此一并致谢。

2024 年 9 月 2 日